全国高等职业教育汽车类“十二五”规划教材

电控发动机检测与维修

主　编　岳现杰
副主编　娄学辉　吴永建　朱群峰

黄河水利出版社
·郑州·

内 容 提 要

本书以汽车电控发动机检测与维修的方法为主线，内容主要包括发动机控制系统概述、传感器的检测、汽油机电控燃油喷射系统、电控汽油发动机的点火系统、排放控制系统、电控汽油发动机的辅助控制、电控发动机故障常用仪器与诊断方法等七个模块。

本书内容符合国家对技能型紧缺人才培养培训工作的要求，注重以就业为导向，以能力为本位，面向市场、面向社会，为经济结构调整和科技进步服务，体现了职业教育的特色，适用于高职高专院校汽车维修、汽车运用等专业教学使用，也可供汽车电控发动机检测与维修培训使用。

图书在版编目(CIP)数据

电控发动机检测与维修/岳现杰主编．—郑州：黄河水利出版社，2013.12

全国高等职业教育汽车类“十二五”规划教材

ISBN 978-7-5509-0444-6

Ⅰ．①电…　Ⅱ．①岳…　Ⅲ．①汽车-电子控制-发动机-车辆修理-高等职业教育-教材　Ⅳ．①U472.43

中国版本图书馆 CIP 数据核字(2013)第 053992 号

组稿编辑：王文科　　电话：0371-66028027　　E-mail:wwk5257@163.com

出 版 社：黄河水利出版社

地址：河南省郑州市顺河路黄委会综合楼14层　　邮政编码：450003

发行单位：黄河水利出版社

发行部电话：0371-66026940、66020550、66028024、66022620(传真)

E-mail: hhslcbs@126.com

承印单位：河南地质彩色印刷厂

开本：787 mm×1092 mm　1/16

印张：12.75

字数：310 千字　　印数：1—3 000

版次：2013 年 12 月第 1 版　　印次：2013 年 12 月第 1 次印刷

定价：29.00 元

前　言

为了响应国家对于汽车运用技术领域高素质专业实用人才培养的需要，黄河水利出版社组织编写了本套教材，本书是其中一本。本书以高职高专教育人才培养模式和宗旨为导向，注重实践能力的培养，体现理实一体化的教学标准，采用模块化进行编写。书中详细讲解了汽车电控发动机的基础知识，传感器的检测，各系统的组成、工作原理及检测，故障诊断的方法及常用仪器等，使学生在本课程结束时，能够掌握汽车电控发动机维修与检测基础知识。

参加本书编写的有河南交通职业技术学院岳现杰（编写项目三、六），河南交通职业技术学院吴永建（编写项目一），河南交通职业技术学院李高磊（编写项目二），河南交通职业技术学院姜凌丽（编写项目五），河南职业技术学院娄学辉（编写项目四），商丘职业技术学院朱群峰（编写项目七）。本书由岳现杰担任主编，由娄学辉、吴永建和朱群峰担任副主编。

本书编写过程中得到了很多同仁的帮助与支持，在此表示衷心的感谢。

由于编者经历和水平有限，教材内容难免有疏漏之处，敬请广大读者及时提出修改意见和建议，以便再版修订时改正。

编　者

2013. 3

目　录

项目一　发动机控制系统概述

【任务介绍】

通过本项目的学习，学生主要掌握发动机控制系统各元件的就车位置及作用。

【任务分析】

引导学生完成发动机控制系统的发展、优点的学习，了解发动机控制元件的作用及安装位置。

学习后应能够达到：

1. 了解发动机控制元件的作用。

2. 掌握发动机控制元件的安装位置。

【相关知识】

利用计算机对汽车的各个系统进行最佳优化控制，不断地满足人们对汽车在节能、环保、安全、舒适及动力等方面性能的更新更高的要求，是近30年来从事汽车事业的人们努力奋斗的目标，也是世界汽车业发展到一个新的里程碑的主要标志。

一、汽车发动机电控技术发展

汽车是当今社会最重要的交通工具之一，各国的汽车研究人员普遍认识到，采用电子技术是解决汽车制造业面临的许多技术难题的最佳方案，尤其是在汽车发动机上。汽车发动机电控技术的发展始于20世纪60年代，可分为三个阶段：第一阶段，从20世纪60年代中期到70年代末期，主要是为改善部分性能而对汽车电器产品进行技术改造。如1955年汽车上装用了第一个电子装置——晶体管收音机，1960年美国克莱斯勒公司和日本日产公司在汽车上装用了硅二极管整流的交流发电机，同年美国通用公司将IC(集成电路)调节器应用于汽车上。第二阶段，从20世纪70年代末期到90年代中期。进入20世纪70年代后，随着汽车数量的日益增多，汽车安全问题和排放污染日益严重，能源危机的影响更加突出。在汽车发达国家相继制定了严格的排放法规和汽车燃油经济性法规，为解决汽车安全、节能和污染三大问题，电子技术在汽车上的应用更加广泛和完善，如1967年德国BOSCH公司研制出电控燃油喷射系统，1970年美国福特公司首先在汽车上应用了除发动机外的电控装置，1973年美国通用公司在汽车上装用了IC点火装置，1976年美国克莱斯勒公司首先装用了电控点火系统。第三阶段，从20世纪90年代中期到现在，主要体现在以“人—车—环境”为主线的系统工程整体的优化上(即在人工智能上)。例如使汽车不仅能在高速公路上行驶，而且也将在信息高速公路上奔驰(如1997年出现的网络汽车)，不仅成为可靠的交通工具，而且也将变成人际交往的流动办公室和舒适的娱乐室，成为人类社会活动的重要场所之一。

(一)电控技术对汽车发动机性能的影响

汽车发动机的运行工况是多变的，只有电子控制的灵活性和电脑强有力的综合处理功能，才能使汽车发动机在各种运行工况下都实现全面优化运行，从而提高发动机的性能。电控技术对汽车发动机性能的影响有以下几个方面：

（1）提高发动机的动力性。在汽油发动机上，电控燃油喷射系统取代了传统的化油器式燃油供给系统，减小了进气系统中的进气阻力，部分发动机上还采用了进气控制系统等，提高了充气效率。另外，电控系统可保证进入发动机汽缸的空气得到充分利用，从而提高发动机的动力性。

（2）提高发动机的燃油经济性。在各种运行工况和运行环境下，电控系统均能精确控制发动机工作所需的混合气浓度，使燃烧更完全、燃油利用更充分，从而提高发动机的燃油经济性。

（3）改善发动机的加速或减速性能。在加速或减速的过渡工况下，电子控制单元的高速处理功能使控制系统能够迅速响应，使汽车加速或减速反应更灵敏。

（4）改善发动机的启动性能。在发动机启动和暖机过程中，控制系统能根据发动机的温度变化，对进气量和供油量进行精确控制，从而保证发动机顺利启动和平稳经过暖机过程，可明显改善发动机的低温启动性能和热机运转性能。

（5）降低排放污染。电控系统对发动机在各种运行工况和运行环境下的优化控制，提高了燃油质量，同时各种排放控制系统在汽车上的应用，也都使发动机的排放污染大大降低。

（6）故障发生率大大降低。电控系统对发动机各种运行工况的优化控制和电控系统的不断完善，使发动机的故障发生率大大降低。自我诊断与报警系统的应用，提高了故障诊断的速度和准确性，缩短了汽车因发动机故障而停驶的时间，具有良好的社会效益和经济效益。

（二）汽车发动机上的电子控制系统

目前应用在汽车发动机上的常用的电子控制系统主要有：电控燃油喷射系统、电控点火系统、怠速控制系统、进气控制系统、排放控制系统、增压控制系统、巡航控制系统、警告提示系统、自诊断与报警系统、失效保护系统和应急备用系统。

1. 电控燃油喷射系统

在电控燃油喷射系统（EFI）中，喷油量的控制是最基本的也是最重要的控制内容，电子控制单元（ECU，简称电控单元）主要是根据进气量确定基本的喷油量，再根据其他传感器（如冷却液温度传感器、节气门位置传感器等）信号对喷油量进行修正，使发动机在各种运行工况下均能获得最佳浓度的混合气，从而提高发动机的动力性、经济性和排放性。除喷油量控制外，电控燃油喷射系统还包括供油正时控制、断油控制和燃油泵控制。

2. 电控点火系统

电控点火系统最基本的功能是控制点火提前角。该系统根据各相关传感器信号判断发动机的运行工况和运行条件，选择最理想的点火提前角点燃混合气，改善发动机的燃烧过程，以实现提高发动机动力性、经济性和降低排放污染的目的。此外，电控点火系统还具有通电时间控制和爆燃控制功能。

3. 怠速控制系统

怠速控制系统是发动机辅助控制系统，其功能是在发动机怠速工况下，根据发动机冷却液温度、空调压缩机是否工作、变速器是否挂入挡位等状况，并通过怠速控制阀对发动机进气量进行控制，使发动机随时以最佳怠速转速运转。

4. 进气控制系统

进气控制系统的功能是根据发动机转速和负荷的变化，对发动机的进气进行控制，以提高发动机的充气效率，从而改善发动机的动力性。

5. 排放控制系统

排放控制系统的功能主要是对发动机排放控制装置的工作实行电子控制。排放控制的项目主要包括废气再循环控制、活性炭罐电磁阀控制、氧传感器和空燃比闭环控制、二次空气喷射控制等。

6. 增压控制系统

增压控制系统的功能是对发动机进气增压装置的工作进行控制。在装有废气涡轮增压装置的汽车上，ECU 根据检测到的进气管压力，对增压装置进行控制，从而控制进气增压的强度。

7. 巡航控制系统

巡航控制系统的功能是驾驶员设定巡航控制模式后，ECU 根据汽车运行工况和运行环境信息，自动控制发动机工作，使汽车自动维持在一定的车速行驶。

8. 警告提示系统

由 ECU 控制各种指示和报警装置，一旦控制系统出现故障，该系统能及时发出信号以警告提示，如氧传感器失效、油箱油温过高等。

9. 自诊断与报警系统

在发动机电控系统中，电子控制单元都具有自诊断系统，对控制系统各部分的工作情况进行监测。当 ECU 检测到来自传感器或输送给执行元件的故障信号时，立即点亮仪表盘上的"CHECK ENGING"灯（俗称故障指示灯），以提示驾驶员发动机有故障；同时，系统将故障信息以设定的数码（故障码）形式储存在储存器中，以便帮助维修人员确定故障类型和范围。对车辆进行维修时，维修人员可通过特定的操作程序（有些需借助专用设备）调取故障码。故障排除后，必须通过特定的操作程序清除故障码，以免与新的故障信息混杂，给故障诊断带来困难。

10. 失效保护系统

失效保护系统的功能主要是当传感器或传感器线路发生故障时，控制系统自动按电脑中预先设定的参考信号值工作，以便发动机能继续运转。如：冷却液温度传感器电路有故障时，可能会向 ECU 输入低于 -50 ℃或高于 139 ℃的冷却液温度信号，失效保护系统将自动按设定的标准冷却液温度（80 ℃）信号工作，否则会引起混合气过浓或过稀，导致发动机不能工作。此外，当对发动机工作影响较大的传感器或电路发生故障时，失效保护系统则会自动控制发动机停止工作。如：ECU 收不到点火控制器返回的点火确认信号时，失效保护系统则会立即停止燃油喷射，以防大量燃油进入汽缸而不能点火工作。

11. 应急备用系统

应急备用系统的功能是当控制系统电脑发生故障时，自动启用备用系统（备用集成电路），按设定的信号控制发动机转入强制运转状态，以防止车辆停驶在路途中。应急备用系统只能维持发动机运转的基本功能，不能保证发动机的性能。

除上述控制系统外，应用在发动机上的电控系统还有冷却风扇控制、配气正时控制、发电机控制等。应当说明的是，上述各控制系统在不同的汽车发动机上，只是或多或少地被采用。此外,随着汽车技术和电子技术的发展,发动机控制系统的功能必将日益增加。早期的各种车用电控系统均是相互独立的,由于电子技术的发展水平有限,一个电子控制系统只能单独对汽车的某一功能进行控制。采用多个控制系统,就要用多个电子控制单元,而几个控制系统都需要同一个传感器信号时,还需要设置几个同样的传感器,因此造成控制系统结构和线路复杂,成本较高,维修困难。此外,采用独立控制系统,很难实现全面的综合优化控制,控制效果也较差。现代汽车上广泛应用的是集中控制系统,它是将多种控制功能集中到一个控制单元上,使汽车上的电控系统结构和线路大大简化,成本也随之降低,为电控技术在汽车上的推广提供了有利条件。而通过汽车内部网络的信息通信,完成系统之间的各种必要的信息传送与接收,实现高度集中控制及集中故障诊断的"整车控制技术",也是汽车电子控制技术的必然趋势。

二、汽车发动机电控系统的基本组成

(一)电控系统的基本组成类型

1. 电控系统的基本组成

电控系统是指采用计算机等电子设备作为控制装置的自动控制系统。任何一种电控系统,其主要组成都可分为信号输入装置、电子控制单元和执行元件三大部分,如图 1-1 所示。

图 1-1　电控系统的基本组成

电控系统中的信号输入装置是各种传感器。传感器的功用是采集控制系统所需的信号,并将其转换成电信号,通过线路传输给 ECU。ECU 是一种综合控制电子装置,其功用是给各传感器提供参考(基准)电压,接收传感器或其他装置输入的信号,并对所接收的信号进行存储、计算和分析处理,根据计算和分析的结果向执行元件发出指令。执行元件是受 ECU 控制、具体执行某项控制功能的装置。

2. 电控系统的类型

电控系统有两种基本类型:开环控制系统和闭环控制系统。开环控制系统如图 1-2 所示,它的控制方式比较简单,ECU 只根据各传感器信号对执行元件进行控制,而控制的结果是否达到预期目标对其控制过程没有影响。

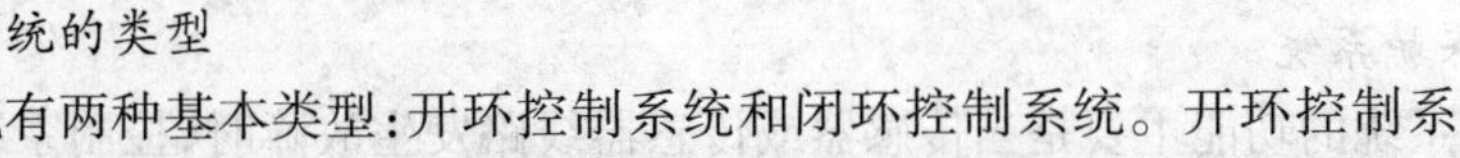

图 1-2　开环控制系统

闭环控制系统如图 1-3 所示,它除具有开环控制的功能外,还对其控制结果进行检测,并将检测结果(即反馈信号)输入 ECU,ECU 则根据反馈信号对其进行修正。所以,闭环控制系统的精度比开环控制系统高。

(二)传感器的类型及功用

在控制系统中,传感器是采集并向 ECU 输送信息的装置,目前广泛应用在汽车发动机集中控制系统中。同一传感器的信号,可应用于需要此信号的、不同功能的子控制系统中。不同发动机的控制系统,其控制功能和控制所需的信息不同,所使用传感器的种类也不完全

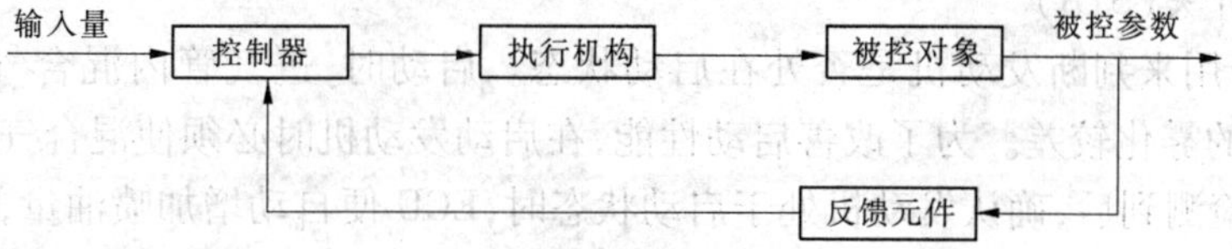

图 1-3　闭环控制系统

相同。汽车发动机集中控制系统所用的传感器的主要类型及功用如下。

1. 空气流量计(MAFS)

在 L(L 是德语 Luft,即空气的第一个字母)型电控燃油喷射系统中,由空气流量计测量发动机的进气量,并将信号输入 ECU,作为燃油喷射和点火控制的主控制信号。

2. 进气管绝对压力传感器(MAPS)

在 D(D 是 Druck,即压力的第一个字母)型电控燃油喷射系统中,由进气管绝对压力传感器测量进气管内气体的绝对压力,并将该信号输入 ECU,作为燃油和点火控制的主控制信号。

3. 节气门位置传感器(TPS)

节气门位置传感器检测节气门的开度与开度变化(如全关(怠速)、全开)以及节气门开闭的速率(单位时间内开闭的角度)信号,此信号输入 ECU,用于燃油喷射控制及其他辅助控制(如 EGR(废气再循环)、开闭环控制等)。

4. 凸轮轴位置传感器(CMPS)

凸轮轴位置传感器给 ECU 提供曲轴转角基准位置信号(G 信号),作为供油正时控制和点火正时控制的主控制信号。

5. 曲轴位置传感器(CKPS)

曲轴位置传感器有时称为转速传感器,用来检测曲轴转角位移,给 ECU 提供发动机转速信号和曲轴转角信号,作为供油正时控制和点火正时控制的主控制信号。

6. 进气温度传感器(IATS)

进气温度传感器给 ECU 提供进气温度信号,作为燃油喷射控制和点火控制的修正信号。

7. 发动机冷却液温度传感器(ECTS)

发动机冷却液温度传感器给 ECU 提供发动机冷却液温度信号,作为燃油喷射控制和发动机的修正信号。冷却液温度传感器信号也是其他控制系统(如怠速控制和废气再循环控制等)的控制信号。

8. 车速传感器(VSS)

车速传感器检测汽车行驶速度,给 ECU 提供车速信号(SPD 信号),用于巡航控制和限速断油控制,也是自动变速器的主控制信号。

9. 氧传感器(O_2S)

氧传感器用来检测汽车排气中的氧含量,向 ECU 输送空燃比的反馈信号,进行喷油量的闭环控制。

10. 爆燃传感器(KS)

爆燃传感器用来检测汽油机是否爆燃及爆燃强度,将此信号输入 ECU,可作为点火正时控制的修正(反馈)信号。

11. 启动开关(STA)

启动信号用来判断发动机是否处在启动状态。启动时,进气管内混合气流速慢,温度低,因此燃油的雾化较差。为了改善启动性能,在启动发动机时必须使混合气加浓。当 STA 信号被 ECU 检测到后,确认发动机处于启动状态时,ECU 便自动增加喷油量,因此发动机启动时,通过启动开关给 ECU 提供一个启动信号,作为燃油喷射控制和点火控制的修正信号。

12. 空调开关(A/C)

空调开关又称空调信号,用来检测空调压缩机是否工作。空调信号与空调压缩机电磁离合器的电源在一起,ECU 根据 A/C 信号控制发动机怠速时的点火提前角、怠速转速和断油转速等。当空调开关打开,空调压缩机工作,发动机负荷加大时,由空调开关向 ECU 输入信号,作为燃油喷射控制和点火控制的修正信号。

13. 挡位开关

自动变速器由 P/N(停车或空挡)挡位挂入其他挡位时,发动机负荷将有所增加,挡位开关向 ECU 输入信号,作为燃油喷射控制和点火控制的修正信号。当挂入 P 挡位或 N 挡位时,空挡位置开关提供 P/N 挡位位置信号,防止不在 P/N 挡位时发动机启动。

14. 制动灯开关

制动时,由制动灯开关向 ECU 提供制动信号,作为燃油喷射控制和点火控制的修正信号。

15. 动力转向开关

采用动力转向装置的汽车,当转向盘由中间位置向左右转动时,动力转向油泵工作而使发动机负荷加大,此时动力转向开关向 ECU 输入信号,作为燃油喷射控制和点火控制的修正信号。

16. 巡航(定速)控制开关

当进入巡航控制状态时,由巡航控制开关向 ECU 输入巡航控制状态信号,由 ECU 对车速进行自动控制。

随着控制系统应用的日益广泛及其功能的扩展,传感器的数量也将不断增加,以满足汽车更高的要求。

(三)电子控制单元的基本功能

电子控制单元俗称“电脑”,是发动机控制系统的核心,其功用是按照一定的程序对各种输入信号进行运算、储存、分析处理,然后输出指令,控制执行元件工作,以达到快速、准确、自动控制发动机工作的目的。发动机控制 ECU 的功能随车型而异,但都必须有如下基本功能:

(1)给传感器提供标准 2 V、5 V、9 V 或 12 V 电压,接收各种传感器和其他装置输入的信息,并将输入的信息转换成微机所能接收的数字信号。

(2)储存该车型的特征参数和运算中所需的有关数据信息。

(3)确定计算输出指令所需的程序,并根据输入信号和相关程序计算输出指令数值。

(4)将输入指令信号和输出指令信号与标准值进行比较,确定并储存故障信息。

(5)向执行元件输出指令,或根据指令输出自身已储存的信息(如故障信息等)。

(6)自我修正功能(学习功能)。

在维修中如果怀疑 ECU 有故障,可通过检测 ECU 各端子的工作参数,并与标准参数进行比较来确定,最好的方法是用一个已知无故障的 ECU 替代,若故障现象消失,说明原 ECU

有故障。ECU 发生故障一般无法修理,必须更换。

(四)执行元件的类型

执行元件是受 ECU 控制并具体执行某项控制功能的装置。在发动机集中控制系统中,执行元件主要有:喷油器、点火器、怠速控制阀、巡航控制电磁阀、节气门控制电动机、EGR 阀、进气控制阀、二次空气喷射阀、活性炭罐电磁阀、油泵继电器、风扇继电器、空调压缩机继电器、自诊断显示与报警装置、仪表显示器等。随着控制功能的增加,执行元件也将相应增加。

小　结

电控技术对汽车发动机性能的影响有:提高发动机的动力性,提高发动机的燃油经济性,改善发动机的加速或减速性能,改善发动机的启动性能,降低排放污染,降低故障发生率。目前应用在汽车发动机上常用的电子控制系统主要有:电控燃油喷射系统、电控点火系统、怠速控制系统、进气控制系统、排放控制系统、增压控制系统、巡航控制系统、警告提示系统、自诊断与报警系统、失效保护系统和应急备用系统。电控系统可分为开环控制系统和闭环控制系统两种类型。

思考与练习

1. 列举 5 种传感器和 3 种执行器。

2. 查询资料,写出发动机控制系统各元件的作用。

元件名称	作用
空气流量计	
进气歧管压力传感器	
曲轴转速传感器	
凸轮轴转速传感器	
冷却水温度传感器	
进气温度传感器	
排气温度传感器	
节气门位置传感器	
爆震传感器	
氧传感器	
喷油器	
燃油泵	
EGR 阀	
三元催化器	
活性炭罐电磁阀	

3. 电控系统由__________、__________、__________三大部分组成。

4. 应用在发动机上的电子控制系统有：电控燃油喷射系统、__________、__________、__________、__________、进气控制系统、增压控制系统、巡航控制系统、警告提示系统、自诊断与报警系统、失效保护系统、应急备用系统。

项目二　传感器的检测

【任务介绍】

空气流量传感器安装在空气滤清器和节气门体之间的进气通道上,其功用是检测发动机进气量的大小;节气门位置传感器安装在节气门体上,用来检测节气门的开度(发动机负荷);进气温度传感器安装在空气滤清器和节气门体之间的进气通道上,用来检测进气温度的高低;冷却液温度传感器安装在发动机出水口上,用来检测冷却液的温度。传感器将其信息转换成电信号输入电控单元(ECU),ECU 根据该信号确定发动机的基本喷油量(喷油时间)和点火时间。当传感器本身或其线路损坏时,发动机会产生下列现象:启动困难,容易熄火,怠速不稳,冒黑烟或排气管放炮,功率下降。通过本项目的学习,了解各类传感器,掌握其结构、工作原理及检修方法。

【任务分析】

主要学习内容是了解传感器的类型,掌握每类传感器的结构、工作原理以及故障检测方法,学习后应能够达到:

1. 叙述每类传感器的工作原理。
2. 正确完成每类传感器的检修步骤。
3. 了解传感器的类型、结构。

【相关知识】

随着汽车电子化的发展,自动化程度越高,对传感器的依赖程度也就越大。汽车用传感器的种类多样化和使用数量的增加,使得传感器朝着多功能化、集成化、智能化和微型化方向发展。这些将使未来的智能化集成传感器不仅能提供用于模拟和处理的信号,而且还能对信号作放大等处理;同时它还能自动进行时漂、温漂和非线性的自校正,具有较强的抵抗外部电磁干扰的能力,保证传感器信号的质量不受影响,即使在特别严酷的使用条件下仍能保持较高的精度;另外,它还具有结构紧凑、安装方便的优点,从而免受机械特性的影响。

单元一　空气流量传感器

一、空气流量传感器的类型

空气流量传感器又称为空气流量计,是进气歧管空气流量传感器的简称。安装在空气滤清器和节气门体之间的进气通道上(见图 2-1),这样整个吸入汽缸的空气完全通过传感器。其功用是检测发动机进气量的大小,并将进气量信息转换成电信号输入 ECU,以供 ECU 计算确定喷油量(喷油时间)和点火时间,进气量信号是控制单元计算喷油时间和点火时间的主要依据。

根据检测进气量的方式不同,空气流量传感器分为体积流量型、质量流量型、压力型三种类型,具体归纳如下:

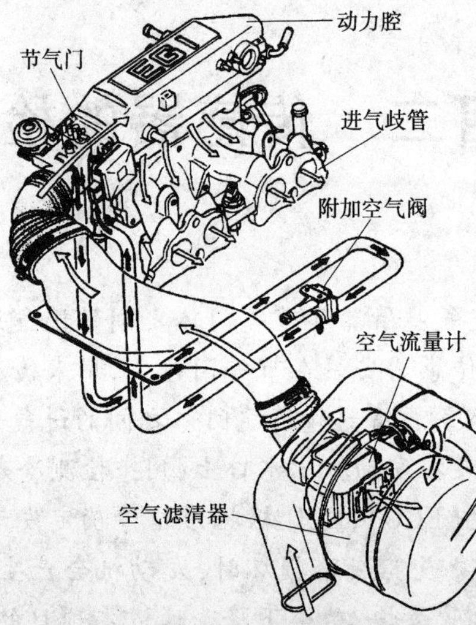

图 2-1　空气流量传感器的安装位置

- 空气流量传感器
  - 体积流量型
    - 翼片(叶片)式空气流量传感器
    - 卡门涡流式空气流量传感器
  - 质量流量型
    - 热线式空气流量传感器
    - 热膜式空气流量传感器
  - 压力型

(一)热线式空气流量计

1. 热线式空气流量计的类型

根据铂金热线在壳体内安装位置的不同,热线式空气流量计可分为主流测量方式和旁通测量方式两种结构形式,见图 2-2。通常大排量的发动机采用主流测量方式,小排量的发动机采用旁通测量方式。

2. 热线式空气流量计的组成

热线式空气流量计的基本结构是感知空气流量的铂金热线电阻,属于正温度系数电阻。铂金热线旁边是温度补偿电阻(冷线),属于负温度系数电阻,负责检测进气温度并对加热电流进行调整。另外,还有控制热线电流并产生输出信号的控制线路板以及空气流量计的壳体。热线式空气流量计结构见图 2-3。

3. 热线式空气流量计基本工作原理

采用主流测量方式时,有一取样管置于主空气通道中央,直径为 70 μm 的铂金热线布置在取样管支撑环内,其阻值随温度变化而变化,是单臂电桥电路的一个臂 R_H(见图 2-4(a))。热线支撑环前端为温度补偿电阻,是单臂电桥电路的另一个臂 R_K。热线支撑环后端的塑料护套上黏结着一只精密电阻,并设计成能用激光修整,也是单臂电桥的一个臂 R_B,该电阻上的电压即产生热线式空气流量计的输出电压信号。单臂电桥还有一个臂 R_A,是一个电阻器,装在控制线路板上面,该电阻在最后调试试验中用激光修整,以便在预定的空气流量下调整空气流量的输出特性。

热线式空气流量计的工作原理是使热线的温度与吸入空气的温度之差保持恒定,见

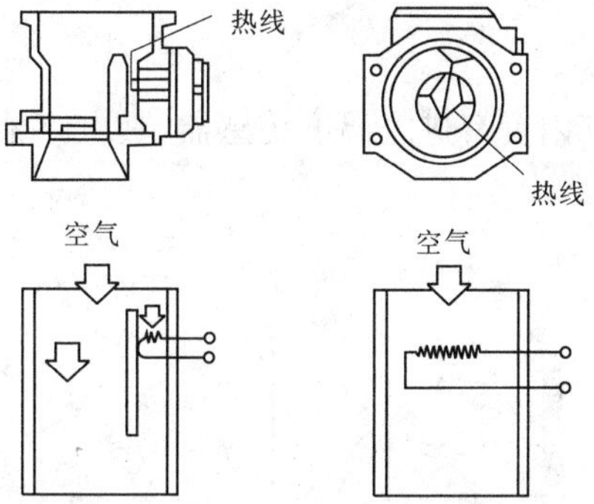

(a)旁通测量方式　　(b)主流测量方式

图 2-2　热线式空气流量计的形式

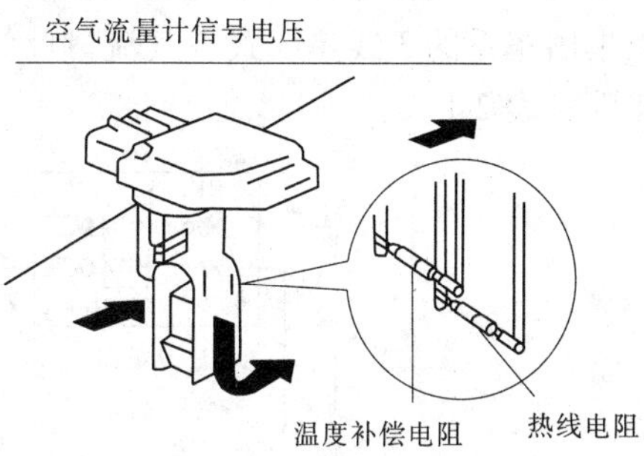

图 2-3　热线式空气流量计结构

图 2-4(b)。当空气质量流量增大时，由于空气带走的热量增多，热线本身变冷，R_H 的电阻会降低，从而改变电桥的电压平衡，即 A 与 B 之间的电位发生变化，于是会有电流在电桥中流动，此时信号经过放大器后，送到控制系统。为使热线温度与吸入的空气温度差保持恒定，混合集成控制电路使热线 R_H 通过的电流增大；反之，则减小。这样，就使得通过热线 R_H 的电流是空气质量流量的单一函数，电流与进气质量成正比，所以热线式空气流量计也称为质量式空气流量计

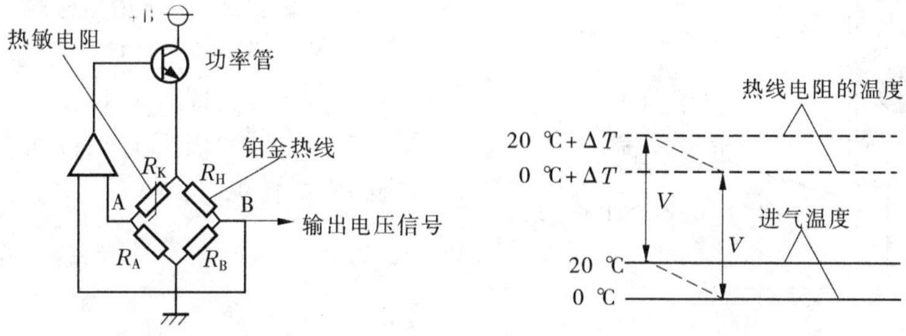

(a)热线式空气流量计的电路原理　　(b)热线温度与进气温度差

图 2-4　热线式空气流量计工作原理

由于空气流量与加热电流间存在线性关系，即可利用加热电流测出进入发动机的空气流量。而该加热电流经由精密电阻 R_B 换算为电压信号，便可以输入给 ECU 作为判断计算的依据。低电压表示低的空气流量，电压升高表示空气流量增加。电路运作完成时，热线电阻 R_H 的温度又上升，从而电阻相应增大，直至 A 点与 B 点的电位相等。

4. 热线式空气流量计的自清洁作用

空气流量计使用过程中，会受到脏的机油、硅有机树脂、蜘蛛网、电器内封胶等污染，在怠速时，空气流量计就会过高估计所通过的空气量，造成混合气过浓；在高速时，就会低估所通过的空气流量，造成混合气过稀。这样发动机在怠速闭环控制中，燃油混合气将向稀的趋势调整；发动机在高速时，燃油混合气将向浓的方向调整。另外，脏的空气流量计也会引起过高的 NO_x 排放。

热线式空气流量计都有自清洁功能，即发动机转速超过 1 500 r/min，关闭点火开关使发动机熄火后，控制系统自动将热线加热到 1 000 ℃以上并保持约 1 s，将附在热线上的粉

尘烧掉。

5. 热线式空气流量计的常规检测方法

以丰田车系的 3 线热线式空气流量计为例，其内置有进气温度传感器，其电路见图 2-5，检测步骤见表 2-1。

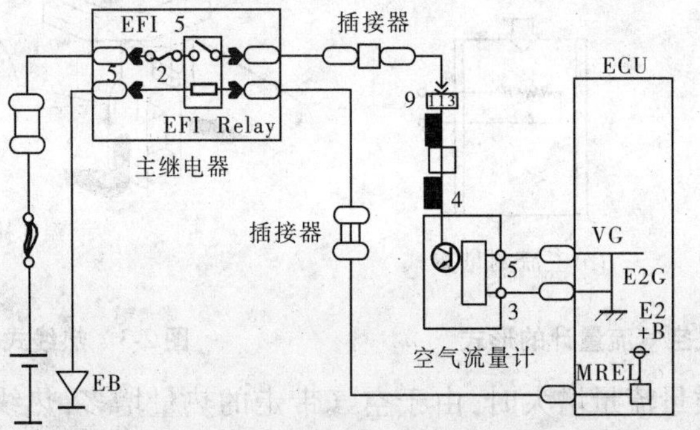

图 2-5　丰田车系热线式空气流量计电路

表 2-1　热线式空气流量计检测步骤

<table>
<tr><th>图示说明</th><th>检测步骤</th></tr>
<tr><td>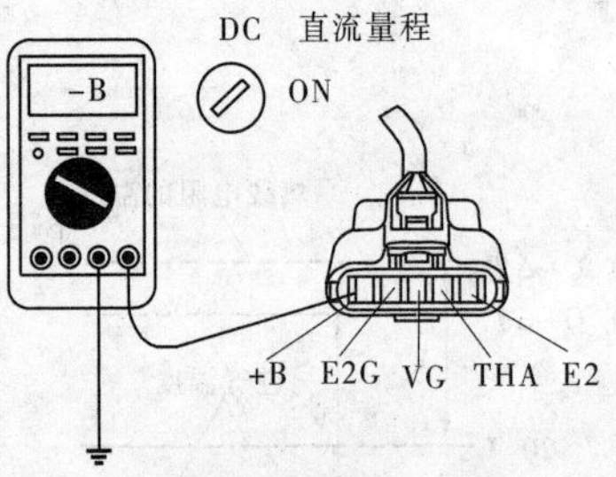
</td><td>第一步：MAF 供电电压检测
1. 断开空气流量计插接器；
2. 点火开关打到“ON”；
3. 测量空气流量计线束插接器的端子 + B 电压，应在 9 ~ 14 V</td></tr>
<tr><td>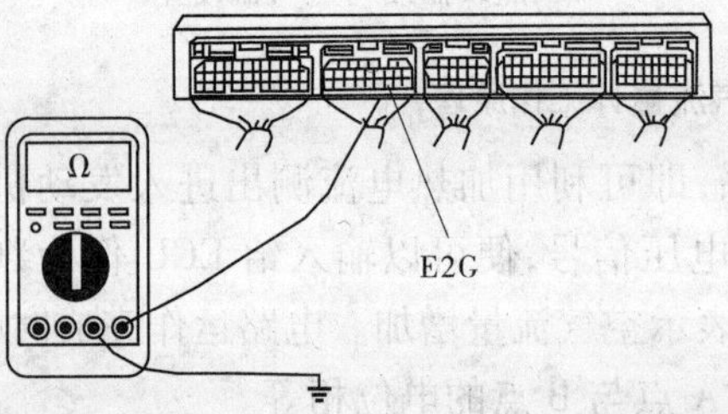
</td><td>第二步：ECU 端子内部搭铁检测
1. 断开 ECU 端子上的连接器；
2. 将点火开关扭到“OFF”；
3. 测量 ECU 端子内 E2G 端子的搭铁电阻，应很小，说明搭铁良好</td></tr>
<tr><td>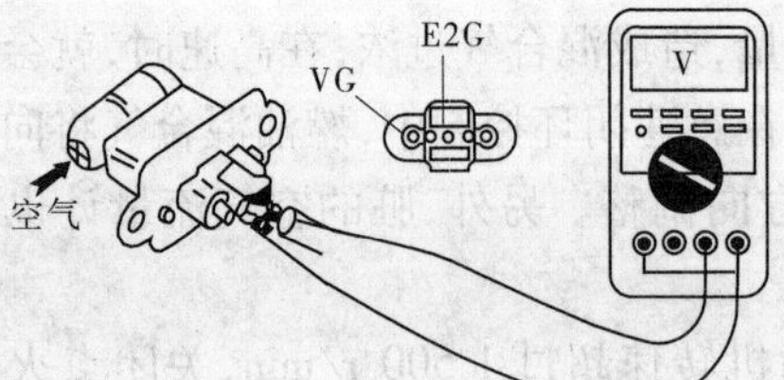
</td><td>第三步：电压信号检测
1. 取下空气流量计；
2. 给空气流量计提供电源并搭铁，用吹风机模拟进气，检测此时传感器的信号电压；
3. 空气流量计的信号电压应随进气量的增加而变大</td></tr>
</table>

美国通用公司和德国 BOSCH 公司的热线式空气流量计的工作原理基本一致，通用公司的热线式空气流量计原理见图 2-6。通用公司的热线式空气流量计将输出信号转换为频率方波信号，并且频率变化趋势也是随着进气量的增加而变大的。热线式空气流量计的信号频率范围为 32 ~ 150 Hz，怠速时的平均频率为 32 Hz，节气门全开时的频率为 150 Hz，若有差别，具体请依据维修手册内容。输出频率信号的空气流量计应采用示波器或能检测频率的数字万用表进行检测。

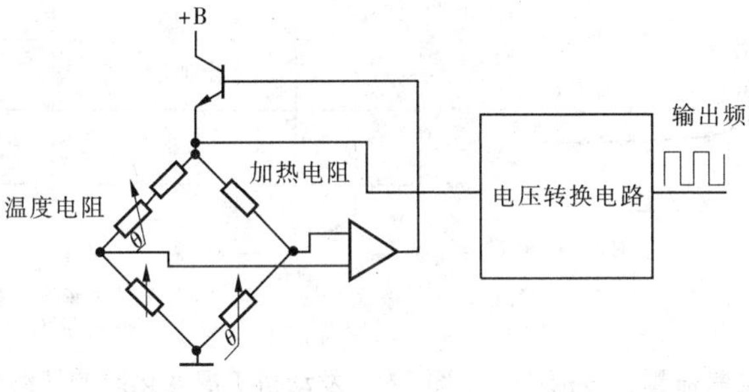

图 2-6　通用公司的热线式空气流量计原理

另外，有些热线式空气流量计内的加热电阻在电路上是与单臂电桥分开而单独设置的，这样的热线式空气流量计有 5 根线，见图 2-7。检测这种传感器时，应增加测试加热电阻的内容。

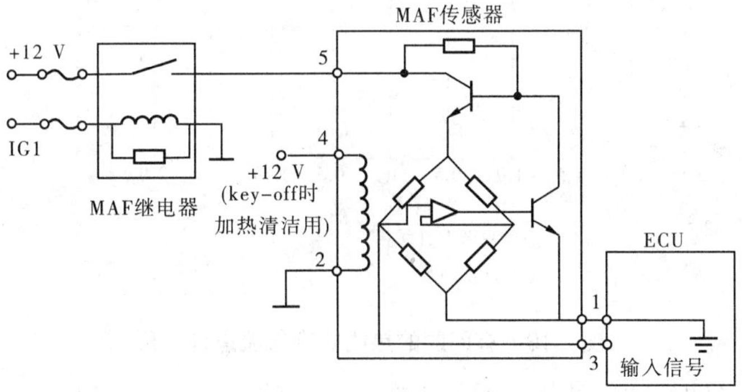

图 2-7　热线式空气流量计的电路

6. 热线式空气流量计信号波形检测方法

1) 测试过程

关闭所有附属电气设备，启动发动机进入怠速运转，当怠速转速稳定后，检查怠速时输出信号电压。将发动机转速从怠速加至节气门全开(加速过程中，节气门应以中速打开)，节气门全开后持续 2 s，但不要使发动机超速运转；再将发动机降至怠速运转，并保持 2 s；再从怠速工况急加速发动机至节气门全开，然后再关小节气门使发动机回至怠速。

定住波形，仔细观察空气流量传感器波形，见图 2-8 ~ 图 2-10。

2) 波形的含义及相关说明

(1) 从维修资料中找出输出信号电压参考值进行比较。通常热线(热膜)式空气流量传感器输出信号电压范围是从怠速时超过 0.2 V 变至节气门全开时超过 4 V；当急减速时，输出信号电压应比怠速时的电压稍低。

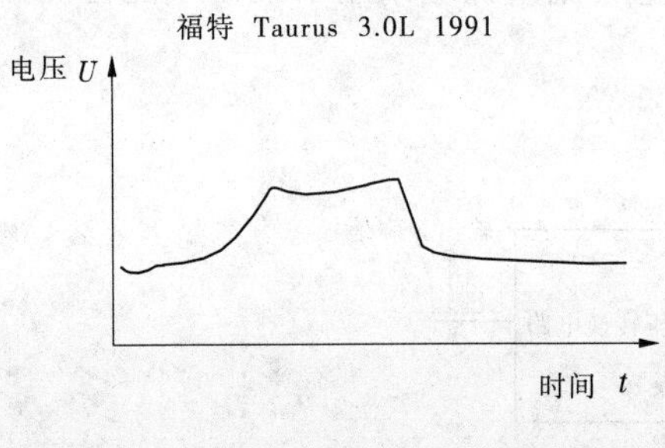

图 2-8 正常的热线式空气流量计波形

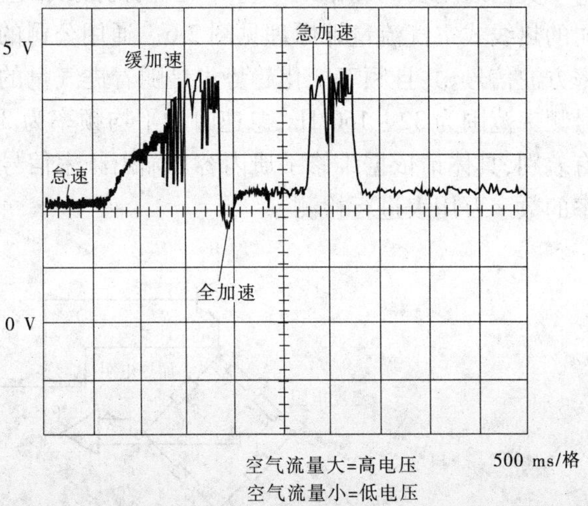

图 2-9 发动机工况变化时的热线式空气流量计波形

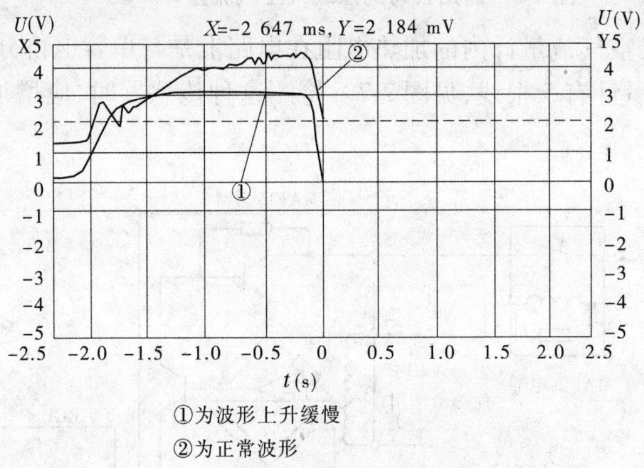

图 2-10 有问题的热线式空气流量计波形

(2)发动机运转时,波形的幅值看上去在不断地波动,这是正常的。因为热线式空气流量传感器没有任何运动部件,因此没有惯性,所以它能快速地对空气流量的变化做出反应。在加速时,所看到的杂波实际是在低进气真空之下各缸进气口上的空气气流脉动,发动机 ECU 中的处理电路读入后会清除这些信号,所以这些脉动没有关系。

(3)不同的车型输出电压将有很大的差异。在怠速时,信号电压是否为 0.25 V 是判断空气流量传感器好坏的办法;另外,从燃油混合气是否正常或冒黑烟也可以判断空气流量传感器的好坏。

(4)如果信号波形与上述情况不符,或空气流量传感器在怠速时输出信号电压太高,而节气门全开时输出信号电压又达不到 4 V,则说明空气流量传感器已经损坏。

如果在车辆急加速时,空气流量传感器输出信号电压波形上升缓慢,而在车辆急减速时,空气流量传感器输出信号电压波形下降缓慢,则说明空气流量传感器的热线脏污。

出现这些情况,均应清洁或更换热线式空气流量计。

(二)热膜式空气流量传感器

热膜式空气流量传感器的结构如图2-11所示。

在传感器内部的进气通道上设有一个矩形护套(相当于取样套),热膜电阻设在护套中,参见图2-12,为了防止污物沉积到热膜电阻上影响测量精度,在护套的空气入口一侧设有空气过滤层,用以过滤空气中的污物。为了防止空气温度变化使测量精度受到影响,在热膜电阻附近的气流上游设有铂金属膜式温度补偿电阻。温度补偿电阻和热膜电阻与传感器内部控制电路连接,控制电路与线束连接器插座连接,线束设在传感器壳体中部。与热线式空气流量传感器相比,热膜电阻的阻值较大,所以消耗电流较小,使用寿命较长。但是由于其发热元件表面制作有一层保护薄膜,存在辐射热传导作用,因此响应特性稍差。

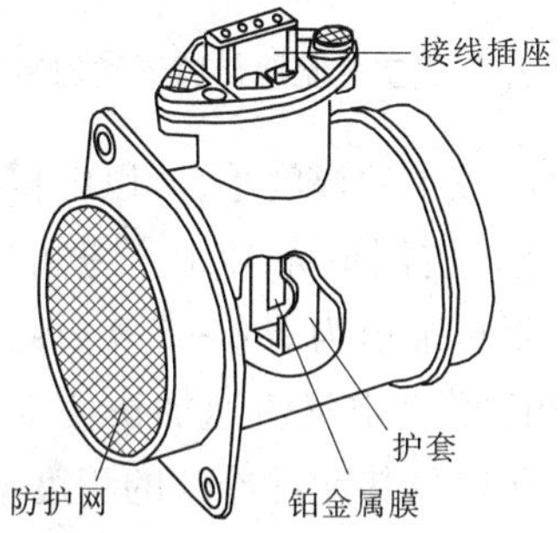

图2-11 热膜式空气流量传感器的结构

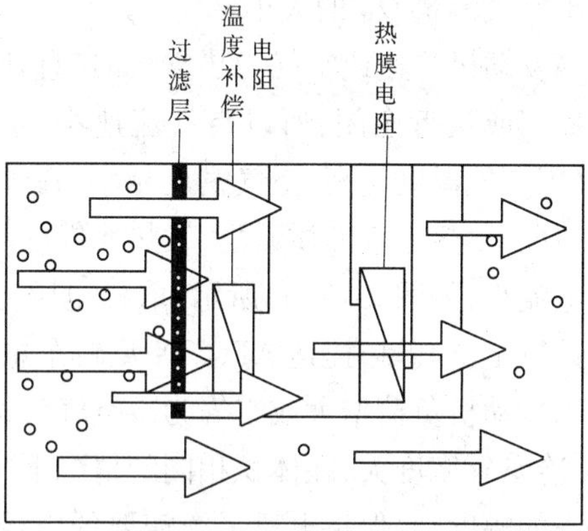

图2-12 热膜式空气流量传感器的内部元件示意图

热膜式空气流量传感器中采用了恒温差控制电路来实现流量检测。恒温差控制电路如图2-13所示,发热元件电阻 R_H 和温度补偿电阻 R_T(进气温度传感器)分别连接在惠斯通电桥的两个臂上。当发热元件的温度高于进气温度时,电桥电压才能达到平衡,并由具有电流放大作用的控制电路A控制加热电流(50~120 mA)来使发热元件温度 T_H 与补偿电阻温度

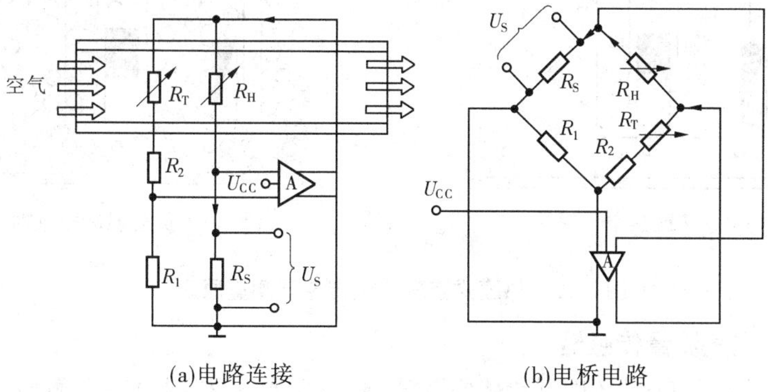

R_T—温度补偿电阻(进气温度传感器);R_H—发热元件(热线或热膜)电阻;R_S—信号取样电阻;

R_1、R_2—精密电阻;U_{CC}—电源电压;U_S—信号电压;A—控制电路

图2-13 热膜式空气流量传感器电路原理

T_T 之差保持恒定，即 $\Delta T = T_H - T_T = 120$（℃）。

当空气气流流经发热元件并使其冷却时，发热元件温度降低，阻值减小，电桥电压失去平衡，控制电路将增大供给发热元件的电流，使其温度保持高于温度补偿电阻温度 120 ℃。电流增量的大小，取决于发热元件冷却的程度，即取决于流过传感器的空气量。

当电桥电流增大时，取样电阻 R_S 上的电压就会升高，从而将空气流量的变化转化为电压信号 U_S 的变化。输出电压与空气流量之间近似于 4 次方根的关系特征曲线如图 2-14 所示。信号电压输入 ECU 后，ECU 可根据信号电压的高低计算出空气流量 Q_M 的大小。

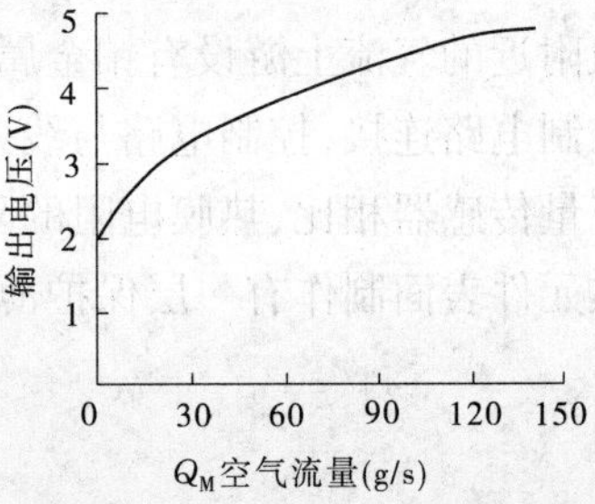

图 2-14　热膜式空气流量传感器输出特性曲线

当发动机怠速或空气为热空气时，怠速时节气门关闭或接近全闭，所以空气流速小，空气量少；又因空气温度越高，空气密度越小，在体积相同的情况下，热空气的质量小，发热元件冷却的程度小，阻值减小的幅度小，所以电桥平衡需要的电流小，如图 2-15（a）所示，取样电阻上的信号电压低。控制单元 ECU 根据信号电压即可计算出空气量，捷达 AT、CTX 型轿车怠速时的空气流量标准值为 2.0 ~ 5.0 g/s。

当发动机负荷增大或空气为冷空气时，因为节气门开度增大空气流速加快使空气流量增大，冷空气密度大，在体积相同的情况下冷空气质量大，所以发热元件冷却的程度增大，阻值减小的幅度大，保持电桥平衡需要的电流增大，如图 2-15（b）所示，因此当发动机负荷增大时，信号电压升高。

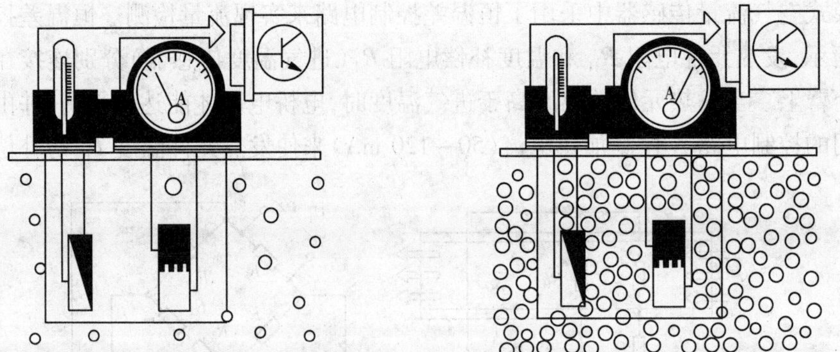

(a)怠速或热空气时　　　　(b)大负荷或冷空气时

图 2-15　热膜式空气流量传感器测量原理

（三）叶片式空气流量传感器

叶片式空气流量传感器又称翼片式空气流量传感器，是利用力矩平衡原理和电位器原理开发研制的机械式传感器，已经持续生产使用多年，具有结构简单、价格便宜、可靠性较高等优点。丰田皇冠（CROWN2.8、5M－E 型发动机）、佳美（CAMRY）、子弹头（PREVIA）和马自达（MAZDA）多用途（MPV）汽车的燃油喷射系统都采用了叶片式空气流量传感器。

1. 叶片式空气流量传感器构造

叶片式空气流量传感器，主要由检测部件、电位计、调整部件、接线插座和进气温度传感器五部分组成，如图 2-16 所示。

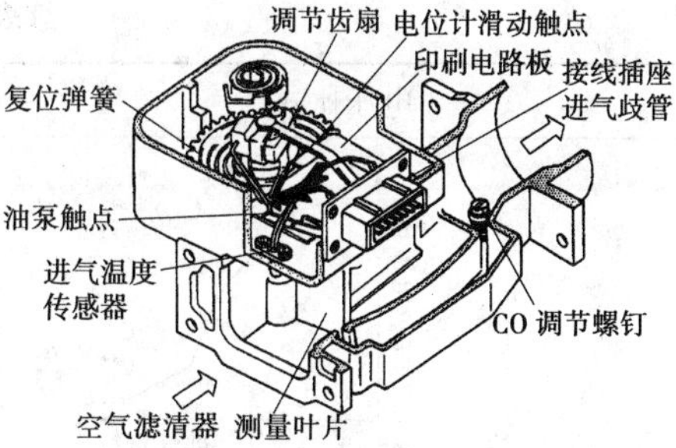

图 2-16　叶片式空气流量传感器的结构

2. 检测原理

叶片式空气流量传感器检测空气流量的方法有两种：电压比式和电压值式，见图 2-17。电压比检测与电压值检测原理如表 2-2所示。

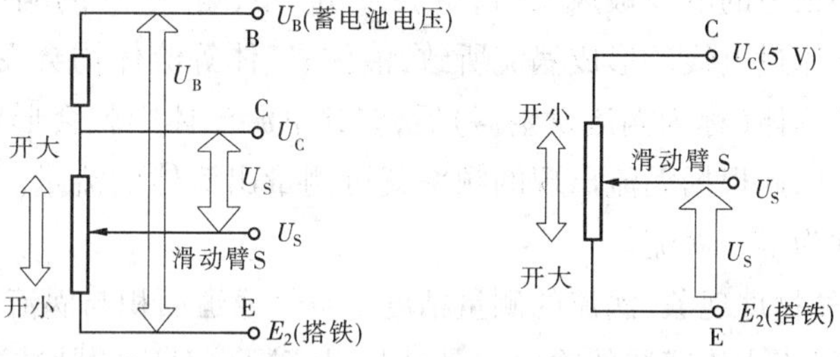

(a)电压比检测　　(b)电压值检测

图 2-17　叶片式空气流量传感器检测空气流量的方式

表 2-2　电压比检测与电压值检测原理

	电压比式	电压值式
原理电路图	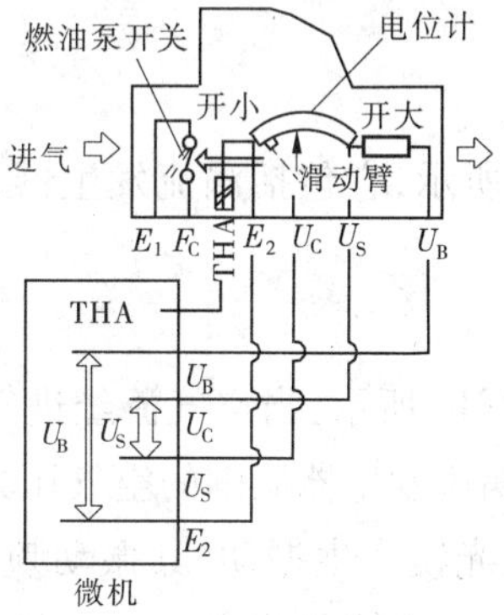	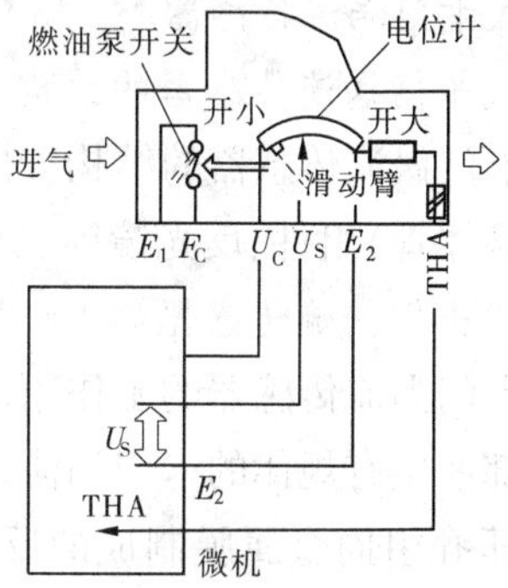
检测方法	因蓄电池电压（+12 V）加到 U_B 端子上，并设有中间端子 U_C，以 U_B—E_2 之间及 U_C—U_S 之间的电压比方式检测，所以可减小因电压变化引起的误差	因为是固定电压（+5 V）加到 U_C 端子上，进气量变化引起的 U_S 电压的变化，直接变为进气量测量值，U_S 电压输入至微机中，由 AD 变换器变换成数字信号
结构	利用动片直接测量进气量，此外，还有进气温度传感器、燃油泵开关	利用动片直接测量进气量，此外，还有进气温度传感器、燃油泵开关

续表 2-2

	电压比式	电压值式
特性	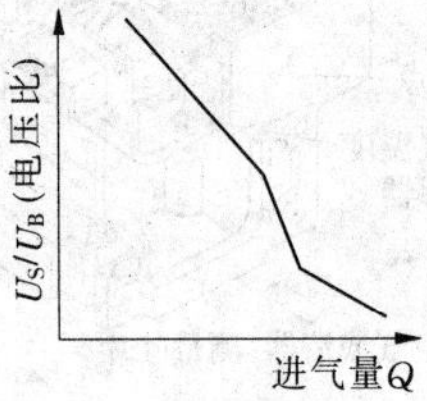	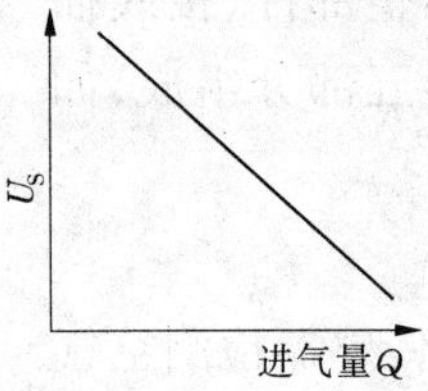

(四)卡门涡流式空气流量计

众所周知,当外架空的电线被风吹时,就会发出"嗡、嗡……"的响声。风速越高,声音频率越高,这是气流流过电线后形成涡流所致,液体、气体等流体均会发生这种现象。在流体中,放置一个柱状物体(称为涡流发生器)后,在其下游流体中就会形成两列平行状涡流,并且左右交替出现,因此根据涡流出现的频率就可测量出流体的流量。因为这种现象首先被卡门发现,所以称为卡门涡流。

卡门涡流是一种物理现象,涡流的测量精度由空气通道面积与涡流发生器的尺寸决定,与检测方法无关。涡流式传感器的输出信号是与涡流频率对应的脉冲数字信号,其响应速度是几种空气流量传感器中最快的,几乎能同步反映空气流速的变化,因此特别适用于数字式计算机处理。除此之外,涡流式传感器还具有测量精度高、进气阻力小、无磨损等优点,长期使用时,性能不会发生变化。其缺点是制造成本较高,因此目前只有少数中高档轿车采用。因为是检测空气体积的流量,所以需要对空气温度和大气压进行修正。根据涡流频率的检测方式不同,汽车用涡流式空气流量传感器分为光学检测式、超声波检测式等。

1. 光学式卡门涡流传感器

1)光学式卡门涡流传感器的结构

光学式卡门涡流传感器的结构如图 2-18(a)所示,它包括涡流发生器、光电管(发光二极管和光敏晶体管)组件、反光镜等。

2)光学式卡门涡流传感器的工作原理

光学式卡门涡流传感器的工作原理如图 2-18(b)所示,当空气流经进气道时,会在涡流发生器的后部产生有规律的卡门涡流,从而导致涡流发生器周围的空气压力发生变化,变化的压力经导压孔引向金属膜制成的反光镜,使反光镜产生振动,其振动频率与涡流频率相等,而涡流频率与空气流速(发动机负荷)成正比;反光镜再将发光二极管投射的光反射给光敏晶体管,通过光敏晶体管检测涡流频率,并向 ECU 输送 0 与 5 V 交替变化的方波信号,ECU 则根据此信号确定发动机的进气量。

早期中国大陆进口的丰田雷克萨斯 LS400 型轿车和中国台湾进口的皇冠 3.0 型轿车采用了光学式卡门涡流传感器。由于光学式卡门涡流传感器容易脏污,现今已很少采用。

3)光学式卡门涡流传感器的信号特征

5 V 方波信号的频率变化与进气量成正比,进气量多则信号频率高;反之,进气量少则

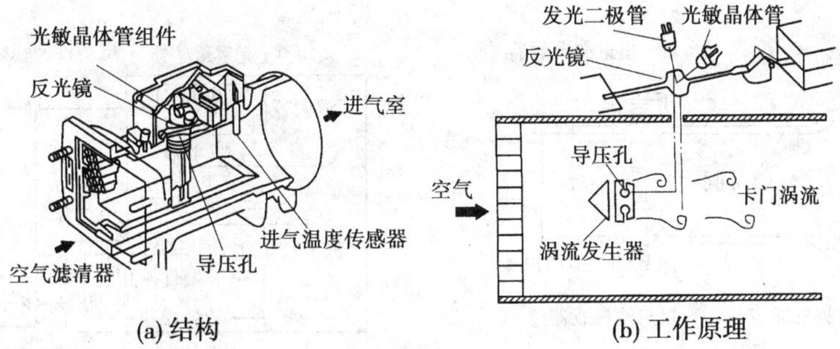

图 2-18　光学式卡门涡流传感器的结构和工作原理

信号频率低。

4) 光学式卡门涡流传感器的检测方法

光学式卡门涡流传感器产生 5 V 方波信号 KS，信号频率随进气量的增加而成正比变化，见图 2-19。

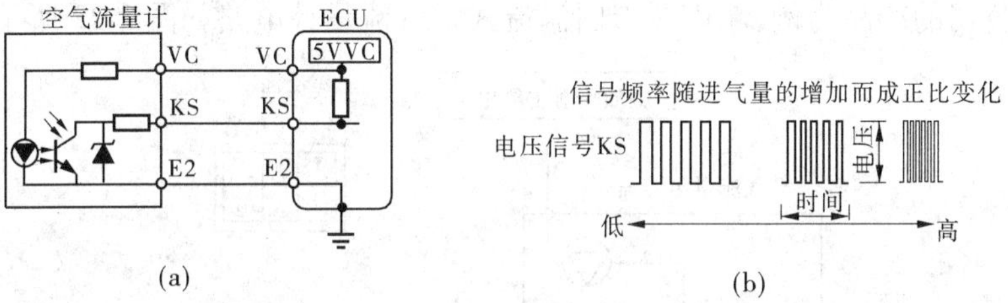

图 2-19　光学式卡门涡流传感器的检测

由于光学式卡门涡流传感器的信号频率变化快，要精确地观察该信号，需要使用示波器或带有频率测试功能的数字万用表。

2. 超声波卡门涡流式空气流量计

日本三菱公司率先采用超声波卡门涡流传感器，并安装在多款车上。中国长风猎豹吉普车和韩国现代轿车也采用了超声波卡门涡流传感器。所谓超声波，是指频率高于 20 kHz、人耳听不到的机械波。它的方向性好，穿透力强，遇到杂质或物体分界面会产生显著的反射。利用这些物理性质，可把一些非电量转换成声学参数，通过压电元件转换成电量。

1) 超声波卡门涡流式空气流量计的结构与工作原理

超声波卡门涡流式空气流量计的基本结构如图 2-20 所示，在三角涡流产生柱上游侧壁上装有超声波发射器，它可以发射固定频率的超声波，在发射器的对面则装有超声波接收器。

超声波卡门涡流式空气流量计的工作原理见图 2-21。在卡门涡流发生器下游管路两侧相对安装超声波发射探头和接收探头。在没有卡门涡流的情况下，接收到的超声波为稳定的信号。有卡门涡流发生时，超声波在气流中的传播受到卡门涡流信号的影响，使接收到的超声波成为一个个与涡流数对应的脉冲信号，其频率等于卡门涡流释放的频率，反映了气流速度。此脉冲信号经转换模块转换成矩形脉冲数字信号，计算机对这个矩形脉冲计数，便可得知空气流量。

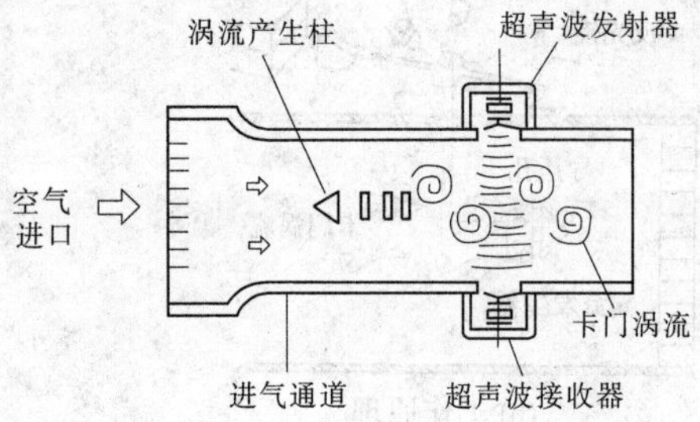

图 2-20　超声波卡门涡流式
空气流量计的基本结构

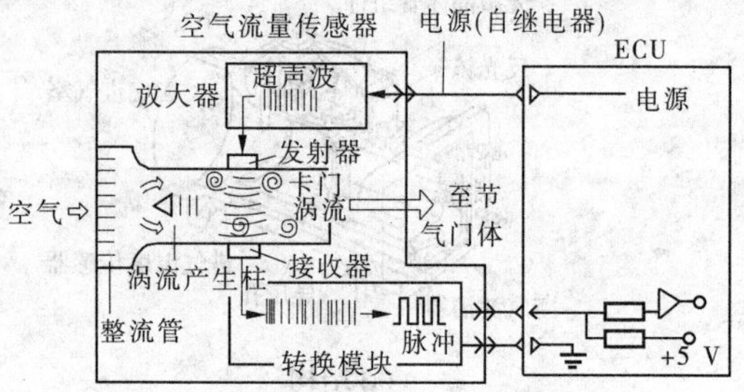

图 2-21　超声波卡门涡流式
空气流量计的工作原理

2)超声波卡门涡流式空气流量计的检测方法

可以看出,无论光学检测式还是超声波检测式的卡门涡流空气流量计的输出信号都是方波信号,其信号频率随进气量的增加而增加,直观检测方法就是用示波器或能检测频率的数字万用表进行检测。

以三菱公司的产品为例,超声波卡门涡流式空气流量计电路如图 2-22 所示。

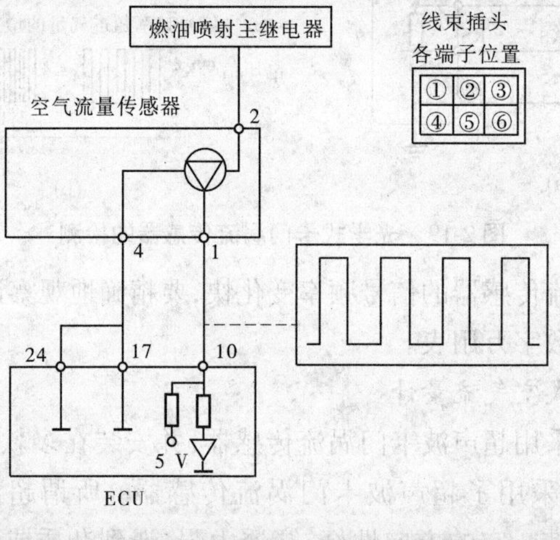

图 2-22　三菱公司超声波卡门涡流式空气流量计电路

(1)检测传感器输出频率。当接通点火开关但不启动发动机时,传感器输出频率应为 0;发动机怠速(700 r/min)运转时,传感器输出频率应为 25 ~ 50 Hz;当发动机转速升高时,传感器输出频率应随转速升高而升高;当转速升高到 2 000 r/min 时,传感器输出频率应为 70 ~ 90 Hz,否则说明传感器或其线路有故障。

(2)检测传感器线束。在超声波卡门涡流式传感器故障中,线束故障占很大比例。检查线束故障时,先应拔开传感器线束插接器,然后接通点火开关,用万用表测量线束插头电源端子 2 与搭铁端子 4 之间的电压,其值应等于系统电压(12 V),否则需要修理线束或检查燃油喷射主继电器;再用万用表检测线束插头输出端子 1 与搭铁端子 4 之间的电压,其值应为 5 V,否则需要修理线束。检测搭铁端子 4 搭铁是否可靠时,可用万用表电阻挡检测端子 4 与发动机缸体之间的阻值,其值应为 0,否则说明搭铁不良,需要修理。

单元二　压力传感器检修

压力传感器在汽车上有广泛的应用,主要用于检测进气歧管绝对压力、真空度、大气压力、发动机油压、制动系统油压、轮胎压力等。压力传感器在汽车上的测量范围从 10 kPa 真空(用于 OBD 检测燃油泄漏形成的蒸气)到 180 MPa(用于柴油机共轨燃油压力系统),这样压力传感器就需要有不同的类型,来满足检测压力之比可在 18 000∶1内变化。目前压力传感器已有若干种,依据原理不同,可分为压阻式、电容式、压电式、共振式、光学式等。利用掺杂硼的晶体作为压阻,并以多晶硅作为薄膜材料,可制作用于高温的压力传感器。

压阻式压力传感器广泛用于检测发动机进气歧管压力(绝对压力和大气压力)、涡轮增压压力、燃油泄漏蒸气压力。电容式压力传感器用于轮胎内压、发动机机油压力检测,这两处的压力检测无需零压指示。陶瓷电容式压力传感器用在汽车内粗糙环境中检测压力,常用于检测制动、动力转向、悬架、巡航脱离、ABS 制动调节、空调压缩机等系统中的液体压力。多晶硅压电式压力传感器用于高压检测,如柴油发动机的共轨燃油喷射压力、悬架动态控制系统液体压力检测。

一、压阻式压力传感器

固体受到力的作用后,电阻率发生显著的变化,这种效应称为压阻效应。进气歧管绝对压力传感器就是利用这种效应制成的。

(一)进气歧管绝对压力传感器

进气歧管绝对压力(MAP)传感器用于感知发动机负荷,并转换成电信号传输给计算机,主要参与点火正时和喷油控制,是 D 型电控发动机中最重要的传感器之一。有些 L 型电控发动机用 MAP 传感器检测发动机启动时的进气量,而发动机启动后的进气量则由 MAF 传感器检测。

典型的 MAP 传感器包括一个密封在内的陶制膜片或硅膜片,膜片的一侧是真空室,另一侧导入进气歧管压力,见图 2-23。当发动机负荷变化(发动机进气歧管真空改变)时,作用在膜片两侧的压差使 MAP 传感器的输出信号电压或信号频率也随之变化。

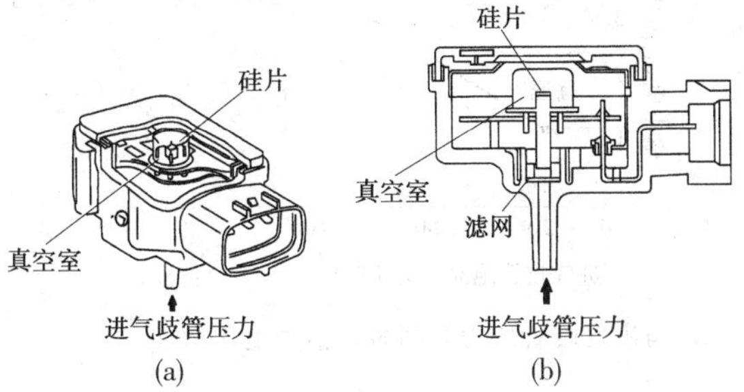

图 2-23　进气歧管绝对压力传感器剖视图

1. 进气歧管绝对压力传感器检测原理

如图 2-24 所示,四个电阻布置成单臂电桥的形式,受压后电阻两增两减,输出与输入电压有如下关系

$$\frac{V_{out}}{V_{in}} = \frac{R_d}{R_c + R_d} - \frac{R_b}{R_a + R_b}$$

在电桥没有变化时，有如下关系

$$R_a = R_b = R_c = R_d = R$$

则
$$V_{out} = 0$$

当施加一力时，电阻值改变，在理想状况下

$$R_c = R_b = R - \Delta R, R_a = R_d = R + \Delta R$$

则
$$\frac{V_{out}}{V_{in}} = \frac{\Delta R}{R}$$

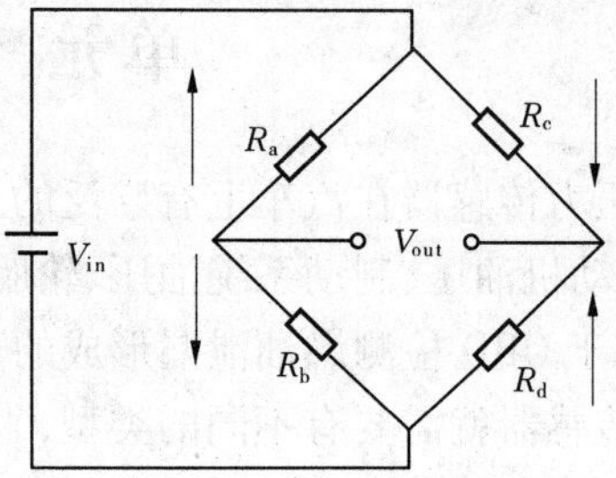

图 2-24　进气歧管绝对压力传感器检测原理

假如电阻变化是因施加压力所造成，则可得电压、电阻之间的关系

$$\frac{V_{out}}{V_{in}} = \frac{\Delta R}{R} = kP$$

故在弹性假设下$\frac{\Delta R}{R} \propto P$。

由以上各式可知，利用电压的变化来估计电阻的改变量，进而可求得所受的压力大小。

2. 发动机负荷与进气歧管真空度、进气歧管绝对压力之间的关系

随着发动机负荷的增加（节气门开大），进气歧管绝对压力增加，而进气歧管真空度下降，传感器信号电压升高，当点火开关打到“ON”时（发动机不工作时），突然打开节气门，信号电压最大，而在减速期间随着节气门的关闭，信号电压最小，见图 2-25。

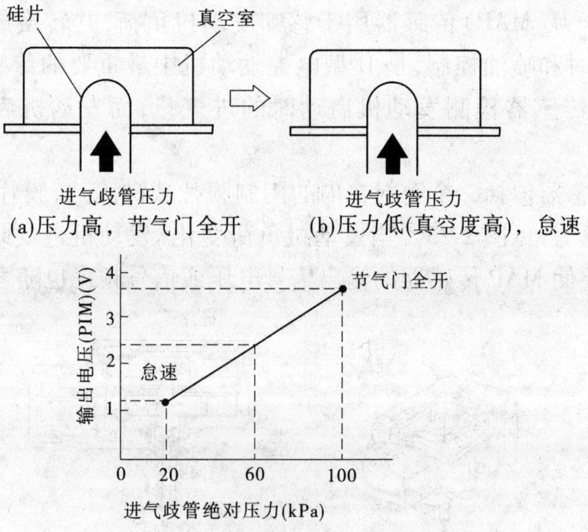

图 2-25　发动机负荷、进气歧管真空度、进气歧管绝对压力、信号电压之间的关系

3. 典型的进气歧管绝对压力传感器电路

进气歧管绝对压力传感器电路如图 2-26 所示。信号端子为 PIM，传感器通过 VC 接收来自 ECU 的电源电压 5 V，E2 端子与 ECU 搭铁。ECU 的 PIM 端子在断开时应为5 V。

4. 检测 MAP 传感器的方法

进气歧管绝对压力传感器是进行燃油喷射和点火正时控制的最重要的传感器之一，对发动机的驱动能力有很大的影响。检测时，先要检查该传感器的连线、真空软管外部连接情况，再进行电路检测。

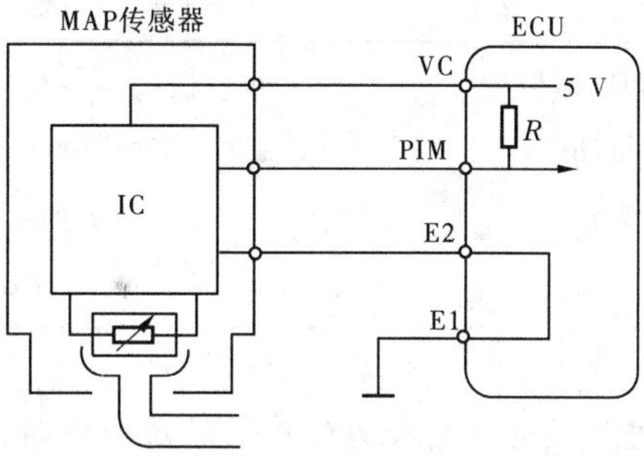

图 2-26　进气歧管绝对压力传感器电路

该传感器常有三根接线：①从计算机过来的 5 V 电源线；②返回给计算机的可变信号线；③搭铁或参考地线。具体电路检测步骤见表 2-3。

表 2-3　进气歧管绝对压力传感器的检测步骤

图示说明	检测步骤
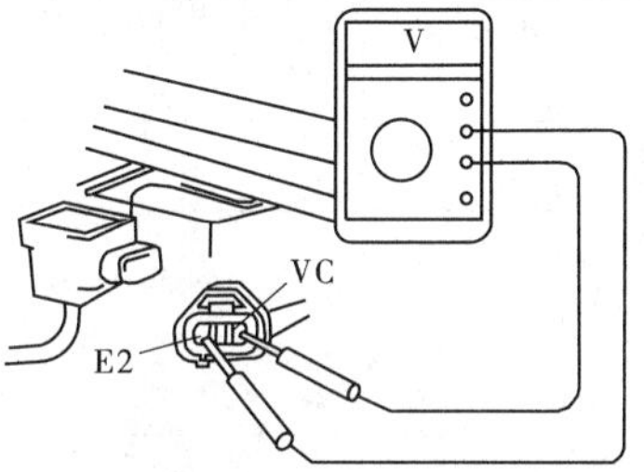	第一步：测量 VC 与 E2 之间的电压 （1）拔下 MAP 传感器的插头，打开点火开关。 （2）测量插头端子 VC 与 E2 之间的电压。 （3）该电压是否为 4～6 V，OK，进入第二步；NO，进入第三步
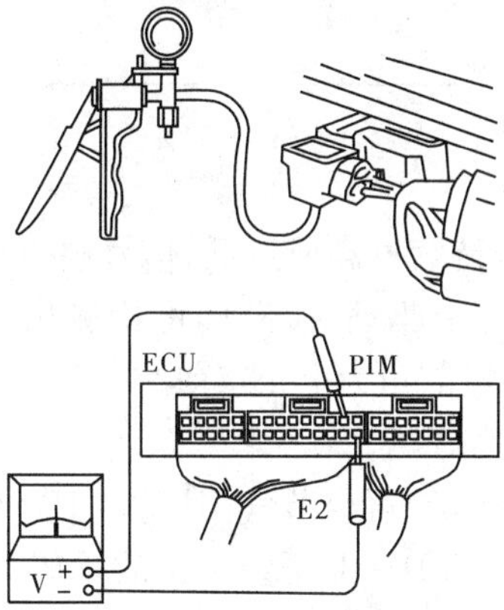	第二步：测量 PIM 与 E2 之间的电压 （1）取下 MAP 传感器的真空软管，打开点火开关。 （2）测量 ECU 端子 PIM 与 E2 之间的电压。 ①测量在大气压力作用下的 PIM 电压； ②测量在连接真空加装设备时，在各种真空压力下的 PIM 电压； （3）算出电压下降值，与表 2-4 对照
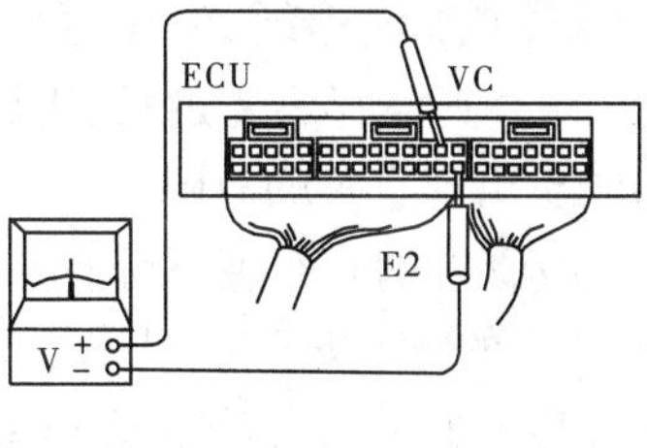	第三步：测量 VC 与 E2 之间的电压 （1）打开点火开关，测量 ECU 端子 VC 与 E2 之间的电压是否为 4～6 V；NO，更换 ECU。 （2）判断其电压差是否为 4～6 V；NO，更换 ECU。 第四步：测量 ECU 与压力传感器之间的连线

表 2-4 提供了进气歧管压力传感器在测试过程中信号电压下降情况。

表 2-4　信号电压下降量

提供的真空(kPa)	13.3	26.7	40.0	53.5	66.7
mmHg	100	200	300	400	500
inHg	3.94	7.87	11.81	15.75	19.69
信号电压下降(V)	0.3~0.5	0.7~0.9	1.1~1.3	1.5~1.7	1.9~2.1

5. 进气歧管绝对压力传感器的故障诊断

OBD-Ⅱ系统给出的进气歧管绝对压力传感器故障诊断条件见表 2-5。

表 2-5　进气歧管绝对压力传感器的故障诊断

P0105——MAP 传感器/BARO 传感器电路故障			
检测条件	信号检测结果	发动机驱动循环	ECU 策略
打开点火开关发动机不启动	0 或 >130 kPa	1 个	进入失效保护模式，点火提前角固定在上止点前 5°
P0106——MAP 传感器信号与其他传感器相矛盾			
发动机暖机节气门关闭 发动机转速 400~1 000 r/min 时间 >10 s	MAP 信号电压 >3.0 V	2 个	
发动机转速≥2 500 r/min 时间 >5 s VTA≥1.85 V	MAP 信号电压 <1.0 V	2 个	

1）进气歧管绝对压力传感器电路故障

当 MAP 传感器电路开路或短路时，MAP 传感器信号持续过高或过低，信号超出正常范围，OBD-Ⅱ系统给出故障码 P0105。发动机只需运行一个驱动循环，即可检测出该故障码。出现该故障码时，ECU 进入失效保护模式，固定点火提前角为上止点前 5°。

2）进气歧管绝对压力传感器信号与其他传感器信号相矛盾

ECU 根据实际检测到的 MAP 传感器信号值算出进气量，再与节气门位置(TP)和发动机转速信号进行对比，最终判断 MAP 传感器信号不可信，OBD-Ⅱ系统给出故障码 P0106。诊断该故障码，发动机需运行两个驱动循环。

MAP 传感器的真空管有问题，造成发动机燃油经济性变差、加速迟缓、失速、怠速不稳等现象，ECU 也会给出故障码。更换真空管时应用原厂生产的，真空管不要过长，否则下垂而引起燃油混合气在真空管处积存，造成发动机驱动性问题及出现有关的故障码。

对于 D 型喷射系统来说，节气门后方的真空漏气，会使歧管内的真空度下降，绝对压力升高。由于 D 型喷射系统都是以绝对压力的信号输出给 ECU 的，所以 ECU 根据绝对压力升高的信号，令喷油量增加，提高发动机的转速，造成怠速过高。如果漏气严重且 ECU 有超速断油功能，当转速增加到 1 500 r/min 左右时，ECU 将开始断油降速，当降到一定的转速时，ECU 又开始供油，提高转速。如此循环，以致发动机产生游车现象。

(二)大气压力传感器

大气压力(简称 BP 或 BARO)传感器用于感知大气压力,并将此转换为电压信号输送给计算机修正喷油和点火控制,常安装在空气流量计内、前保险杠内、ECU 内部等位置。由于天气的原因,大气压力会发生变化,计算机依据该传感器的信号能感知到这种变化,并进行相应的调整。大气压力传感器也是计算机用于判断海拔高度的主要传感器。

大气压力传感器和进气歧管绝对压力传感器的工作原理是基本相同的,只是 MAP 传感器与进气歧管相通,而大气压力传感器与大气相通。点火开关打到"ON"位置,发动机不启动,此时 MAP 传感器读取的是大气压力。车辆在高山地区行驶期间,先停下车,再启动发动机,有利于让计算机读取另一个大气压力信号。

(三)蒸气压力传感器

蒸气压力传感器(简称 VAP 传感器)用于燃油蒸发排放控制系统(EVAP),该传感器位于油箱内、活性炭罐附近,或其他远离油箱的位置。

蒸气压力传感器如果安装在油箱中,就无软管。如果安装在远离油箱的地方,就有两种情况:一种情况只装一根软管,这根软管只接燃油蒸气道;另一种情况是装有两根软管,则一根接燃油蒸气道,另一根接大气,见图 2-27。实际工作中应注意两根软管不能装反。

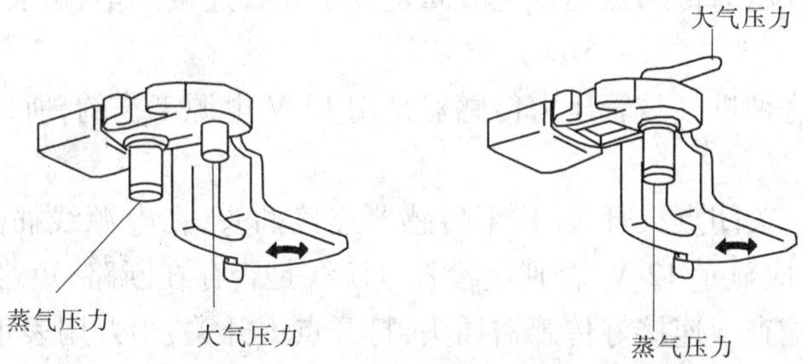

图 2-27 有两根软管的蒸气压力传感器

该传感器检测的是压力差,以大气压力为参考,当燃油蒸气压力上升时,信号电压也上升,见图 2-28。

蒸气压力传感器电路原理如图 2-29 所示,其检测方法与进气歧管绝对压力传感器相似。注意不要给太大的压力,防止损坏传感器。

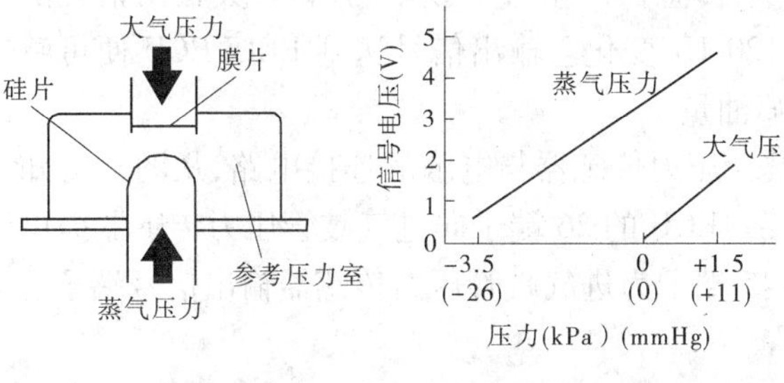

图 2-28 蒸气压力传感器压力检测原理

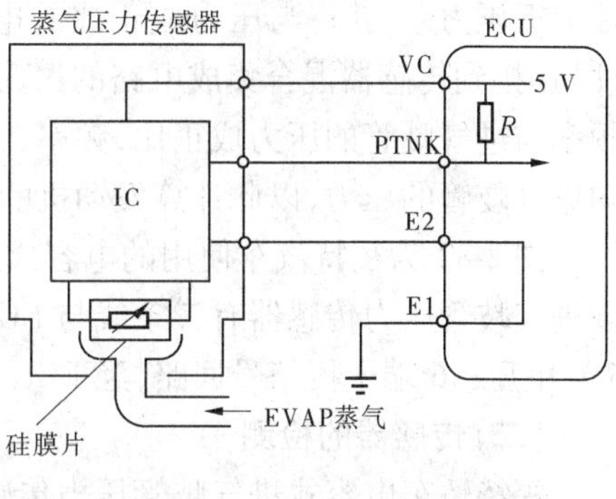

图 2-29 蒸气压力传感器电路原理

二、真空膜盒式进气歧管压力传感器

(一)类型

真空膜盒式进气歧管压力传感器,也叫膜盒测压器,如图 2-30 所示。这种测压器可根据压力变化驱动电子传感器。膜盒测压器的膜盒由薄金属片焊接而成,在其内部抽真空,外部接进气歧管,膜盒外面压力的变化使其膨胀、收缩。当膜盒接受正压力,如大气压力时,膜臂受压后收缩。要测量进气歧管的绝对压力,可使膜盒的气压室与发动机进气歧管相连,当进气歧管压力变化时,膜盒即收缩或膨胀,使操纵杆外升或回缩。膜盒的动作使操纵杆的移动和进气歧管绝对压力的变化呈线性关系。把膜盒的机械运动转换成电信号输出,可以采用可变电阻器(电位计)、可变电感器和差动变压器 3 种装置。

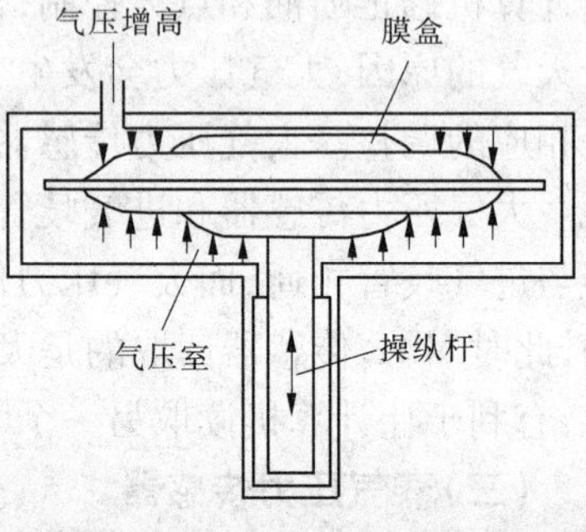

图 2-30　膜盒测压器

(二)检测

真空膜盒式进气压力传感器的常见故障是真空软管连接不牢、破裂以及感应线圈断路、短路等。

检测时应注意这种进气歧管压力传感器是用 12 V 电源工作的,所以检查时不要拔下电源线插头。

电源电压检查。关闭点火开关,拔下传感器连接插头,在电源线插头一侧接万用表,打开点火开关,电压表应显示 12 V,否则应检查电源线是否存在断路、短路。

输出信号电压检查。连接好传感器插头,打开点火开关,用万用表正表笔与信号端子接触,将负表笔搭铁,在真空软管上加大气压时,信号电压应为 1.5 V;在对真空软管吸气时,电压应由 1.5 V 降低;发动机怠速时,电压应为 0.4 V;发动机转速升高时,输出电压值也升高。

三、电容式进气歧管压力传感器

(一)传感器的识别

电容式进气歧管压力传感器用氧化铝膜片和底板彼此靠近排列,形成电容,利用电容膜片上下压力差,获得与压力成正比的电容值信号,如图 2-31 所示。把电容(即压力转换元件)连接到传感器混合集成电路的振荡电路中,传感器产生可变频率的信号,其输出信号的频率与进气歧管的压力成正比,频率在 80 ~ 120 Hz 变化。输出信号送到 ECU,ECU 便可感知进气歧管的压力,以此计算发动机的基本喷油量。

图 2-32 为福特汽车使用的电容式进气歧管压力传感器与电脑的连接电路,从图上得知该进气歧管压力传感器有三条线与 ECU 连接。ECU 的 26 端子向进气歧管压力传感器提供 5 V 电压;46 端子接信号回路,经 ECU 搭铁;45 端子为进气歧管压力传感器输出信号端子。

(二)传感器的检测

福特轿车电容式进气歧管压力传感器的检测方法如下:

(1)检查真空软管连接状态,以确保无老化破裂现象。

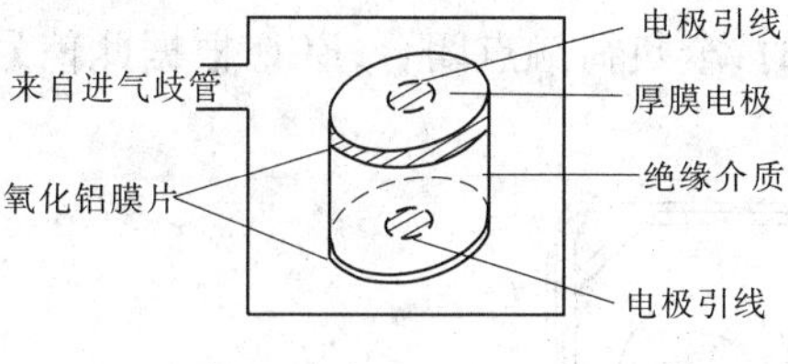

图 2-31　电容式进气歧管压力传感器的结构

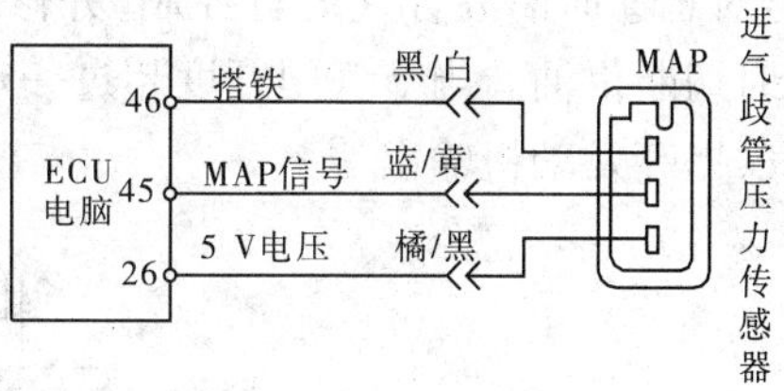

图 2-32　福特汽车电容式进气歧管压力传感器与电脑的连接电路

(2)打开点火开关,检查 ECU 的 26 端子(橘/黑)与搭铁间电压,应为 5 V。

(3)检测 46 端子信号电路(黑/白)电压,应为 0,接地电阻不大于 5 Ω。

(4)检测进气压力信号线(蓝/黄),拆下传感器连接插头,测量 45 端子处电压,在点火开关接通时应为 0.5 V。

也可用汽车专用万用表对进气歧管压力传感器进行频率测试,测试方法是:打开点火开关,发动机不运转,进气歧管压力传感器输出信号频率约为 160 Hz;减速时频率为 80 Hz;怠速时频率为 105 Hz。

当进气压力信号消失或者超出工作范围(频率小于 80 Hz 或大于 160 Hz)时,ECU 会根据节气门位置传感器的工作情况发出一个替代值,保证发动机正常运转,但电脑同时记录下进气歧管压力传感器产生的故障,以故障代码方式进行储存。

单元三　节气门位置传感器检修

在汽油机性能的试验研究中,常用节气门开度来表示负荷率,这种表示不能用于控制,因为节气门转角与循环充气量没有线性关系,也没有确定的对应关系(在节气门由小开大和由大减小时不重复)。控制系统之所以要有节气门开度信号,是为了下列用途:

(1)用来判断发动机的工况是处于怠速控制区、部分负荷区,还是节气门接近全开的加浓区(或催化转化器的高温保护区),即用来界定开环、闭环控制区。对于有自动变速器控制功能的电子管理系统来说,节气门开度和车速是决定换挡时刻的条件参数。

(2)用节气门转角变化率的大小作为加速、减速过程中修正喷油量的条件。它直接反映驾驶员的意图,比其他负荷传递热的响应更快。

(3)可与空气流量计的信号对照互检,提供后者发生损坏的信息,并代替后者与转速配合作为 ECU 控制喷油量的条件参数。

(4)用于点火正时修正、废气再循环控制、空调系统控制、燃油蒸发控制、车辆动态稳定性控制、巡航控制、牵引力控制等。

一、节气门位置传感器的类型及工作原理

节气门位置传感器(TPS)安装在节气门体上,主要有开关触点式和线性可变电阻式。

(一)开关触点式节气门位置传感器

开关触点式节气门位置传感器内部有三个触点:怠速开关触点 IDL、全负荷开关触点 PSW 和搭铁的动触点 E,见图 2-33。发动机在怠速或突然减速时,怠速触点闭合,ECU 根据

此信号对怠速时的混合气进行控制,并修正点火提前角,切断废气再循环系统。减速断油时,暂时切断供油。当节气门开度超过一定角度时,全负荷触点闭合,ECU 根据此信号加浓混合气,提高发动机输出功率。

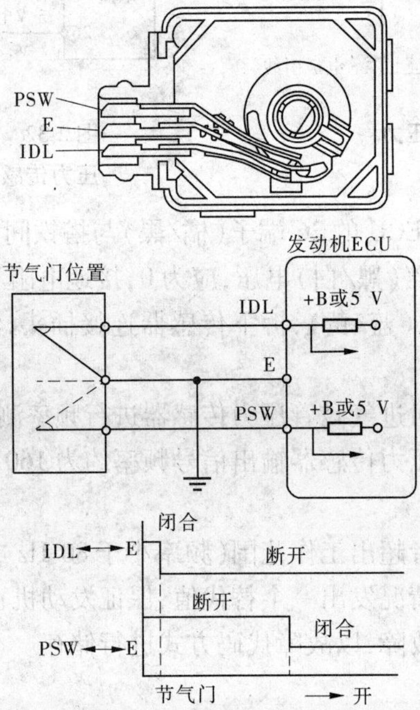

图 2-33　开关触点式节气门位置传感器原理

发动机怠速运转时,IDL 触点闭合,IDL 信号电压为 0,ECU 以此信号控制发动机怠速时的运转工况。加速时,IDL 触点断开,其电压变为 + B 或 5 V。当全负荷时,PSW 触点闭合,PSW 电压为 0,ECU 控制发动机在全负荷工况工作。开关触点式节气门位置传感器的数据见表 2-6。

表 2-6　开关触点式节气门位置传感器数据

触点	节气门位置		
	全负荷(全开)(V)	部分负荷(部分开启)(V)	怠速(关闭)(V)
IDL	+ B 或 5	+ B 或 5	0
PSW	0	+ B 或 5	+ B 或 5

开关触点式节气门位置传感器主要由节气门轴、大负荷触点(又称为功率触点 PSW)、凸轮、怠速触点(IDL)和接线插座组成,其结构如图 2-34 所示。凸轮随节气门轴转动,节气门随油门开度大小而转动。

开关触点式节气门位置传感器的输出特性如图 2-33 所示。当节气门关闭时,怠速触点 IDL 闭合,功率触点 PSW 断开,怠速触点 IDL 输出端子输出的信号为低电平“0”,功率触点 PSW 输出端子输出的信号为高电平“1”。ECU 接收到 TPS 输入的这两个信号时,如果车速传感器输入 ECU 的信号表示车速为零,那么 ECU 判定发动机处于怠速状态,并控制喷油器

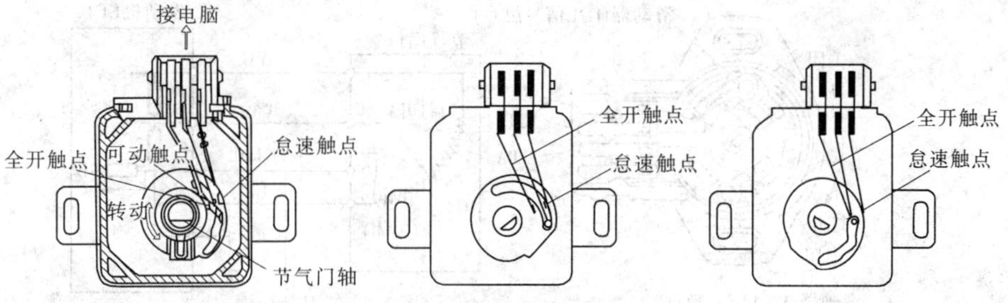

图 2-34　开关触点式节气门位置传感器的结构

增加喷油量,保证发动机怠速转速稳定而不致熄火。如果此时车速传感器输入 ECU 的信号表示车速不为零,那么 ECU 判定发动机处于减速状态,并控制喷油器停止喷油,以降低排放和提高经济性。

当节气门开度增大时,凸轮随节气门轴转动并将怠速触点 IDL 顶开,功率触点 PSW 保持断开状态,IDL 端子输出高电平"1",PSW 端子输出也为高电平"1"。ECU 接收到两个高电平信号时,便可判定发动机处于部分负荷状态,此时 ECU 根据空气流量传感器信号和曲轴转速信号计算确定喷油量,主要保证发动机的经济性和排放性能。

当节气门接近全部开启(80% 以上负荷)时,凸轮转动使功率触点 PSW 闭合,PSW 端子输出低电平"0",IDL 端子保持断开而输出为高电平"1"。ECU 接收到这两个信号时,便可判定发动机处于大负荷运行状态,从而控制喷油器增加喷油量,保证发动机输出足够的动力,故将大负荷触点称为功率触点。

当节气门全开时,ECU 将控制系统进入开环控制模式,此时不采用氧传感器信号。如果此时空调器在工作,那么 ECU 将中断空调主继电器信号约 15 s,以便切断空调电磁离合器线圈电流,使空调压缩机停止工作,增大发动机输出功率,提高汽车的动力性。

(二)线性可变电阻式节气门位置传感器

线性可变电阻式节气门位置传感器结构及原理见图 2-35。采用线性电位计,由节气门轴带动电位计的滑动触点,在不同的节气门开度下,接入回路的电阻则不同。发动机怠速运转时,怠速触点闭合,IDL 信号端子电压为 0,VTA 信号端子与 VC 电源端子间电阻较大,传感器信号电压较低,为 0.6 ~ 0.9 V。随着节气门开度的增加,电位计的滑动触点在电阻膜上滑动,从而在该触点上得到与节气门开度成比例的线性电压输出,即 VTA 信号电压,见图 2-36。全负荷时 VTA 信号为 3.5 ~ 4.7 V。ECU 根据全负荷时 VTA 信号进行空燃比修正、加浓修正和燃油切断控制等。线性可变电阻式节气门位置传感器在各种工况下的数据见表 2-7。

表 2-7　线性可变电阻式节气门位置传感器数据

触点	节气门位置		
	全负荷(全开)(V)	部分负荷(部分开启)(V)	怠速(关闭)(V)
IDL	+B	+B	0
VTA	3.5 ~ 4.7	0.9 ~ 3.5	0.6 ~ 0.9

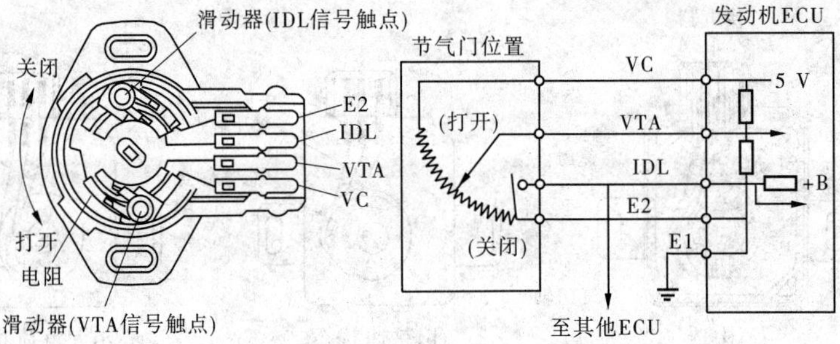

(a)结构　(b)原理

图 2-35　线性可变电阻式节气门位置传感器结构及原理

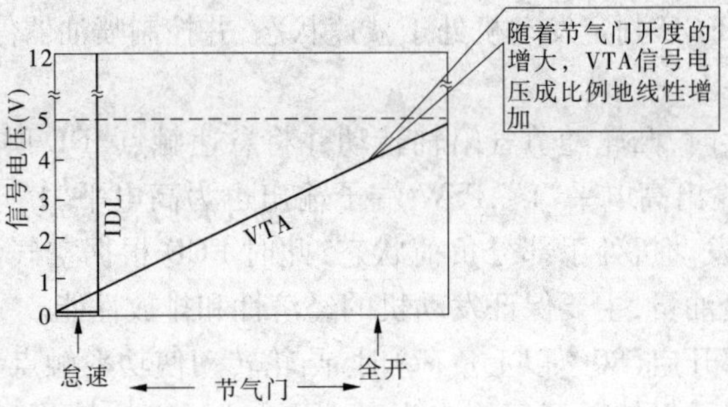

图 2-36　线性可变电阻式节气门位置传感器信号电压变化趋势

开关触点式节气门位置传感器只能检测发动机的怠速和全负荷工况。当 IDL 触点断开、PSW 触点还未闭合时，发动机处于加速状态，该传感器无法输出节气门所在位置的准确信号。线性可变电阻式节气门位置传感器的设计避免了开关式传感器的弊端，利用其电位计的变化可检测出节气门所在的准确位置。目前的线性可变电阻式节气门位置传感器已无怠速触点 IDL，或虽有怠速触点但并不与发动机 ECU 相连接，而是用 VTA 信号探测怠速运行工况，见图 2-37。

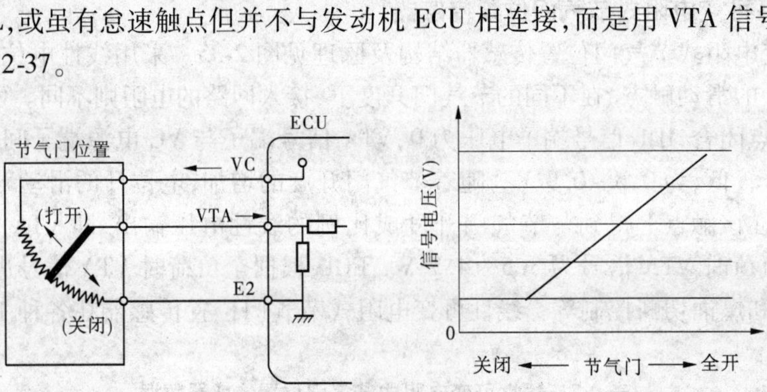

图 2-37　无怠速触点的线性可变电阻式节气门位置传感器电路原理及信号变化趋势

在智能电控节气门(ETCS－i)系统中，采用双信号输出的线性可变电阻式节气门位置传感器，传感器内部有两个电位计、两个滑动触点，并有两个信号 VTA1 和 VTA2，见图 2-38。

注意：随着节气门的开启，VTA1 和 VTA2 信号都成比例线性增加，但增加速率不同，VTA2 信号比 VTA1 信号先到达最大值，见图 2-39。发动机 ECU 通过检测这两个信号来感知节气门的位置，并能通过比较两个信号，及时发现问题，提高工作的可靠性。

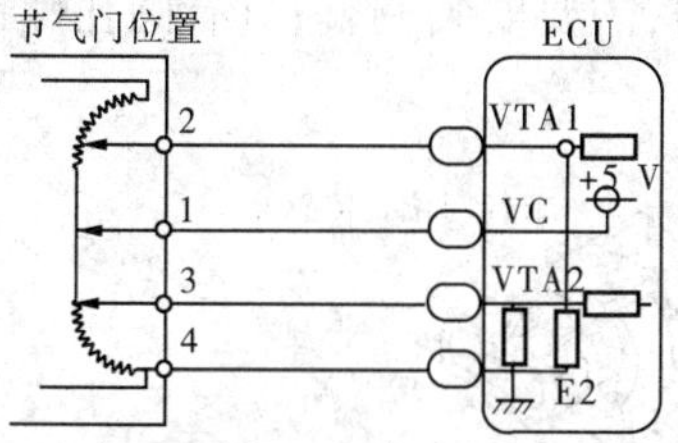

图 2-38　双信号输出的线性可变电阻式节气门位置传感器电路原理

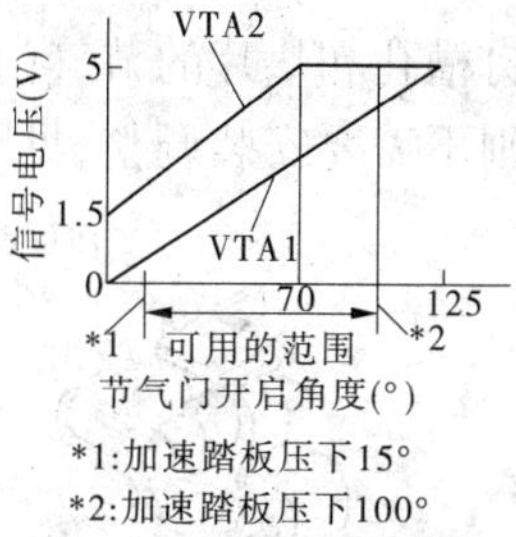

图 2-39　双信号输出的线性可变电阻式节气门位置传感器信号变化趋势

线性可变电阻式节气门位置传感器的结构及电压输出特性，如图 2-40 所示。它的活动触点（或称触头）与节气门轴联动，可在电阻上滑动，利用电阻的变化将节气门位置信号转换成电压值。这个电压呈线性变化，所以传感器叫做线性输出型节气门位置传感器。根据这个线性电压值，ECU 可感知节气门的开度，使 ECU 进行喷油量修正。

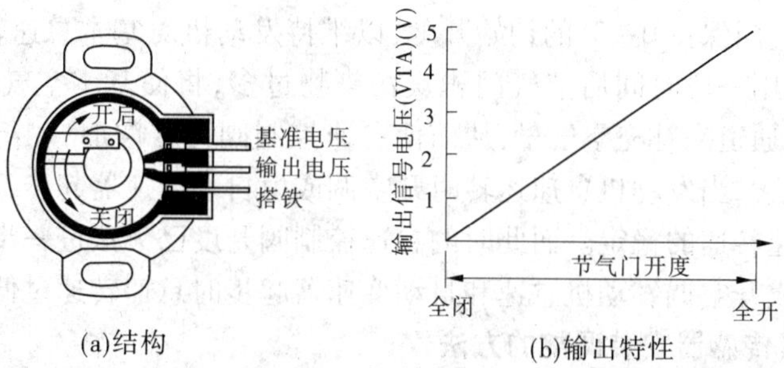

图 2-40　线性可变电阻式节气门位置传感器的结构及电压输出特性

当节气门开度变化时，可变电阻的滑臂便随节气门转动，滑臂上的触点便在镀膜电阻上滑动，传感器的输出端子 VTA 与 E2 之间的信号电压随之发生变化，如图 2-41 所示，节气门开度越大，输出电压越高。传感器输出的信号经过 A/D 转换器转换成数字信号后再输入 ECU。

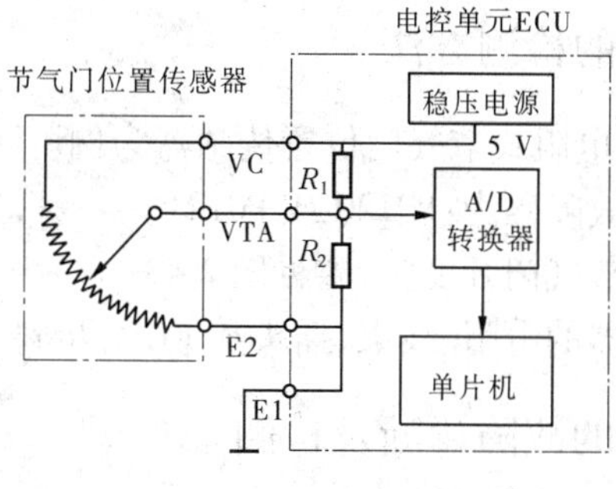

图 2-41　线性可变电阻式节气门位置传感器电路

二、节气门位置传感器安装调整的必要性和方法

有安装螺钉槽孔和垫片的节气门位置传感器，需要安装调整；具有圆孔螺钉槽孔的节气门位置传感器则不需要安装调整，见图 2-42。

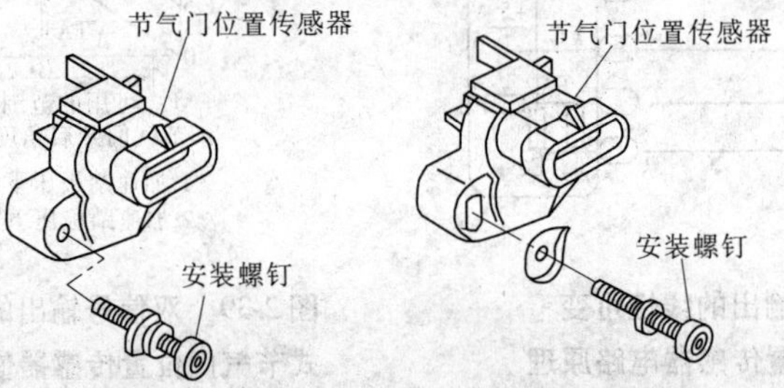

(a)不需安装调整 (b)需安装调整

图 2-42 节气门位置传感器安装调整类型

(一)节气门位置传感器安装调整的必要性

节气门初始开度过小或节气门污染堵塞，就需要调整节气门的初始位置。节气门体出厂时已经过调整，节气门保持 0～3°的初始开度，以维持发动机对基本怠速转速的要求。如果开度调整过小或使用一段时间后节气门积炭污染物过多，将使基本空气量减少，ECU 便会通过调节怠速空气通道来补充空气量，从而使怠速控制阀开度增加。由于怠速时怠速控制阀开启角度已经很大，当发动机怠速运转时开空调或由自动变速器起步，怠速控制阀将进一步开大，以维持怠速转速的稳定。而此时的怠速控制阀开度已无法进一步加大，这样便会出现空气量不足，造成开空调发动机怠速和自动变速器起步时怠速转速过低。

(二)节气门位置传感器安装调整的方法

1. 不需调整的节气门位置传感器

每次打开点火开关，ECU 会自动将其信号“归零”，只要该传感器信号电压为 0.2～1.25 V，ECU 即认为节气门开度为 0。基于此位置，节气门开启角度的变化以百分比表示。

2. 需安装调整的节气门位置传感器

调整时先要接上手持测试仪，将点火开关置于“ON”，用旋具拧动安装螺钉，直到节气门开度满足要求，再按规定力矩紧好螺钉。

三、节气门位置传感器的检测方法

以无怠速触点的线性可变电阻式节气门位置传感器为例。

(1)用手持式测试仪读取故障码为：P0120 或 P0121。

(2)用手持式测试仪读取节气门开度，步骤见图 2-43。

(3)检测节气门位置传感器的电阻、线束、插头和 ECU，步骤见图 2-44、图 2-45。

四、节气门位置传感器的故障诊断及检测

当有如下条件时，OBD－Ⅱ系统可给出节气门位置传感器故障码。

(一)节气门位置传感器信号电压超出可能的范围

在点火开关打开时，OBD－Ⅱ系统只需一个检测行驶工况周期即可检测到该故障，即传

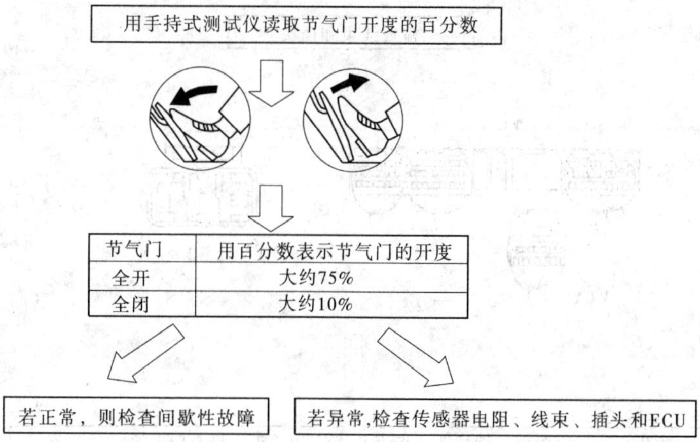

图 2-43　读取节气门开度的步骤

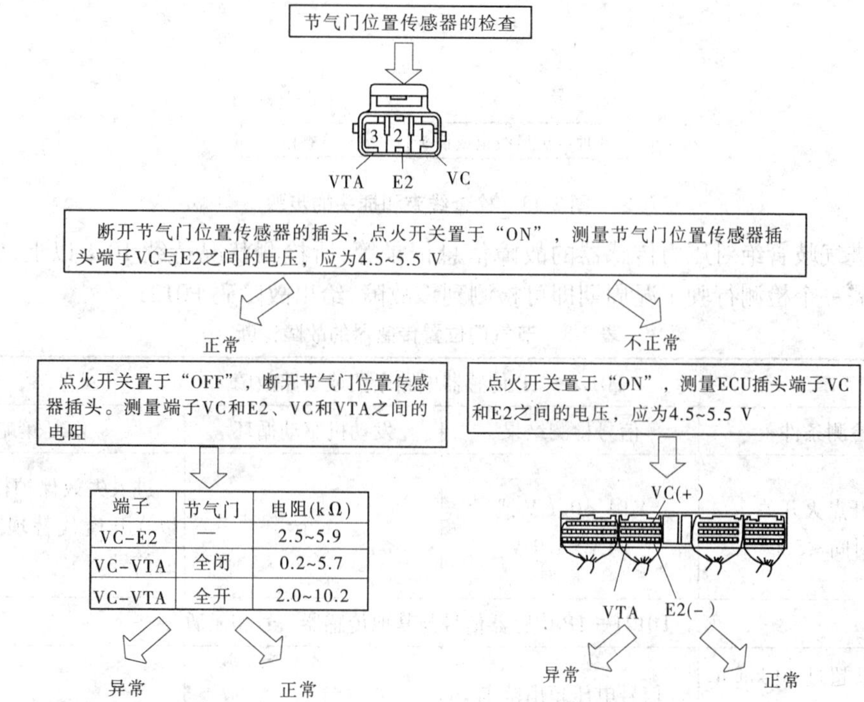

图 2-44　检查节气门位置传感器的步骤

感器信号电压低于 0.1 V 或高于 4.9 V。若故障发生,OBD－Ⅱ系统给出故障码 P0120,ECU 启用失效保护模式,固定以 0 开度代替现有传感器的信号值,见表 2-8。

(二)节气门位置传感器信号与其他信号不一致

ECU 可以根据进气歧管绝对压力传感器信号和转速信号数值倒推出节气门转角。当进气歧管绝对压力 MAP 读数低于 50 kPa 时,诊断检查节气门位置传感器是否偏高;当进气歧管绝对压力读数高于 70 kPa 时,诊断检查节气门位置传感器是否偏低。如果此时算出的节气门转角与节气门位置传感器信号指示的转角值相差甚远,并且没有节气门位置传感器

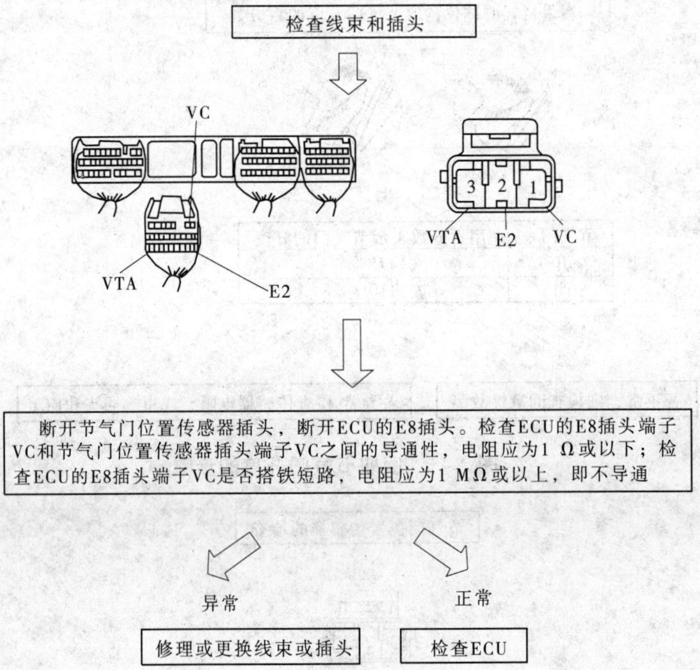

图 2-45　检查线束和插头的步骤

电路及进气歧管绝对压力传感器的故障信息记录等，所检测状况持续 10 s 以上，OBD－Ⅱ系统只需一个检测行驶工况周期即可检测到该故障，给出故障码 P0121。

表 2-8　节气门位置传感器的故障诊断

检测条件	信号检测结果	发动机驱动循环	ECU 策略
P0120—TP 传感器电路断路或短路故障			
打开点火开关 时间≤5 s	VTA＜0.1 V 或 VTA＞4.9 V	1 个	进入失效保护模式：固定以 0 开度代替现有传感器的信号
P0121—TP 传感器信号与其他传感器信号相矛盾			
车速已超过 30 km/h，车速从 30 km/h 降到 0，TP 传感器信号电压超出范围	信号电压超出范围 VTA＜0.7 V 或 VTA＞5.27 V	1 个	

五、电子节气门

汽车电子节气门控制（Electronic Throttle Control，简称 ETC）技术是伴随汽车电子驱动理念（Drive-by-Wire）将节气门由机械控制向电子控制转变的新一代产品。汽车电子节气门控制避免了传统机械式节气门拉索或拉杆的机械连接，通过采用油门执行器、电控单元以及相对应的各种传感器，实现对汽车节气门开度的精确控制。ETC 能将节气门调节到最佳位置，实现在不同负荷和工况下，发动机都能接近理论空燃比状态工作，这将有利于提高汽车行驶的动力性、平稳性、经济性以及降低排放污染。

（一）ETC系统的组成及工作原理

图2-46为ETC系统结构简图。该系统主要由油门踏板、油门踏板位置传感器、ECU（电控单元）、数据总线、执行器、节气门位置传感器和节气门机构等部分组成。油门踏板位置传感器用来体现驾驶员的控制意图。

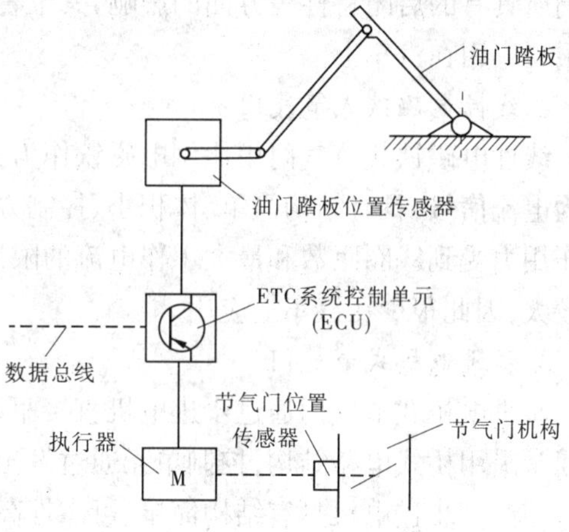

图2-46　ETC系统结构简图

节气门位置传感器用来检测节气门开度信号，使ECU判别发动机工况和负荷，即给控制系统提供反馈控制信号。ECU包括信息处理模块和电机驱动电路模块。其中，信息处理模块接收来自油门踏板位置传感器的电压信号，经过处理后得到节气门的最佳开度，并把相应的电压信号发送到电机驱动电路模块，而电机驱动电路模块接收来自信息处理模块的信号，控制电机转动相应的角度，使节气门达到或保持相应的开度。数据总线则负责系统ECU与整车控制单元之间的通信。执行器包括减速机构和执行电机，通常采用步进电机或脉宽调制控制的直流电机来控制直流伺服电机。

图2-47为ETC系统的控制简图。在工作时，驾驶员操纵油门踏板，油门踏板位置传感器产生相应的电压信号输入节气门ECU，控制单元首先对输入的信号进行滤波，以消除环境噪声的影响，然后根据当前的工作模式、踏板移动量和变化率解析驾驶员意图，计算出对发动机扭矩的基本需求，得到相应的节气门转角的基本期望值。经过CAN总线和整车控制单元进行通信，获取其他工况信息以及各种传感器信号如发动机转速、挡位、节气门位置、空调能耗等，由此计算出整车所需求的全部扭矩。通过对节气门转角期望值进行补偿，得到节气门的最佳开度，并把相应的电压信号发送到驱动电路模块，驱动控制电机使节气门达到最佳的开度位置，节气门位置传感器则把节气门的开度信号反馈给节气门控制单元，形成闭环的位置控制。

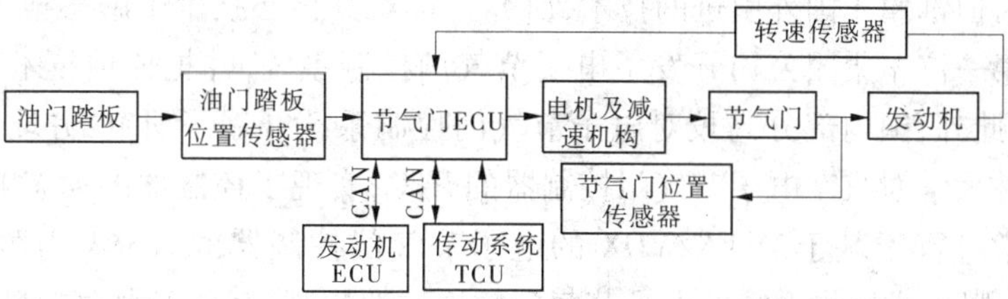

图2-47　ETC系统的控制简图

（二）电子节气门的种类

1. 电液式节气门

电液式节气门大多数应用在有液压系统的工程机械中。它具有结构简单、成本低、驱动力大、功耗低等特点,其电液控制的转换主要通过高速开关数字阀实现,控制精度高,对液压油没有太高的要求。但是,由于液压系统存在供油压力波动,液压执行机构之间的摩擦力以及阀所具有的启闭特性等方面的影响,其位置响应不精确,速度响应慢。因此,电液式节气门很少应用在汽车上。

2. 线性电磁铁式节气门

线性电磁铁式节气门用比例电磁铁作为控制器。它用电磁力作为驱动力,其中控制信号为电流信号,具有结构简单、体积小、控制方便、响应速度快、稳态精度好等特点,但它的最大作用力受到线圈匝数和最大工作电流的限制,而且在一定的工作负荷下所需的电功耗相对较大,因此很少在汽车上应用。

3. 步进电机式节气门

步进电机式节气门通过步进电机直接驱动节气门轴实现油门的开度控制。驱动步进电机通常采用桥式电路结构,控制单元通过发出的脉冲个数、频率和方向控制电平对步进电机进行控制。步进电机具有结构简单、可靠性高和成本低等优点,但它的控制精度不高,因此也较少在汽车上应用。

4. 直流伺服电机式节气门

直流伺服电机采用脉冲宽度调制(PWM)技术,其特点是频率高、效率高、功率密度高、可靠性高。控制单元通过调节脉宽调制信号的占空比来控制直流电机转角的大小。此外,电机输出转矩和脉宽调制信号的占空比成正比。由于以上优点,直流伺服电机广泛应用于电子节气门的控制。

(三)国内外研究现状

国外的控制理论发展早而且完善,但由于电子节气门控制系统的技术和成本都比较高,ETC 发展缓慢。近 10 年来,德国 BOSCH、Pierburg,美国 Delphi、Visteon,日本 Toyota、Hitachi、Denso,意大利 Marelli 等汽车公司及零部件厂商投入大量的资金和人力进行研究,使电子节气门技术得到了迅速的发展。目前,国外多家公司已对电子节气门控制系统作了深入的研发,比如丰田 COROLLA 借鉴高科技航空技术,采用了 ETCS – I 电子节气门智能控制系统,新一代雅阁 V6 轿车发动机采用了全电子的电子节气门控制系统。此外,BMW、Daimler – Chrysler、Ford 等汽车公司在高级轿车上均安装了电子节气门控制系统。

目前,虽然国内部分高级轿车,如宝来、奥迪、帕萨特、POLO、红旗等已经配备了电子节气门控制系统,但都属于国外引进的技术,研究人员对其核心技术了解得很少。可喜的是,近年来,中国第一汽车集团公司开发了电子节气门控制系统,并把该项技术用于红旗 HQ3 高级轿车上。此外,国内部分高校对电子节气门控制系统开展了研究,并取得了阶段性成果。比如,吉林大学对汽车电子节气门控制器的开发,实现了控制器的动态响应,满足设计指标;湖南大学进行了基于 OSEK/VDX 的电子节气门控制器的研究与开发,构建了基于 POW-EROSEK 嵌入式操作系统的电子节气门软硬件架构;北京理工大学进行了电子节气门模糊控制器快速控制原型设计。

(四)电子节气门控制系统的优点及不足

1. 电子节气门控制系统的优点

(1)精确控制节气门开度。首先由 ECU 对各种工况信息和传感器信号做出判断并处理，接着计算出最佳的节气门开度，再由驱动电机控制节气门达到相应的油门开启角度。

（2）改善了发动机的排放性能。ETC 系统在各种情况下对空燃比进行精确控制，使燃烧更加充分，同时也降低了废气的产生；在怠速状态下，节气门保持在一个极小开启角度来稳定燃烧，提高了燃油经济性，排放也得到进一步控制。

（3）具有更高的车辆行驶可靠性。电子节气门控制系统采用传感器冗余设计，从控制角度讲，使用一个传感器就可使系统正常运转，但冗余设计可使两个传感器相互检测，当一个传感器发生故障时能及时被识别，在很大程度上增加了系统的可靠性，保证行车的安全性。

（4）可选择不同的工作模式。驾驶员可根据不同的行车需要通过模式开关选择不同的工作模式，通常有正常模式、动力模式和雪地模式三种，区别在于节气门对加速踏板的响应速度不同。

（5）可获得海拔高度补偿。在海拔较高的地区，大气压下降，空气稀薄，氧气含量下降，导致发动机输出动力下降。此时，电子节气门控制系统可按照大气压强和海拔高度的函数关系对节气门开度进行补偿，保证发动机输出动力和油门踏板位置的关系保持稳定。

2. 电子节气门控制系统的不足

（1）汽车在起步时会产生油门迟滞。汽车起步时需要提供浓混合气，而 ECU 会根据当前的车速、节气门开度等进行分析，从燃油经济性和排放合理的角度考虑，限制节气门的打开幅度，同时限制喷油系统进行浓混合气供油，其实就是 ECU 通过限制发动机瞬时输出功率，限制了汽车起步时要求较浓混合气的工况实现。目前，大部分厂家通过电子油门加速器来缓解油门迟滞，但这种装置并不能提高发动机性能，改变动力输出及扭矩等，它仅是一个信号的放大器，并且油耗也会随着加速器的加速而增加。

（2）ETC 控制系统存在各种非线性影响，除弹簧非线性、黏滑摩擦及齿隙非线性等影响外，同时受到进气流产生的非线性阻尼力以及进气气流的不稳定扰流阻矩的影响，导致常规 PID 控制不能精确地设定反馈的增益，影响控制的精确性。

（3）成本高。ETC 系统采用了智能型传感器、快速响应的执行器、高性能控制单元及冗余设计，使成本大幅度上升，目前 ETC 系统只装配在高档轿车上。

（五）电子节气门控制系统的发展方向

（1）向集成化和综合控制方向发展。集成化和综合控制不仅是电子节气门控制系统的发展方向，也是将来汽车电子控制系统的发展方向。它有助于简化电子节气门控制系统，降低制造成本，增强各系统间的信息交流。目前，ETC 已经向集成化和集中控制方向发展，如将怠速控制、巡航控制、减小换挡冲击控制、节气门回位控制及车辆稳定性控制等多种功能集成，或者是将制动防抱死控制系统、牵引力控制系统及驱动防滑控制系统综合在一起进行制动控制。

（2）结合多种控制方法进行综合控制。多种控制策略相结合，可以提高 ETC 的控制精度及反应速度。目前的发展方向是从线性控制发展到非线性控制，从单一模式控制发展到多模式控制以及从传统的 PID 控制发展到 PID 与现代控制理论相结合的控制。由于传统 PID 控制受到参数整定方法繁杂的困扰，参数往往整定不良、性能欠佳，对运行工况的适应性很差。因此，多模态控制、神经网络控制及滑模变结构控制等方法被引入到电子节气门控制中。滑模变结构控制有良好的鲁棒性和很强的非线性,该方法与系统的参数和扰动无关,也体现了今后电子节气门控制方式的发展方向。神经网络控制方法与 PID 控制相结合,可以提高电子节气门控制系统的自适应能力。但这些理论自身还有待完善和进一步的发展,因此需要更深入的研究才能将这些综合控制策略成熟地应用到电子节气门控制系统中。

(3)车载网络、总线技术在汽车电子节气门控制系统中的应用。随着 ETC 等电控系统在汽车上越来越多的应用,各种传感器和电子控制单元急剧增多,造成了整车控制电路复杂、车辆上导线的数量增加。此外,各个系统的信息资源要能够共享。这些都对汽车的综合布线和信息共享提出了更高要求。现在国际上普遍采用的车载网络技术是 CAN 总线控制器局域网,它能够满足汽车上电子系统数据传输安全可靠、数据共享及系统集成等需要,并且大大降低了布线的复杂度,提高了汽车电子系统的运行可靠性。所以,CAN 总线技术在汽车电子节气门控制系统上的应用也将是一个重要趋势。

单元四　温度传感器的检修

基于温度传感器,ECU 可用于调节控制很多系统。这些系统要正常工作就需要发动机处于工作温度范围,温度传感器输送给 ECU 的信号要准确。例如,ECU 控制调节燃油喷射量,就必须知道发动机冷却液温度的准确信号。发动机用温度传感器包括冷却液温度(ECT)传感器、进气温度(IAT)传感器和废气再循环(EGR)温度传感器等,见图 2-48。这些温度传感器内装负温度系数(NTC)的热敏电阻,即温度愈低则电阻愈高,因此可通过热敏电阻的阻值变化探测温度的变化。

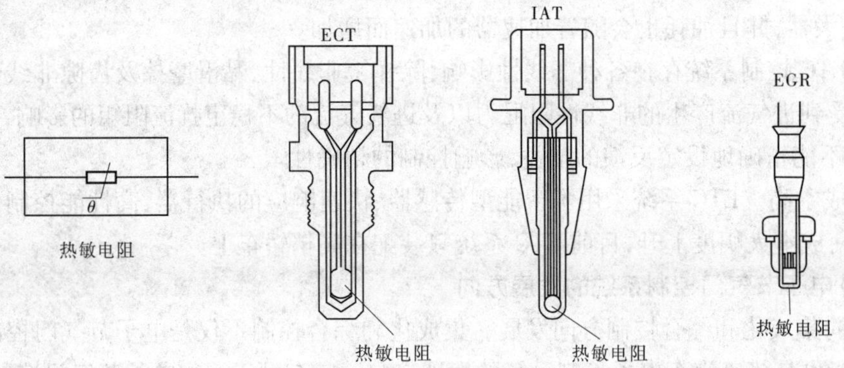

图 2-48　常见温度传感器

一、冷却液温度传感器

(一)作用

冷却液温度传感器用于检测发动机冷却水温度,向 ECU 输入温度信号,作为燃油喷射和点火正时的修正信号,同时也是其他控制系统的控制信号。

(二)安装位置

冷却液温度传感器一般安装在缸体水道上、缸盖水道上、上出水管等处,如图 2-49 所示。它与冷却液直接接触,用于测量发动机的冷却液温度,其内部装有负温度特性的热敏电阻。图 2-50 为冷却液温度传感器电路原理。当发动机冷却液温度高时，热敏电阻的阻值小，信号电压低；当发动机冷却液温度低时，热敏电阻值高，信号电压高。ECU 根据电阻值的这一变化便可测得发动机冷却液的温度，进行喷油量修正。

图 2-49　冷却液温度传感器的安装位置

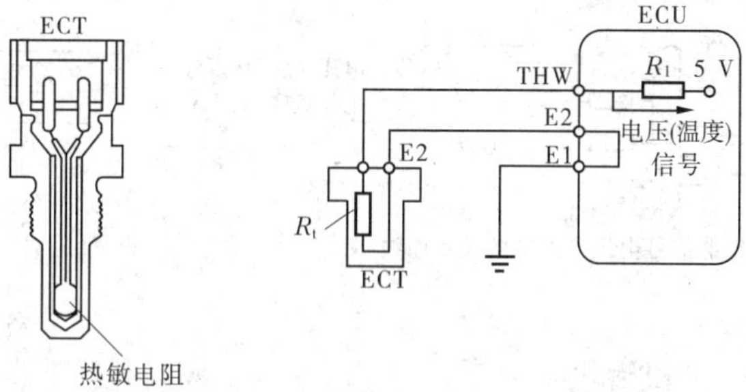

图 2-50　冷却液温度传感器电路原理

当出现汽车负载过大、缺水、点火时间不对、风扇不转等故障，造成冷却液温度过高时，发动机机体温度上升，从而使发动机不能工作，所以在仪表系统内设计了冷却液温度表，利用冷却液温度传感器检测发动机冷却液温度，让驾驶员能够直观地看出发动机冷却液在任何工况时的温度，并且及时作出相应的处理。

除了修正喷油量，冷却液温度传感器信号还用于修正点火正时、可变节气门正时，确定换挡时刻等。

典型的冷却液温度传感器在 20 ℃时，电阻值为 2 ~ 4 kΩ，冷却液温度达到 80 ℃时，电阻值大多在 400 Ω 以下，冷却液温度传感器的特性曲线见图 2-51。冷却液温度传感器通常为一条或两条引线。两条引线的，一条为信号线，另一条为搭铁线；一条引线的则利用传感器外壳搭铁。传感器导线无极性之分。

(三) 双斜线式冷却液温度传感器

美国通用公司等汽车制造厂采用了双斜线式冷却液温度传感器，这种电路能提供更为精确的测量发动机温度的方法，见图 2-52。当发动机温度低于 50 ℃时，参考电压流经阻值为 365 kΩ 和 348 Ω 的电阻，发动机温度渐渐升高后，信号电压从 5 V 逐渐减小；当发动机温度高于 50 ℃时，参考电压只流经阻值为 348 Ω 的电阻，信号电压变成又一组从高到低变化的电压。用双斜线式温度传感器检测温度，比用一条斜线表示温度范围更为精确，特别是对于高温信号，在 43 ~ 121 ℃可以产生出 5 000 种变化等级。

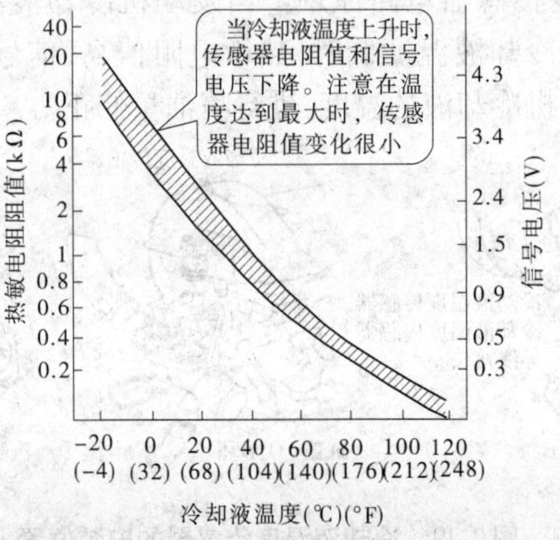

图 2-51　冷却液温度传感器特性曲线

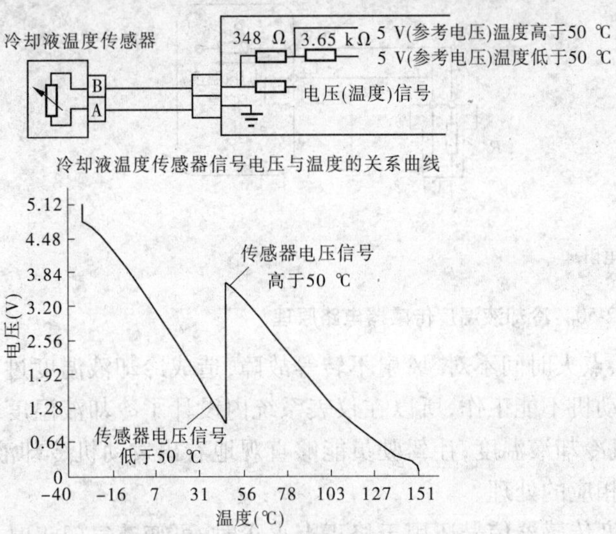

冷却液温度与电阻值的近似关系		
℃	℉	Ω
100	212	177
90	194	241
80	176	332
70	168	467
60	140	667
50	122	973
45	113	1 188
40	104	1 459
35	95	1 802
30	86	2 238
25	77	2 796
20	68	3 520
15	59	4 450
10	50	5 670
5	41	7 280
0	32	9 420
−5	23	12 300
−10	14	16 180
−15	5	21 450
−20	−4	28 680
−30	−22	52 700
−40	−40	100 700

图 2-52　双斜线式冷却液温度传感器电路原理与特性曲线示意

(四)冷却液温度传感器的故障诊断与检测方法

1. 冷却液温度传感器的故障诊断方法

当出现如下情况时，OBD－Ⅱ系统确认冷却液温度传感器故障。

(1)传感器信号电压超出正常范围，温度低于－40 ℃或高于 140 ℃。ECU 与温度传感器之间出现断路(开路)，将使电阻成为无穷大(∞)，此时信号电压读数将等于 5 V，会导致 ECU 读出温度过低，导致燃油经济性变差，发动机过热；ECU 与温度传感器之间发生搭铁短路，将使信号电压趋近于 0，会导致 ECU 读出温度过高；ECU 与温度传感器搭铁端之间的电阻过大(接触不良)，则信号电压值会高于正常值。冷却液温度传感器电路断路、短路和接触不良导致电阻过大等，都会出现传感器信号电压超出正常范围。OBD－Ⅱ系统只需一个检测行驶工况周期即可检测到该故障，给出故障码 P0115，启用失效保护模式，固定以 80 ℃代替现有传感器的信号值。

(2)传感器输入信号变化不正常,从而导致实现闭环控制等功能失效。OBD－Ⅱ系统需要两个检测行驶工况周期才能检测到该类故障,给出故障码 P0116。如发动机暖机过程中,冷却液温度达到正常值的时间超出逻辑范围,或发动机转速不稳,冷却液温度变化量低于3 ℃。

(3)传感器电路间歇工作。OBD－Ⅱ系统每隔 100 ms 间隔检测一下冷却液温度传感器信号电压值,并在固定的间隔内累计其超出正常范围的次数,如果信号电压过高或过低的次数超出规定的范围,即认为冷却液温度传感器信号电压超出正常范围。如果信号电压偶尔超出范围,OBD－Ⅱ系统是不会产生故障码的,即冻结帧内是没有故障码存储的。

2. 冷却液温度传感器的检测方法

冷却液温度传感器的检测方法如表 2-9 所示。

表 2-9　冷却液温度传感器的检测方法

<table>
<tr><th>图示说明</th><th>检测方法</th></tr>
<tr><td>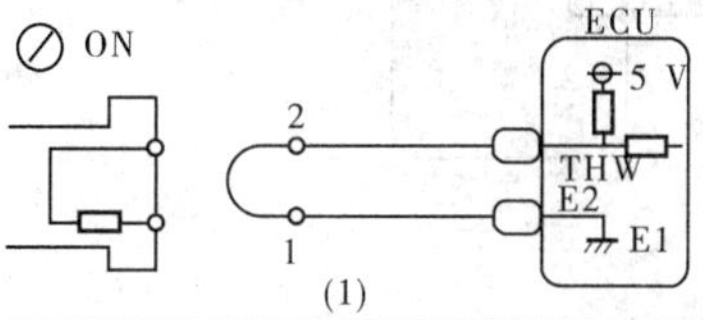

(1)</td><td>1. 短路检测
用导线如图(1)所示跨接。若 ECU 读取温度高,相应风扇会动作;否则,说明 ECU 及传感器连线有问题</td></tr>
<tr><td>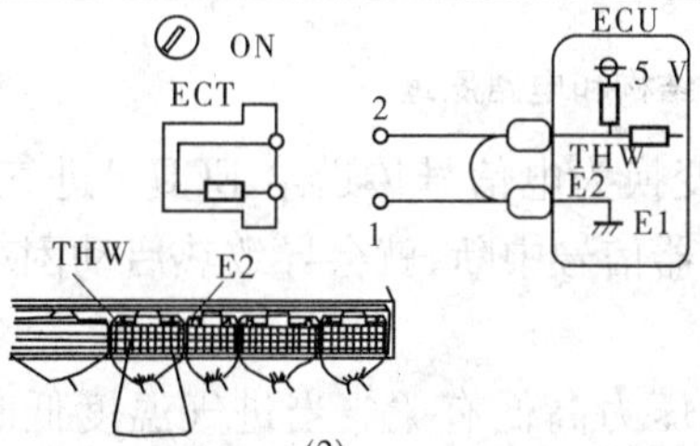

(2)</td><td>2. 继续检测
如图(2)所示跨接 ECU 的两个端子。如果显示温度上升,则说明是传感器连线问题;否则说明是插头或 ECU 内部问题</td></tr>
<tr><td>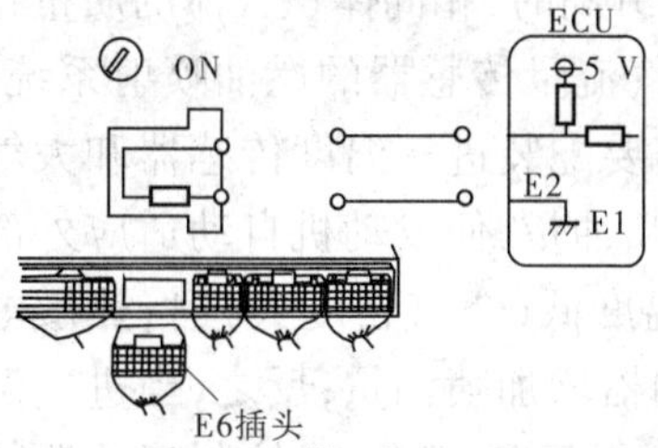

(3)</td><td>3. 断路测试
为了进一步确定前面第 2 步中到底是传感器连线问题还是插头或 ECU 内部问题,将传感器与 ECU 连接插头拔下。如果显示温度降低,则说明是传感器连线或插头问题;否则说明是 ECU 内部问题,如图(3)所示</td></tr>
<tr><td>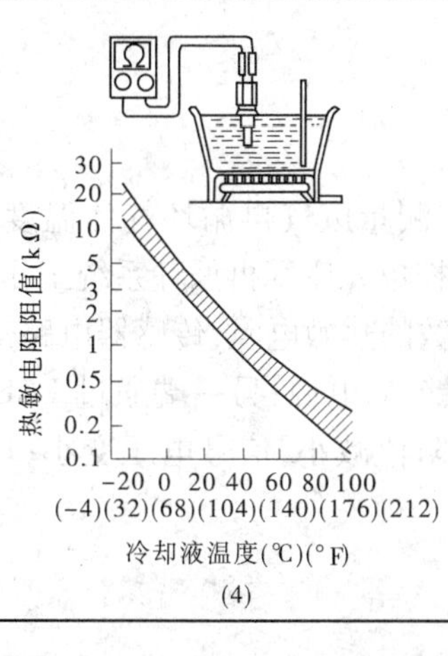

(4)</td><td>4. 电阻检测
按图(4)所示方法检测传感器电阻,并与曲线中与实际温度所对应的电阻值进行比较,判断传感器电阻的好坏</td></tr>
</table>

二、进气温度传感器

在装有进气歧管绝对压力传感器的D型电控燃油喷射发动机上，进气温度传感器安装在空气滤清器之后的进气管上，而在装有空气流量计的L型电控燃油喷射发动机上（见图2-53），进气温度传感器就是空气流量计的一部分。

进气温度传感器用于检测发动机冷启动时进气道空气温度，电控单元对进气温度和冷却液温度进行对比，如果两者之差在8 ℃内，电控单元就确定发动机处于冷启动工况。这为发动机是否进行闭环控制、燃油蒸发控制等提供了判断依据。

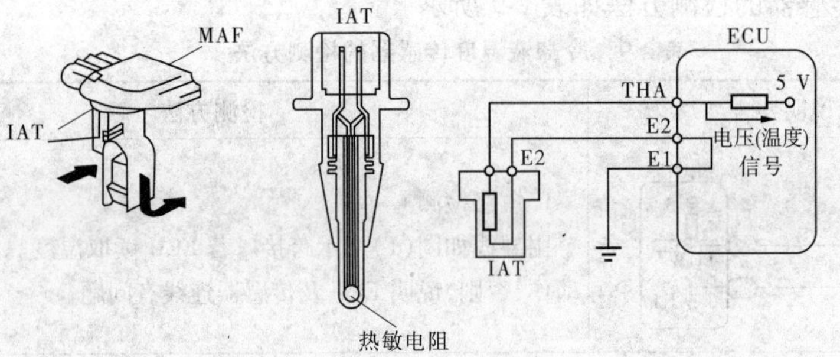

图2-53 进气温度传感器安装位置、内部结构和电路原理

进气温度传感器用于检测进气温度，并将温度信号变换为电信号传送给ECU。进气温度信号是各种控制功能的修正信号。如果进气温度传感器信号中断，就会导致热启动困难，废气排放量增大。

众所周知，空气质量大小与进气温度和大气（进气）压力高低有关。当进气温度低时，空气密度大，相同体积气体的质量增大；反之，当进气温度升高时，相同体积气体的质量将减小。在采用歧管压力式、翼片式、卡门涡流式和量芯式空气流量传感器的燃油喷射系统中，由于空气流量传感器测定的空气流量为体积流量，因此需要配装进气温度传感器和大气压力传感器。ECU根据发动机的进气温度和压力信号修正喷油量，使发动机自动适应外部环境温度（寒冷、高温）和压力（高原、平原）变化。当进气温度低（空气密度大）时，热敏电阻的阻值大，传感器输入ECU的信号电压高，ECU控制喷油器增加喷油量；反之，当进气温度高（空气密度小）时，热敏电阻阻值小，传感器ECU的信号电压低，ECU将控制喷油器减少喷油量。

三、废气再循环温度传感器

废气再循环温度传感器安装在废气再循环管道上，用于测量废气再循环气体温度，见图2-54。当废气再循环阀开启，所测温度上升，传感器告知电控单元废气再循环系统工作。

三种温度传感器共同特点：传感器电阻都采用负温度系数的热敏电阻，传感器电路工作原理也相似。热敏电阻一端与一个固定电阻串联，ECU提供5 V电源；另一端通过ECU搭铁，ECU检测热敏电阻两端的信号电压。环境温度升高，电阻值减小，信号电压变小；环境温度降低，电阻值增大，信号电压变大。

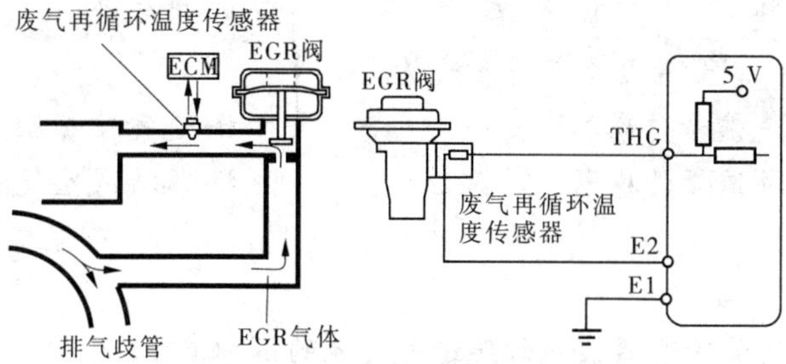

图 2-54　废气再循环温度传感器安装位置及电路原理

小　结

空气流量传感器按检测进气方式的不同可分为体积流量型、质量流量型、压力型。体积流量型可分为翼片(叶片)式和卡门涡流式空气流量传感器;质量流量型又可分为热线式和热膜式两种类型。压阻式压力传感器广泛用于检测发动机进气歧管压力,发动机用温度传感器包括冷却液温度(ECT)传感器、进气温度(IAT)传感器和废气再循环(EGR)温度传感器等。这些温度传感器内装负温度系数(NTC)的热敏电阻,即温度愈低则电阻愈高,因此可通过热敏电阻的阻值变化探测温度的变化。

思考与练习

一、填空题

1. 电控发动机的进气系统在进气量具体检测方式上可分为______型、______型与______型三种。

2. 空气流量传感器(MAF)用于流量型汽油喷射系统,它的作用是将单位时间内吸入发动机汽缸的______转换成电信号送至______,作为决定喷油量和点火正时的基本信号之一。

3. 空气流量计主要有________,________,________,________。

二、选择题

1. D 型 EFI 系统是以________方式测量进气量的。

A. 质量流量　　B. 速度密度　　C. 节流速度　　D. 直接测量

2. 关于热线式空气流量计,________是不正确的。

A. 进气阻力小　　B. 测量的是空气体积流量

C. 用于 L 型 EFI 系统　　D. 测量精确

3. D-Jetronic 汽油喷射系统中,使用__________传感器测量进气流量。

A. 翼片式空气流量　　B. 进气歧管压力

C. 热线式空气流量　　D. 涡流式空气流量

4. 启动期间,基本燃油喷射时间是由__________信号决定的。

A. 发动机转速　　B. 水温　　C. 进气量　　D. 进气压力

5. 下列________测量的是空气质量流量。

A. 翼片式空气流量传感器　　B. 进气歧管压力传感器

C. 热线式空气流量传感器　　D. 涡流式空气流量传感器

三、判断题

1. 翼片式空气流量传感器检测的是进气气流的体积流量。（　　）
2. 在检查节气门位置传感器时，用手轻拍传感器，其输出信号电压应发生变化。（　　）
3. 当冷却液温度传感器有故障时，会引起排放不正常。（　　）
4. 热线式空气流量传感器检测的是进气气流的体积流量。（　　）
5. 当冷却液温度传感器有故障时，会引起油耗升高。（　　）
6. 发动机启动时，EFI 系统的基本燃油喷射量决定于冷却液温度。（　　）
7. 冷却液温度传感器一般采用正的温度电阻系数特性。（　　）
8. 节气门位置传感器是不需要调整的。（　　）

四、简答题

1. 电控系统常见的传感器有哪些？各有何作用？其英文缩写是什么？
2. 汽车上应用的空气流量计有哪些类型？其作用和工作原理是什么？
3. 简述进气歧管绝对压力传感器的作用、类型及其工作原理。
4. 简述进气温度传感器的作用、类型及其工作原理。为什么用负温度系数的热敏电阻做温度传感器？
5. 简述冷却液温度传感器的作用、类型及其工作原理。
6. 简述节气门位置传感器的作用、类型及其工作原理。

项目三　汽油机电控燃油喷射系统

【任务介绍】

掌握电控燃油喷射系统的结构、工作原理；了解电控燃油喷射系统的检查方法及所用的检修工具。

【任务分析】

引导学生完成电控燃油喷射系统作用、分类、组成等相关知识的学习，然后实施电控燃油喷射系统的检查任务。

1. 电控燃油喷射系统各零部件的结构和工作原理。

2. 正确对电控燃油喷射系统进行检修与故障排除。

【相关知识】

电控燃油喷射系统能提供发动机在各种工况下最合适的混合气浓度，使发动机在各种工况条件下保持最佳的动力性、经济性和排放性能；增大了燃油的喷射压力，因此雾化比较好；汽车在不同地区行驶时，对大气压力或外界环境温度变化引起的空气密度变化，发动机控制 ECU 能及时准确地作出补偿；在进气系统中，由于没有像化油器那样的喉管部位，因而进气阻力小；发动机冷机启动容易，暖机性能提高。

单元一　电控燃油喷射系统概述

一、电控燃油喷射系统的分类

（一）按喷射系统执行机构的不同分类

（1）单点喷射系统（SPI）：是指在节流阀体上安装一只或两只喷油器，向进气歧管中喷油形成燃油混合气，进气行程时燃油混合气被吸入汽缸内，如图 3-1（a）所示。

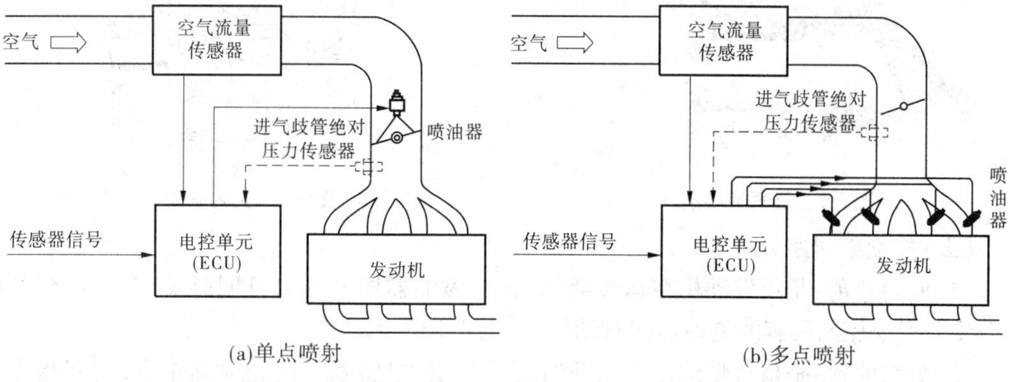

图 3-1　单点喷射和多点喷射示意图

(2)多点喷射系统(MPI):是指在每一个汽缸的进气门前均安装一只喷油器,喷油器适时喷油,如图 3-1(b)所示。

(二)按喷射控制装置的形式不同分类

(1)机械式:空气计量器与燃油分配器组合在一起,空气计量器检测空气流量的大小后,靠连接杆传动操纵燃油分配器的柱塞动作,以燃油计量槽开度的大小控制喷油量,达到控制混合气空燃比的目的。

(2)电子控制式:根据各种传感器送至电脑的表征发动机运行状况的信号,由电脑运算后,发出控制喷油量和点火时刻等多种执行指令,实现多种机能的控制,即发动机电子集中控制系统。

(3)机电一体混合式:在燃油分配器上安装了一个由电脑控制的电液式压差调节器,电脑根据水温、节气门位置等传感器的输入信号控制电液式压差调节器动作,以调节燃油供给量。

(三)按喷射方式不同分类

(1)间歇喷射系统:在发动机运转期间汽油间歇喷射是在进气过程中的某时间内进行的,喷油量的大小取决于喷油器持续开启时间,即电脑指令的喷油脉冲宽度。

(2)连续喷射系统:燃油喷射的时间占有全部工作循环的时间,连续喷射都是喷在进气道内,大部分燃油在进气门关闭后喷射。

(四)按喷射位置的不同分类

1. 进气道喷射式

进气道喷射式是目前普遍采用的喷射方式,喷油器安装在进气门处的进气歧管上,向进气歧管中喷油形成燃油混合气,进气行程时燃油混合气被吸入汽缸内,如图 3-2 所示。

2. 缸内直接喷射式

缸内直接喷射式是指喷油器安装在发动机汽缸盖上,汽油直接喷射到汽缸内,如图 3-3 所示。采用缸内喷射方式,通过合理组织缸内的气体流动,可以实现分层稀薄燃烧,有利于进一步降低发动机有害物排放和燃油消耗量,这种喷射方式喷油的压力高,喷射的时间要求很严,且喷油器要承受高温、高压,其结构较为复杂。

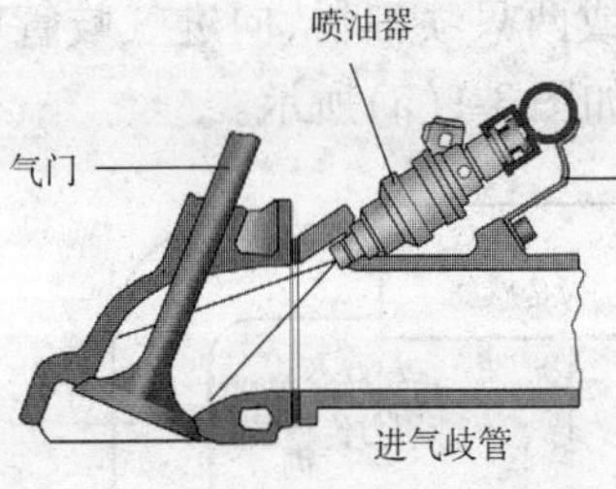

图 3-2　进气道喷射

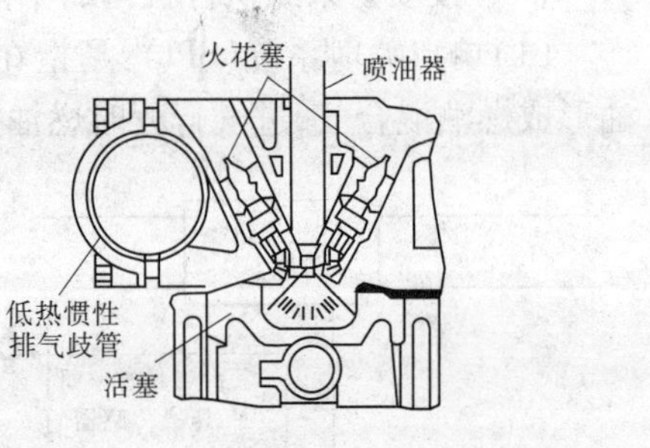

图 3-3　缸内喷射

(五)按喷射时序分类

(1)同时喷射:是指发动机在运转期间,各缸喷油器同时开启且同时关闭,由电脑的同一个喷油指令控制所有的喷油器同时动作,如图 3-4 所示。

(2)分组喷射:是指将喷油器分成两组交替喷射,电脑发出两路喷油指令,每路指令控制一组喷油器,如图 3-5 所示。

(3)顺序喷射:是指喷油器按发动机各缸进气行程的顺序轮流喷射,它具有喷射正时,由电脑根据曲轴位置传感器提供的信号，辨别各缸的进气行程，适时发出各缸的喷油脉冲信号，以实现顺序喷射的功能，如图 3-6 所示。

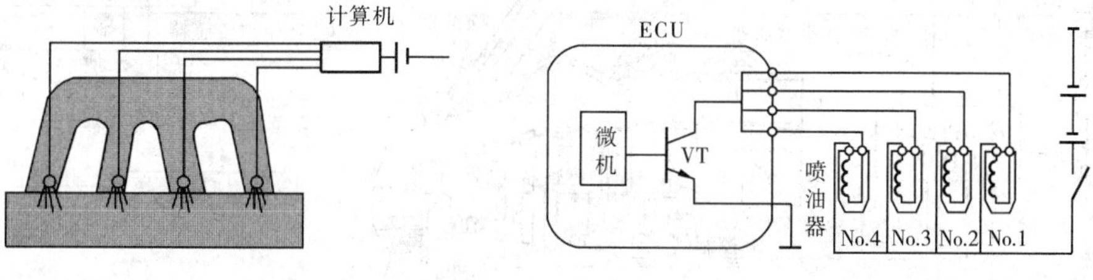

图 3-4 同时喷射

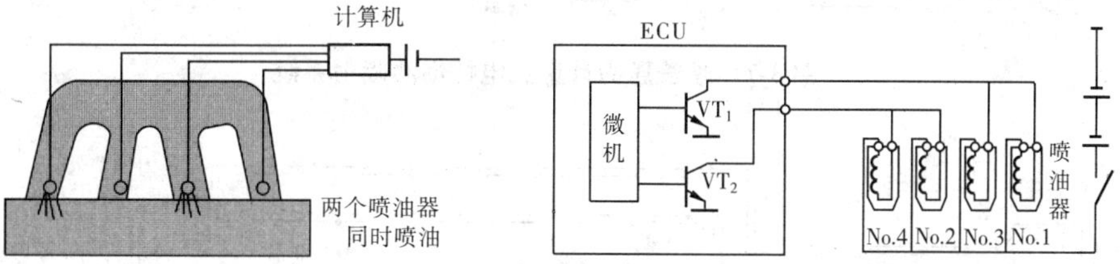

图 3-5 分组喷射

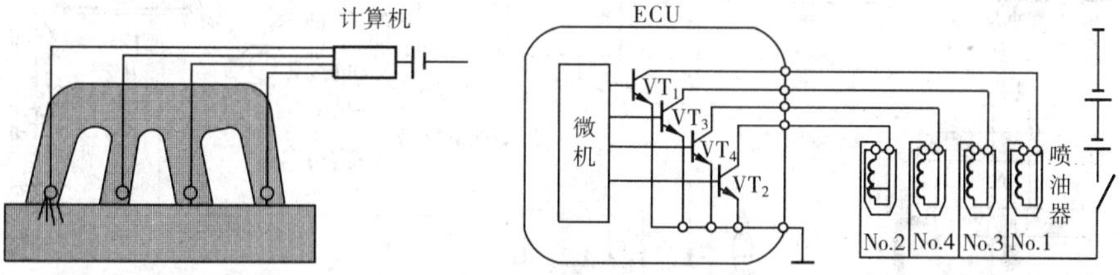

图 3-6 顺序喷射

(六)按进气量的检测方式分类

按进气量的检测方式不同，电控燃油喷射系统分为歧管压力计量式、空气流量计量式。

1. 歧管压力计量式(D 型)

歧管压力计量式不是直接检测吸入发动机的空气量，而是利用进气绝对压力传感器检测进气歧管内绝对压力(真空度)，ECU 根据进气歧管绝对压力和发动机转速，推算出吸入的空气量，再根据进气量和发动机转速确定基本供油量，如图 3-7 所示。

2. 空气流量计量式(L 型)

空气流量计量式是由空气流量传感器直接测量进入进气歧管的空气量，其检测精度高，故可精确地控制空燃比。空气流量计量式对空气流量的检测又可分为体积流量型和质量流量型，如图 3-8 所示。体积流量型采用翼片式或卡门涡流式空气流量计，质量流量型采用热线式或热膜式空气流量计。

二、电控燃油喷射系统的组成

燃油供给系统的作用是用电动汽油泵向喷油器提供足够压力的燃油，喷油器根据电控单元的控制指令，向进气歧管末端进气门前方(缸外喷射)喷射清洁、雾化良好的一定量的

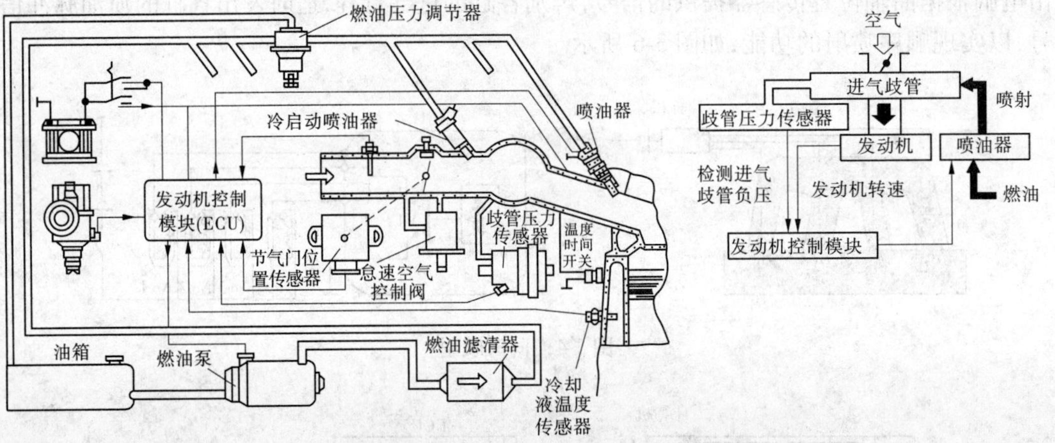

图 3-7 歧管压力计量式电控燃油喷射系统

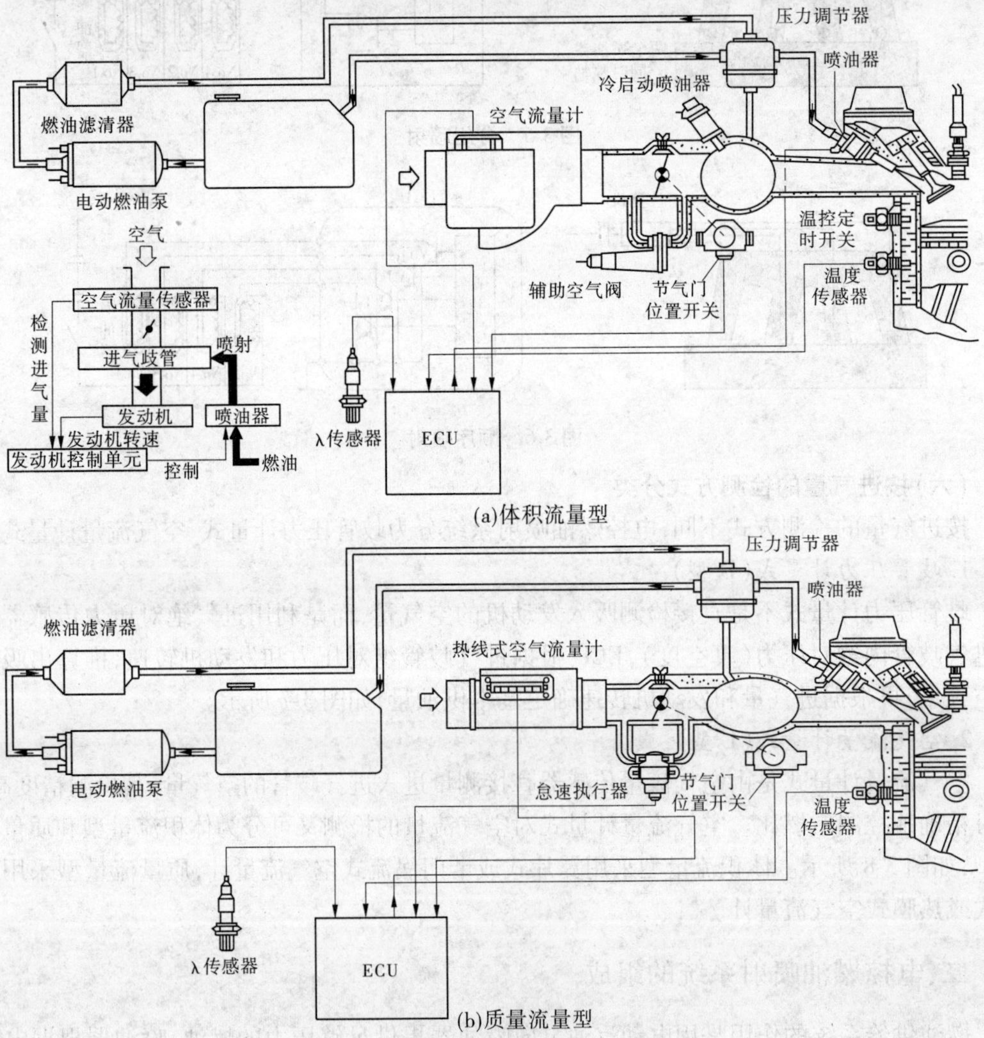

(a)体积流量型

(b)质量流量型

图 3-8 空气流量计量式电控燃油喷射系统

燃油。燃油供给系统由汽油箱、电动汽油泵、燃油脉动阻尼器、汽油滤清器、燃油压力调节器、喷油器和输油管等组成。

燃油供给系统的工作流程如图 3-9 所示，其组成如图 3-10 所示。

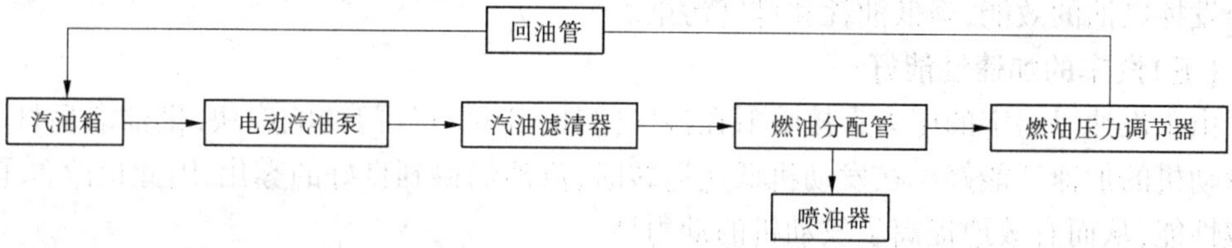

图 3-9　燃油供给系统的工作流程

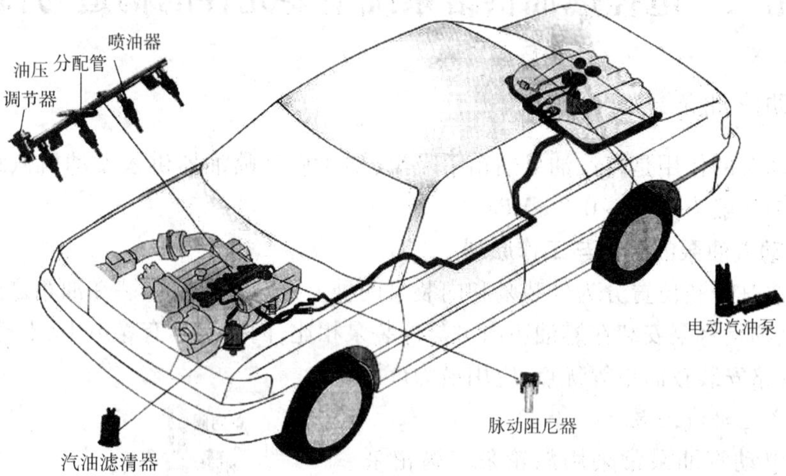

图 3-10　燃油供给系统的组成

三、电控燃油喷射系统的优点

相对化油器式燃油供给系统而言，电控燃油喷射系统具有以下优点。

（一）提高发动机的充气效率

在进气系统中，由于没有化油器的喉管，因而减少了进气压力的损失，再加上进气管道的合理设计，可以充分利用吸入空气惯性的增压作用，增大充气量，提高发动机的输出功率，增加动力性。

（二）排气污染降低

现代电控汽油机都采用空燃比反馈控制，因而在闭环控制时，都能把空燃比精确控制在 14. 7: 1附近。另外，电控燃油喷射系统配用三元催化器后，大大降低了 HC、CO 和 NO_x 等有害气体的排放。

（三）提高汽油机的启动性能和暖机性能

发动机在高温或低温条件下启动时，电子控制单元根据启动时冷却液温度传感器信号计算出所需的最佳供油量，使汽油机无论在高温或低温条件下都能顺利启动。低温启动后，电子控制单元根据发动机冷却液温度传感器信号，自动调整怠速空气供给量和喷油量，缩短了发动机的暖机时间。

(四)各缸可燃混合气分配更加均匀

由于增大了燃油喷射的压力,喷射的汽油颗粒小、雾化良好,有助于形成空燃比适当、各缸均匀的混合气,可使发动机各缸均有良好的燃烧性能,有利于提高发动机运转的稳定性,充分发挥燃油的效能,降低油耗和排气污染。

(五)汽车的加速性能好

由于汽油以一定的压力直接喷射在进气门处,其对节气门的响应快,供油滞后性小,因此发动机的加速性能好。在发动机低速运转时,汽油仍得到良好的雾化,因此也改善了汽车爬坡性能,从而有效地提高了发动机的动力性。

单元二　电控燃油供给系统主要元件的构造与检测

一、电动汽油泵

电动汽油泵的作用是将汽油从油箱中吸出,加压后经喷油器供入发动机汽缸。电控汽油喷射的压力一般为0.25~0.35 MPa。

(一)电动汽油泵的分类与工作原理

汽油泵按其安装位置分为外装泵和内装泵两种。外装泵是将泵装在油箱之外的输油管路中,内装泵则是将泵安装在燃油箱内。与外装泵相比,内装泵具有噪声小、不易产生气阻、不易泄漏、管路安装较简单等优点,应用最为广泛。

1. 内装式电动汽油泵

内装式电动汽油泵常采用涡轮泵。涡轮泵由电机、涡轮泵、单向阀、卸压阀及滤网等组成,如图3-11所示。

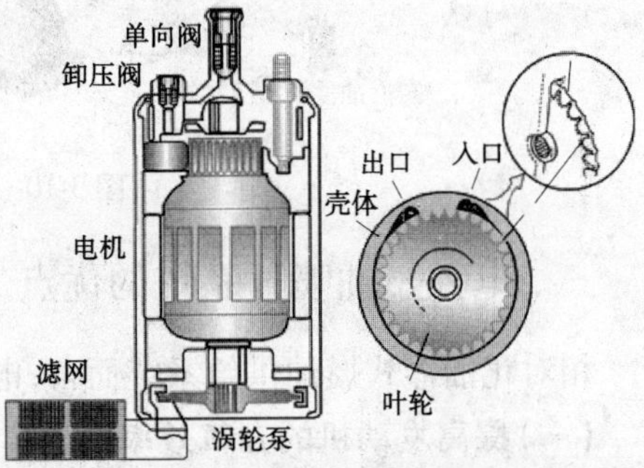

图3-11　涡轮式电动汽油泵

电机驱动油泵运转时,涡轮泵转子圆周槽内的燃油随转子一起高速旋转,在离心力作用下,使燃油出口处油压增高,同时在进口处产生一定的真空,从而使燃油从进口被吸入并经单向阀排出汽油泵。设置单向阀可使发动机熄火后油路内燃油仍保持一定压力,减少气阻现象,便于发动机再次启动。卸压阀是保护装置,安装在油泵组件的端盖上,当燃油管路出现堵塞,系统中油压超过允许值时,油压克服卸压阀弹簧的弹力,卸压阀自动打开,使油泵的高压侧与吸入侧连通,此时燃油在泵和电动机内部循环,使油压不至于过高而损坏燃油泵,避免发生管路破损和燃油泄漏事故。

涡轮式电动汽油泵的优点是:运转噪声小、出油压力脉动小、转子无磨损、使用寿命长。

输送的汽油都从电动机中流过,对电动机的线圈、轴承以及油泵本身起着润滑和冷却作用,因此在无油情况下绝对禁止运转电动汽油泵。

2. 外装式电动汽油泵

外装式电动汽油泵常采用滚柱泵。滚柱泵主要由电动机、转子、定子、泵体、滚柱、单向阀、限压阀、阻尼稳压器等组成,其结构如图3-12(a)所示。

泵体的一端是进油口,另一端是出油口。进油口一侧的滚柱式油泵由泵壳中间的直流电机驱动。当油泵旋转工作时,由于离心力的作用,转子槽内的滚柱紧靠在偏心设计的泵体内壁上。滚柱随转子一同旋转时泵腔容积发生变化,燃油进口处容积越来越大,出口处容积越来越小,使燃油经过入口的滤网被吸入油泵,加压后经过电机周围的空间从出口泵出,如图 3-12(b)所示。油泵出口处有一单向阀,在油泵不工作时阻止燃油倒流回油箱。若因汽油滤清器堵塞等原因使油泵出口一侧油压上升,与油泵一体的限压阀即顶开,使部分燃油回到进油口一侧,以防电动汽油泵输出油压过高。

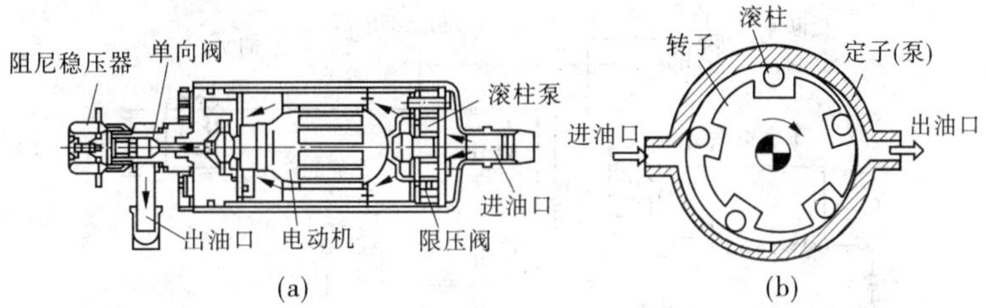

图 3-12　滚柱式电动汽油泵

(二)油泵的控制电路

电控汽油喷射系统对汽油泵控制的基本要求是:点火开关打开后,ECU 控制汽油泵工作 2 ~5 s,建立必须的油压,若此时 ECU 没有收到发动机的转速信号,则断开汽油泵的控制电路,汽油泵停止工作。

常见的油泵控制电路有 3 种形式:ECU 控制的油泵控制电路、油泵开关控制的油泵控制电路和转速控制的油泵控制电路。

1. ECU 控制的油泵控制电路

D 型汽油喷射系统或采用卡门涡流式和热线式空气流量计的汽油喷射系统都采用 ECU 控制的油泵控制电路,如图 3-13 所示。

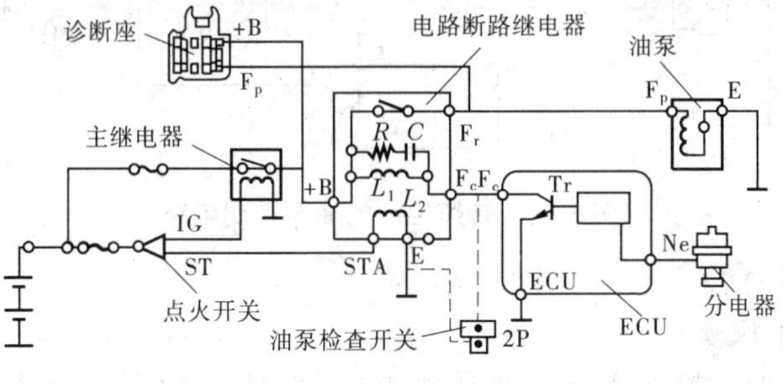

图 3-13　ECU 控制的油泵控制电路

当点火开关 IG 接通时,主继电器闭合,电控系统通电。此时若发动机启动,则 ST 端闭合,断路继电器线圈 L_2 通电,产生吸力使断路继电器油泵开关闭合,油泵开始工作。

发动机一旦运转,分电器输出触发信号使 ECU 中的晶体管 Tr 导通,断路继电器线圈 L_1 通电。发动机启动结束,ST 端断开,线圈 L_2 断电,但由于线圈 L_1 仍然通电,故油泵开关仍保持闭合,油泵继续工作。

发动机停止工作,分电器不输出触发信号,晶体管 Tr 截止,断路继电器线圈 L_1 断电,油泵开关断开,油泵停止工作。

2. 油泵开关控制的油泵控制电路

油泵开关控制的油泵控制电路与 ECU 控制的油泵控制电路的不同之处是用空气流量计内部油泵控制开关来代替 ECU 控制电路中开关晶体管 Tr。发动机工作时，空气流过空气流量计，流量计翼片摆动，油泵控制开关闭合，L_1 通电，断路继电器触点闭合，油泵工作。发动机不工作时，翼片不摆动，油泵控制开关断开，L_1 不通电，断路继电器触点分开，油泵不工作。油泵开关控制的油泵控制电路如图 3-14 所示。

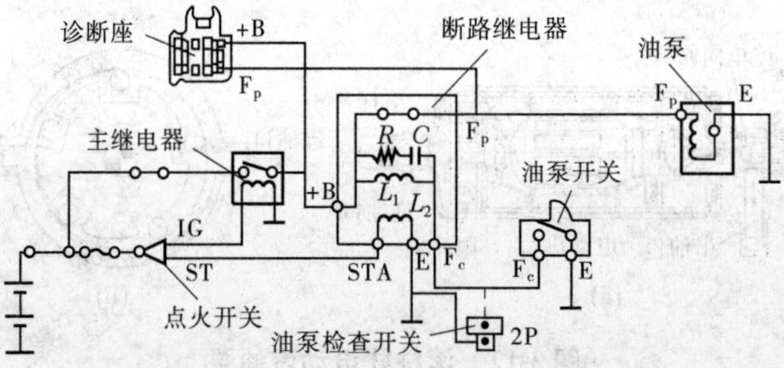

图 3-14　油泵开关控制的油泵控制电路

3. 转速控制的油泵控制电路

转速控制是指发动机在高速、大负荷运转时，油泵转速提高，增加供油量；反之，降低油泵转速，减少供油量且可减少油泵磨损和电能消耗，其控制电路如图 3-15 所示。当发动机中小负荷、低转速运转时，触点 B 闭合，油泵电路串入电阻 R 使油泵转速降低。当发动机大负荷、高转速运转时，ECU 发出信号切断油泵控制继电器，触点 A 闭合，使油泵转速提高。

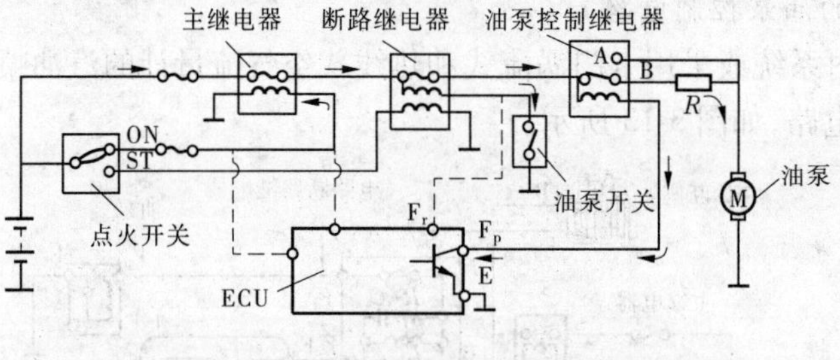

图 3-15　转速控制的油泵控制电路

(三) 汽油泵的检查

1. 汽油泵的就车检查

(1) 用专用导线将诊断座上的汽油泵测试端子跨接到 12 V 电源上，丰田车系诊断座上有电源端子“+B”，将其与汽油泵测试端子“F_p”跨接即可，如图 3-16 所示。

(2) 将点火开关转至“ON”位置，但不要启动发动机。

(3) 旋开油箱盖能听到汽油泵工作的声音，或用手捏进油软管应感觉有压力。

(4) 若听不到汽油泵的工作声音或进油管无压力，应检修或更换汽油泵。

(5) 若有汽油泵不工作故障，且上述检查正常，应检查汽油泵电路导线、继电器、易熔线和熔丝有无断路。

2. 电动汽油泵的检测

拔下电动汽油泵的导线连接器，从车上拆下电动汽油泵进行检查。

图 3-16　电动汽油泵的检查

1)电动汽油泵电阻的检测

用万用表 Ω 挡测量电动汽油泵上两个接线端子间的电阻,即为电动汽油泵直流电动机线圈的电阻,其阻值应为 2 ~3 Ω(20 ℃ 时)。如电阻值不符,则须更换电动汽油泵。

2)电动汽油泵工作状态的检查

如图 3-17 所示,将电动汽油泵与蓄电池相接(正负极不能接错),并使电动汽油泵尽量远离蓄电池,每次接通不超过 10 s(时间太长会烧坏电动汽油泵电动机的线圈)。如电动汽油泵不转动,则应更换电动汽油泵。同时还应检查其供油压力。

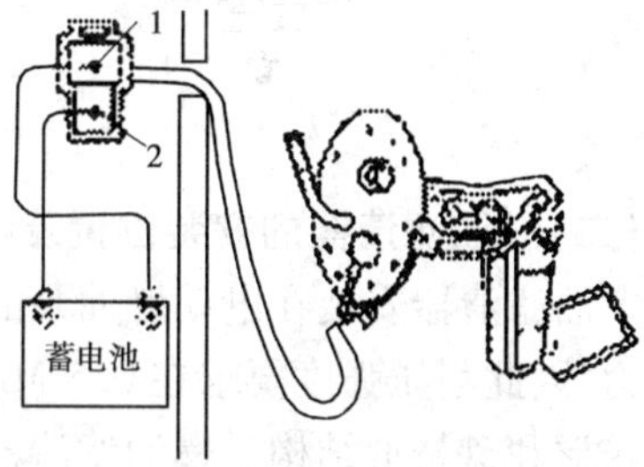

图 3-17　电动汽油泵工作状态的检查

3)汽油泵的拆装与检测

拆装汽油泵时注意:应释放燃油系统压力,并关闭用电设备。燃油压力释放方法如下:将汽车的汽油泵继电器或保险丝拔下,启动汽车,直到其自行熄火,反复 2 ~3 次;或将燃油导轨上的测量接口处向内用适当的工具慢慢顶入,将流出的燃油用抹布接住。

4)燃油系统油压的检查

(1)检查油箱中的燃油,释放燃油系统压力。

(2)检查蓄电池,拆下负极电缆。

(3)将专用压力表接在脉动阻尼器位置或进油管接头处。

(4)接上负极电缆,启动发动机使其维持怠速运转。

(5)拆下燃油压力调节器上的真空软管,用手堵住进气管一侧,检查油压表指示的压力,多点喷射系统应为 0. 25 ~0. 35 MPa ,单点喷射系统为 0. 07 ~0. 10 MPa。若过低,说明燃油压力调节器有故障,更换后仍过低,应检查是否有堵塞或泄露,如没有,应更换燃油泵;若过高,应检查回油管是否堵塞,若正常,说明燃油压力调节器有故障。

(6)接上燃油压力调节器的真空软管,检查燃油压力表的指示,应有所下降(约为 0. 05 MPa),否则检查真空管是否有堵塞和漏气,若正常,说明燃油压力调节器有故障。

(7)将发动机熄火,等待 10 min 后观察压力表的压力值,多点喷射系统不低于 0. 20 MPa,单点喷射系统不低于 0. 05 MPa。

(8)检查完毕后,应释放系统压力,拆下油压表,装复燃油系统。

二、燃油滤清器

(一)燃油滤清器的作用

燃油滤清器安装在汽油泵之后的输油管路中,其主要作用是把含在汽油中的氧化铁、粉尘等固体夹杂物除去,以防止燃油系统堵塞,减小机械磨损,确保发动机稳定运转,提高可靠性。燃油滤清器结构如图 3-18 所示。

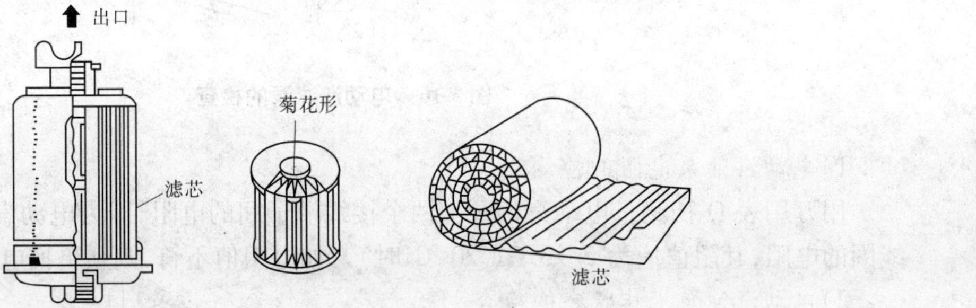

图 3-18　燃油滤清器结构

(二)燃油滤清器的安装位置及结构特点

燃油滤清器安装在电动燃油泵的出口一侧,滤清器内部经常受到 0. 25 ~ 0. 35 MPa 的燃油压力,因此耐压强度要求在 0. 5 MPa 以上;油管也应使用旋入式金属管;滤芯元件一般采用菊花形和盘簧形结构。燃油滤清器要起到上述作用,应具备的性能包括:过滤效率高、使用寿命长、压力损失小、耐压性能好、体积小、质量轻。燃油滤清器实物如图 3-19 所示。

在电控燃油喷射式发动机的燃油供给系统中,一般采用的都是纸质滤芯、一次性的燃油滤清器。燃油从入口进入滤清器,经过壳体内的滤芯过滤后,清洁的燃油从出口流出。

更换燃油滤清器时,应首先释放燃油系统压力,并注意燃油滤清器壳体上的箭头标记为燃油流动方向,如图 3-20 所示。

图 3-19　燃油滤清器实物

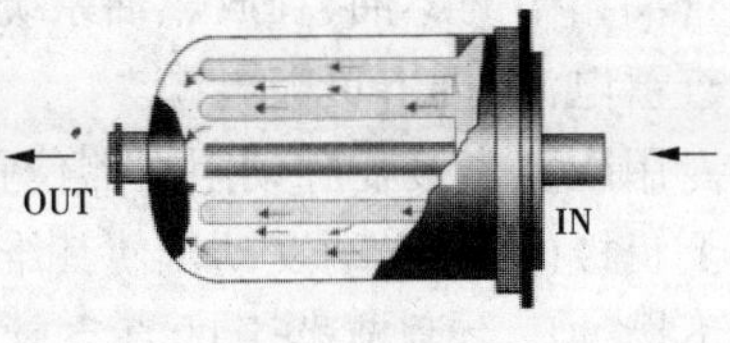

图 3-20　燃油滤清器工作示意图

三、脉动阻尼器

部分电控燃油喷射式发动机的燃油供给系统中,在输油管的一端装有脉动阻尼器,其功用是衰减喷油器喷油时引起的燃油压力脉动,使燃油系统压力保持稳定。脉动阻尼器的结构如图 3-21 所示,主要由膜片和弹簧等组成。发动机工作时,燃油经过脉动阻尼器膜片下方进入输油管,当系统内燃油压力升高时,燃油压力大于弹簧室内的弹簧弹力,弹簧被压缩,使燃油室容积增大,减缓燃油压力的增加;当系统内燃油压力降低时,燃油压力小于弹簧室内的弹簧弹力,弹簧推动膜片向下,使燃油室容积减小,减缓燃油压力的降低,起到稳定燃油系统压力的作用。同时膜片弹簧的变形可吸收脉动能量,迅速衰减燃油压力的脉动。

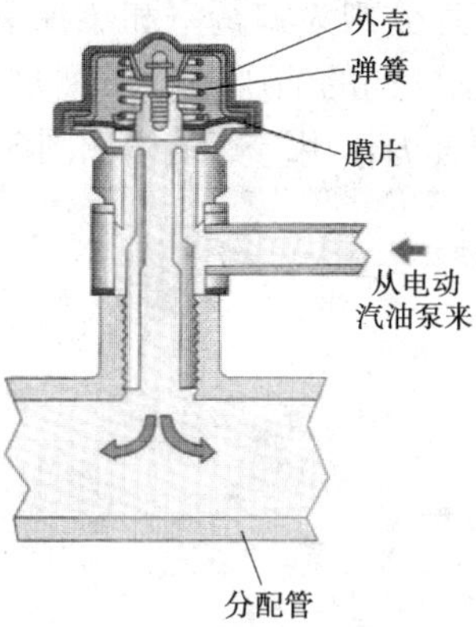

图 3-21　燃油脉动阻尼器

脉动阻尼器一般不会发生故障。需进行拆卸时,注意应首先释放燃油系统压力。

四、燃油压力调节器

喷油器的喷油量取决于喷油器的喷孔截面、喷油时间和喷油压差。在 EFI 系统中,ECU 通过控制喷油器的喷油时间来实现对喷油量的控制。因此,要保证燃油喷射量的精确控制,在喷油器的结构尺寸一定时,必须保持恒定的喷油压差。喷油器将燃油喷入进气管内,喷油压差就是指输油管内燃油压力与进气管内气体压力的差值。而进气管内的气体压力是随发动机转速和负荷的变化而变化的,要保持恒定的喷油压差,必须根据进气管内压力的变化来调节燃油压力。

(一)燃油压力调节器的安装位置及外形

燃油压力调节器(俗称油压调节器)一般安装在燃油分配管的末端,如图 3-22 所示,现在一些新款轿车中也有安装在油泵的出口处的。燃油压力调节器的外形如图 3-23 所示。

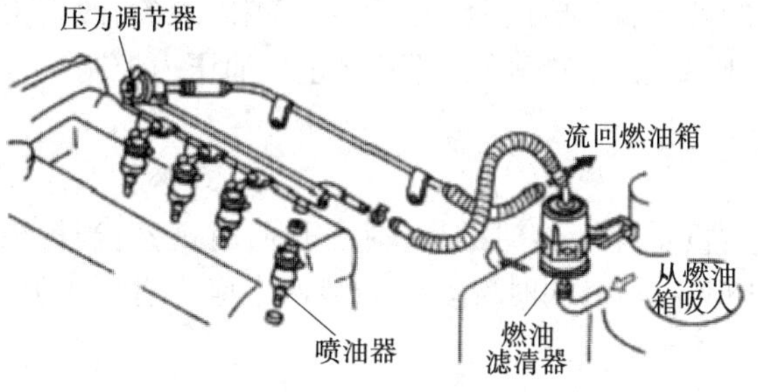

图 3-22　燃油压力调节器的安装位置

图 3-23　燃油压力调节器实物

(二)燃油压力调节器的结构与工作原理

燃油压力调节器的作用就是消除喷油压力波动,即根据进气歧管绝对压力变化调节系统油压(燃油总管油压),使喷油器喷射绝对压力保持恒定。故 ECU 只需控制喷油器电磁阀的开启时间,就可达到精确控制喷油器喷油量的目的。系统油压的调节范围一般控制在 250 ~ 400 kPa,燃油压力调节器的压力调节特性曲线如图 3-24 所示。

燃油压力调节器的内部被膜片分割为弹簧室和燃油室,分别与发动机进气歧管和燃油总管相通。因此,膜片下方燃油室一侧的油压等于燃油总管的油压,即系统油压,而另一侧则受进气歧管负压和弹簧压力的合力作用。其结构如图 3-25 所示。

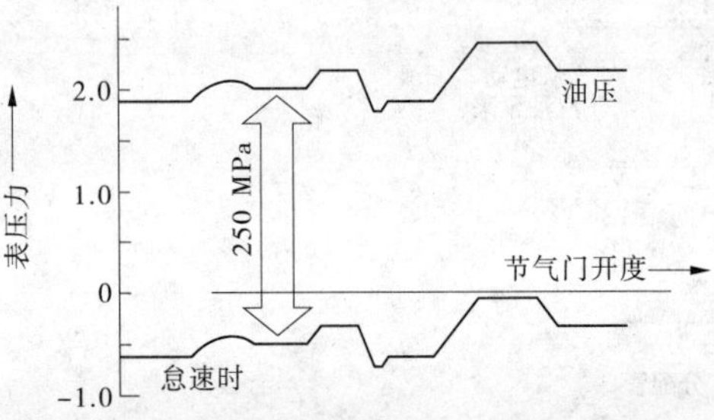

图 3-24　燃油压力调节器的压力调节特性曲线

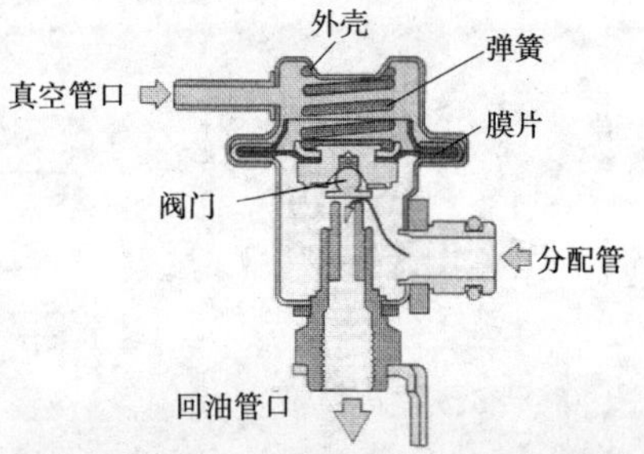

图 3-25　燃油压力调节器结构

发动机工作时,若进气歧管负压增加,则作用在调节器膜片弹簧室侧的压力减小,在油压作用下,膜片上移,打开单向阀,使部分燃油从回油管流回油箱,系统油压随之减小,从而使得喷油器的喷油绝对压力不随进气歧管真空度的变化而发生变化,即保持恒定,三者基本关系为

喷油绝对压力 = 系统油压 − 进气歧管绝对压力 = 弹簧压力 + 进气歧管绝对压力 −
进气歧管绝对压力

显而易见,喷油绝对压力仅仅取决于弹簧力。

发动机停止工作时,油泵将停转,燃油压力调节器在弹簧张力作用下使阀门关闭。因此,在单向阀与调节器阀门的作用下,依然可使油路中的系统油压保持一定的残余压力,以便下次启动时迅速建立系统油压。

在部分车型上,燃油压力调节器与进气管连接的真空管路中装有一个真空开关阀(VSV 阀),又称燃油压力控制阀,此阀是由 ECU 控制的电磁阀。当发动机启动时,若 ECU 检测到冷却液温度过高,则接通 VSV 阀电磁线圈的搭铁回路,VSV 阀则切断真空通道,使燃油压力调节器的弹簧室通大气,从而提高输油管内的油压,以防止高温时产生"气阻"现象,改善发动机高温启动性能。发动机启动后约 100 s,ECU 切断 VSV 阀电路,终止燃油压力控制。

(三)燃油压力调节器的检测

1. 工作情况的检查

检查时用油压表接入油路中,测量出发动机怠速运转时的燃油压力,同时观察:当拆下压力调节器上的真空软管时,油压应升高 50 kPa 左右,同时发动机的转速也应当有所上升,否则应予以更换燃油压力调节器。

2. 保持压力的检查

将燃油压力表接入燃油管路,用一根导线将电动汽油泵的两个检测端孔短接(丰田车系的 +B 与 F_p),如图 3-26 所示;打开点火开关,让电动汽油泵运转 10 ~ 15 s,然后关闭点火开关,取下连接导线;再将压力调节器的回油管夹紧,5 min 后观察油压,该油压即为压力调节器保持压力。如果该油压与不夹紧回油管时的油压相比有所上升,表明调节器有泄漏,应更换燃油压力调节器。

3. 单体检查

从系统中拆下燃油压力调节器,检查进油管和真空软管,两者之间应不导通。若相导

图 3-26　电动汽油泵的检查

通,表明膜片破损,有泄漏,应予以更换。

单元三　喷油器

电控燃油喷射系统的执行元件是喷油器,系统中使用的喷油器是电磁式的,根据 ECU 提供的喷射信号进行燃油喷射。喷油器安装在进气歧管或汽缸盖上的各缸进气通道附近。

一、对喷油器的要求

(1)具有良好的雾化能力和适当的喷雾形状,以保证发动机的冷启动性、怠速稳定性,并满足降低排放污染的要求;

(2)具有良好的流量特性,以适应多种排量发动机的使用;

(3)具有良好的防积炭功能;

(4)使用寿命长;

(5)结构简单。

二、喷油器的构造与工作原理

(一)喷油器的结构及类型

喷油器由滤网、线束连接器、电磁线圈、回位弹簧、衔铁和针阀等组成,衔铁和针阀制成一体,如图 3-27 所示。

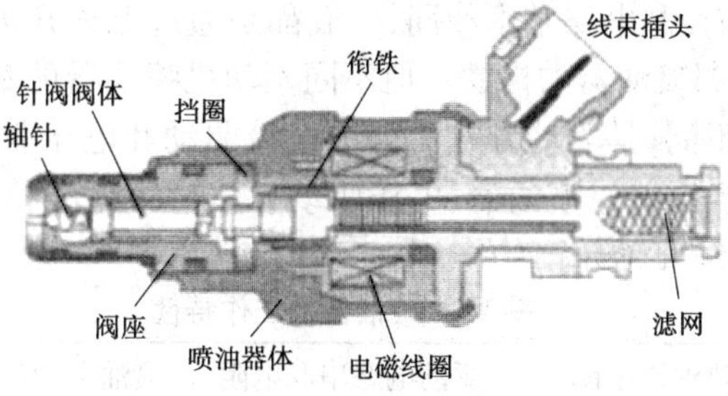

图 3-27　喷油器的结构

按喷油口的结构不同,喷油器可分为轴针式和孔式两种,结构如图 3-28 所示。

轴针式可使汽油环状喷出,有利于雾化,且不易堵塞喷口;孔式喷油器喷出的燃油雾化好,有单孔和多孔两种类型。

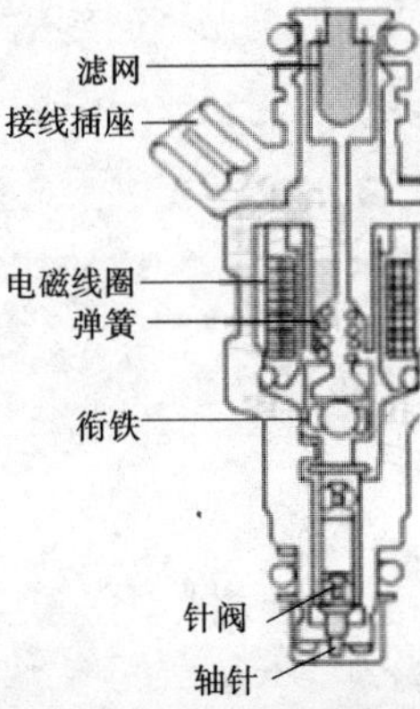

(a) 轴针式

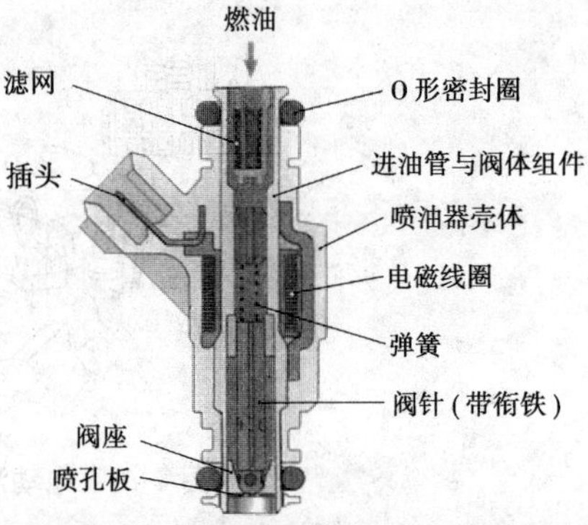

(b) 孔式

图 3-28　喷油器的结构

按喷油器电磁线圈的电阻不同分,喷油器有低电阻型(一般为 2~3 Ω)和高电阻型(一般为 13~17 Ω)两种。

(二)喷油器的工作原理

发动机工作时,ECU 根据传感器输入的信号经运算后输出控制信号,控制大功率三极管导通与截止,如图 3-29 所示。当三极管导通时,喷油器电磁线圈通电,产生电磁吸力,将衔铁吸起并带动针阀离开阀座,同时回位弹簧被压缩,燃油经过针阀并由轴针与喷口的环隙或喷孔中喷出;当三极管截止时,喷油器电磁线圈断电,电磁吸力消失,回位弹簧迅速使针阀关闭,喷油器停止喷油。

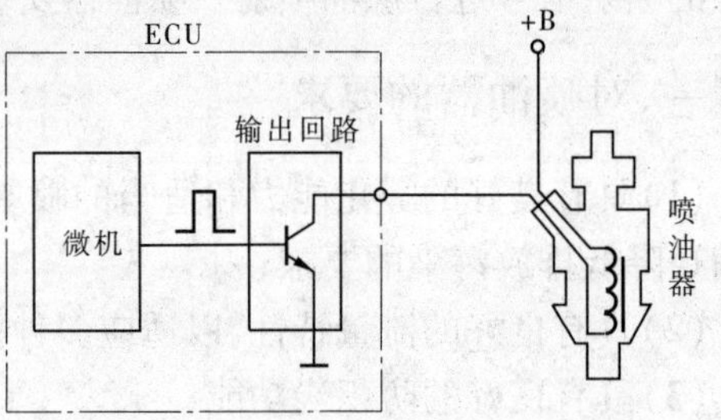

图 3-29　控制喷油器的输出回路

喷油量的大小取决于喷油器开启的时间、针阀的行程、喷孔的截面面积、喷射环境压力与燃油压力等因素。对喷油器来说,针阀的行程和喷孔的截面面积已确定,而燃油压力与喷油环境压力之差由压力调节器调为定值,因此喷油量仅取决于喷油器开启的时间,即电磁线圈的通电时间。

(三)喷油器的驱动方式

各种车型喷油器的控制电路基本相同,一般都是通过点火开关和主继电器或热熔丝给喷油器供电的,ECU 控制喷油器的搭铁。但不同发动机喷油器的数量、分组方式、喷射方式和 ECU 控制端子数量不同,其驱动方式可分为电流驱动和电压驱动两种,如图 3-30 所示。电流驱动方式只适用于低阻值喷油器,电压驱动方式对高阻值和低阻值喷油器均可使用。喷油器的工作特性如表 3-1 所示。

表 3-1　喷油器的工作特性

驱动类型	喷油器电阻	驱动电路串联电阻	喷油器动态响应	驱动控制电路
电压驱动方式	高	无	较差	简单
	低	有	较好	简单
电流驱动方式	低	无	好	复杂

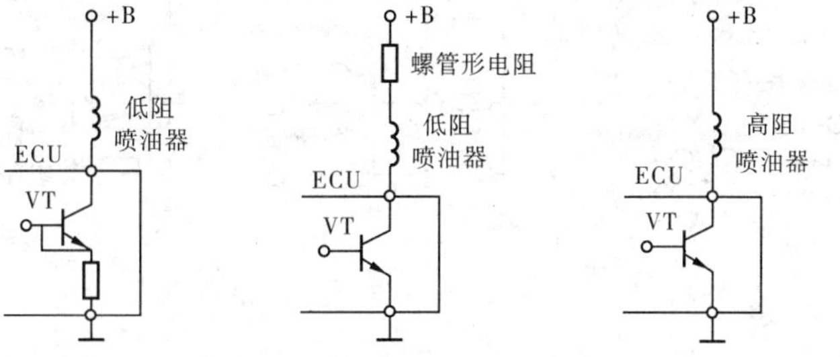

(a)电流驱动　　(b)电压驱动(低阻)　　(c)电压驱动(高阻)

图 3-30　喷油器驱动方式

1. 电流驱动方式

在采用电流驱动方式的喷油器控制电路中,不需附加电阻,低阻喷油器直接与蓄电池连接,通过 ECU 中的晶体管对流过喷油器线圈的电流进行控制。

蓄电池通过点火开关和主继电器或熔丝直接给喷油器和 ECU 供电,ECU 控制喷油器和继电器线圈的搭铁回路。点火开关接通时,继电器触点闭合,ECU 中的喷油器驱动电路使晶体管导通,流过喷油器线圈的电流在 VT_1 发射极电阻上产生电压降;A 点的电压达到设定值时,喷油器驱动电路使 VT_1 截止。当蓄电池电压为 14 V 时,流过喷油器线圈的峰值电流为 8 A,喷油器针阀达到最大升程后,保持在这一稳定状态,稳定状态的电流为 2 A;在此过程中,VT_1 以 20 Hz 的频率导通或截止,即电压变化频率为 20 Hz。晶体管 VT_2 的作用是吸收 VT_1 导通和截止时在喷油器线圈中产生的反电动势,防止电流突然减小。继电器的作用是防止流过喷油器线圈的电流过大,若流过喷油器线圈的电流超过设定值,继电器触点自动断开,以切断喷油器电源。喷油器电流驱动电路如图 3-31 所示。

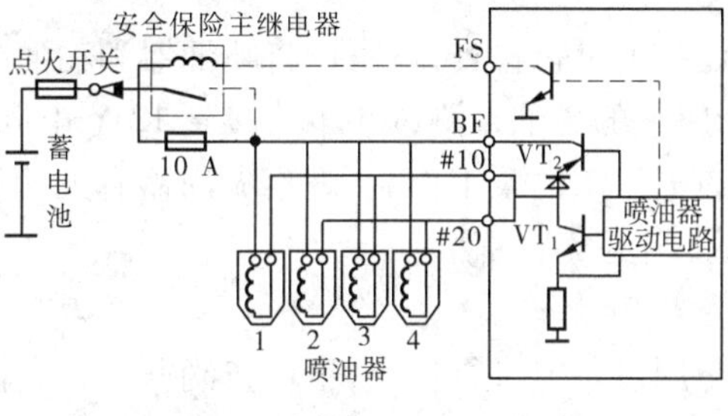

图 3-31　喷油器电流驱动电路

在喷油器电流驱动回路中,由于无附加电阻,回路的阻抗小,ECU 向喷油器发出指令时,流过喷油器线圈的电流增加迅速,电磁线圈产生的磁力使针阀开启快,喷油器喷油迟滞时间缩短,响应性能好。喷油器针阀的开启时刻总是比 ECU 向喷油器发出指令的时刻晚,此时间即称为喷油器喷油迟滞时间(或无效喷油时间)。此外,采用电流驱动方式,保持针阀开启使喷油器喷油时的电流较小,喷油器线圈不易发热,也可减小功率损耗。

2. 电压驱动方式

低阻喷油器采用电压驱动方式时,必须加入附加电阻。因为低阻喷油器线圈的匝数较少,加入附加电阻,可减小工作时流过线圈的电流,以防止线圈发热而损坏。附加电阻与喷油器的连接方式有三种,如图 3-32 所示。

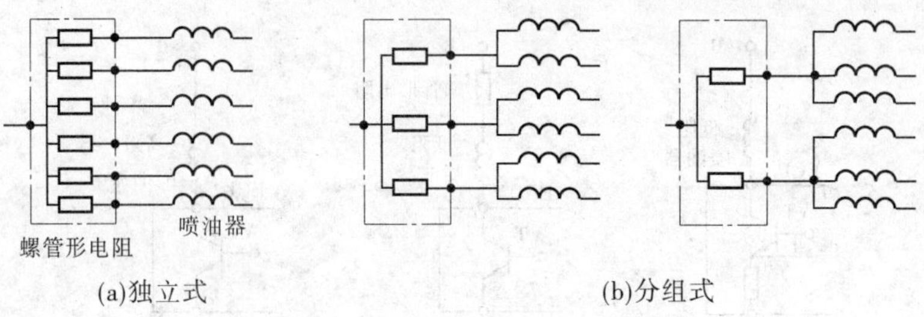

图 3-32　附加电阻与喷油器的连接方式

电压驱动方式中的喷油器驱动电路较简单,但因其回路中的阻抗大,喷油器的喷油迟滞时间长、动态响应特性较差。相比而言,电流驱动低阻型驱动方式无效喷油时间最短,动态响应最好,电压驱动低阻型驱动方式次之,而电压驱动高阻型驱动方式最差,因此在现代电控喷油系统中,电流驱动低阻型的应用日趋广泛。

三、喷油器的检测

(一)喷油器的检测方法

1. 简单检查方法

在发动机工作时,用手触试或使用车用听诊器检查喷油器针阀开闭时的振动或声响,正常时会感觉到"嗒、嗒、嗒"的声音。如果感觉无振动或听不到声响,往往说明喷油器或其电路有故障。

2. 喷油器电阻检查

拆开喷油器线束连接器,用万用表测量喷油器两端子之间的电阻,低阻值喷油器应为 2 ~ 3 Ω,高阻值喷油器应为 13 ~ 17 Ω,否则应更换喷油器。

3. 喷油器滴漏检查

喷油器滴漏可在专用设备上进行检查,也可以将喷油器和输油总管拆下,再与燃油系统连接好,用专用导线将诊断座上的燃油泵测试端子跨接到 12 V 电源上,然后打开点火开关,或直接用蓄电池给燃油泵通电。燃油泵工作后,观察喷油器有无滴漏现象。检查时,若在 1 min 内喷油器滴油超过 1 滴,应更换喷油器。

4. 喷油器的喷油量检查

喷油器的喷油量可在专用设备上进行检查,也可按滴漏检查。做好准备工作,燃油泵工作后,用蓄电池和导线直接给喷油器通电,并用量杯检查喷油器的喷油量,并观察燃油雾化状况。每个喷油器应重复检查 2 ~ 3 次,各缸喷油器的喷油量和均匀度应符合标准,否则应清洗或更换喷油器。

注意:低阻喷油器不能直接与蓄电池连接,必须串联一个 8 ~ 10 Ω 的附加电阻。此外,各车型喷油器的喷油量和均匀度标准不同,一般喷油量为 50 ~ 70 mL/15 s,各缸喷油器的喷油量相差不超过 10%。

(二)喷油器控制电路的检查

(1)拔下喷油器连接器插头。

(2)接通点火开关,不要启动发动机。

(3)测量喷油器控制线连接器插头上的电源线的电压,应为 12 V。若无电压,检查点火开关及熔断器或主继电器及线路。

(4)检查 ECU 的喷油器搭铁线是否良好。

(5)将专用检查试灯串接到喷油器连接器两插头上,启动发动机,试灯应闪烁,不亮或不闪烁则控制回路有故障,可检查喷油器至 ECU 的线路和 ECU 是否有故障,也可以用示波器检测喷油器脉冲波形,对控制电路进行检查。

单元四　燃油喷射控制

发动机工作时,燃油喷射控制是根据各个传感器和某些开关的输入信号,采用相应的控制程序对喷油正时、喷油量、断油和燃油泵进行控制。

一、喷油正时控制

在采用间歇喷射方式的电控燃油喷射系统中,ECU 必须控制喷油器喷油的开始时刻,这就是喷油正时控制。其控制目标一般是在进气行程开始前,喷油结束。

喷油器的喷油可分为同步喷油和异步喷油两种类型。同步是指根据发动机各缸工作循环,在既定的曲轴位置进行喷油,同步喷油有规律性。异步喷油与发动机的工作不同步,无规律性,它是在同步喷油的基础上,为改善发动机的性能额外增加的喷油。

在多点同步的喷射控制系统中,按喷射时序的不同又分为顺序喷射、分组喷射、同时喷射。

(一)顺序喷射

顺序喷射也叫独立喷射,即按点火顺序要求逐缸喷射。曲轴每转 2 周,各缸喷油器都按点火顺序轮流喷射 1 次。采用顺序喷射方式的电控燃油喷射系统中,各缸喷油器分别由 ECU 进行控制,喷油器控制电路如图 3-33 所示,喷油器驱动回路数与汽缸数目相等。

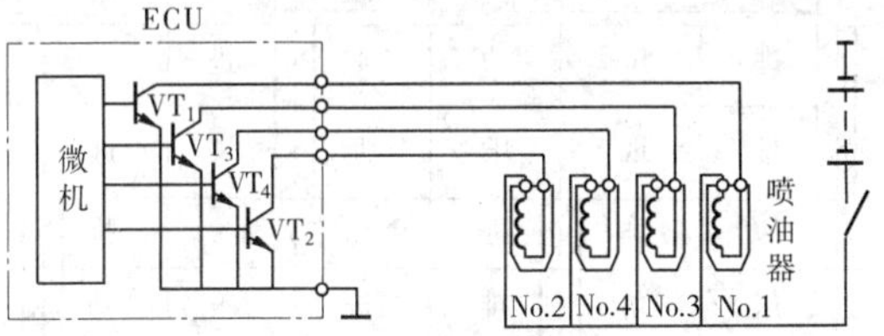

图 3-33　四缸发动机顺序喷射控制电路

采用顺序喷射控制时,应具有正时和缸序两个功能。ECU 根据凸轮轴位置传感器信号(G 信号)、曲轴位置传感器信号(Ne 信号)和发动机的做功顺序,确定各缸工作位置。确定某个缸是排气行程(活塞上行)且活塞行至上止点前某一喷油位置时,ECU 输出喷油控制信号,接通喷油器电磁线圈电路,该缸即开始喷油,喷油顺序与做功顺序一致。图 3-34 所示为四缸发动机的顺序喷射正时图。

(二)分组喷射

分组喷射即多缸发动机分为若干组进行喷射,同一组各缸同时喷油,不同组间顺序喷油。一般把汽缸的喷油器分成 2 ~ 4 组(四缸发动机通常分成 2 组),由 ECU 分组控制喷油器,各组轮流交替喷射,一般多是发动机每转一周,只有 1 组喷射。四缸发动机分组喷射控制电路将喷油器分两组,ECU 通过两个端子分别对各组喷油器进行控制,如图 3-35 所示。

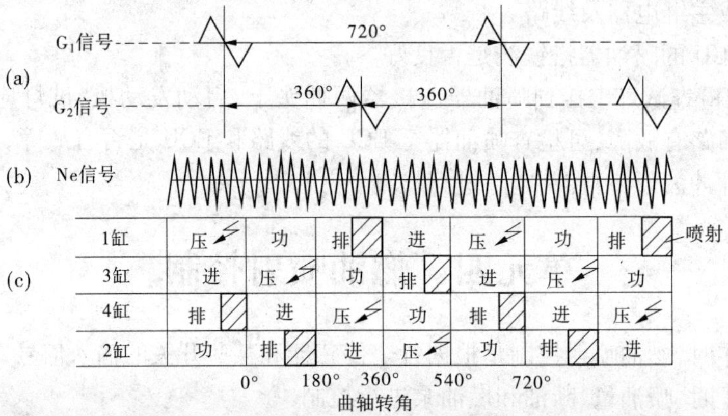

图 3-34　顺序喷射正时图

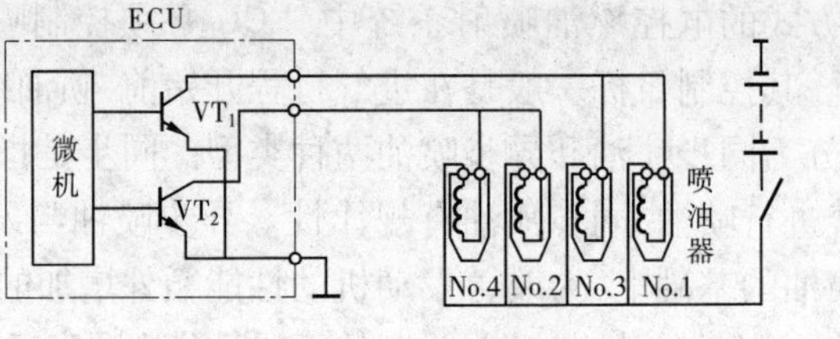

图 3-35　分组喷射控制电路

分组喷射喷油正时的控制是以各组最先进入做功行程的缸为基准，在该缸排气行程上止点前某一位置，ECU 输出指令信号，接通该组喷油器电磁线圈电路，该组喷油器即开始喷油，其喷油正时控制如图 3-36 所示。

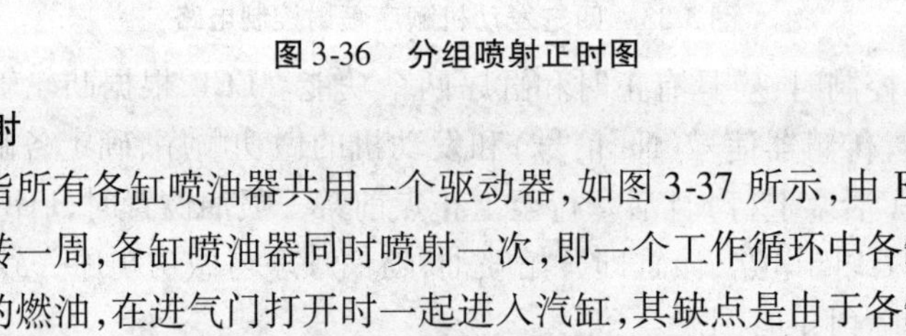

图 3-36　分组喷射正时图

(三) 同时喷射

同时喷射是指所有各缸喷油器共用一个驱动器，如图 3-37 所示，由 ECU 控制同时喷油和停油。曲轴每转一周，各缸喷油器同时喷射一次，即一个工作循环中各缸喷油器同时喷射两次。两次喷射的燃油，在进气门打开时一起进入汽缸，其缺点是由于各缸喷油时间不是最佳，会导致各缸的混合气浓度不一样。但这种喷射方式的喷射驱动回路通用性好，电路结构与软件都比较简单。图 3-38 所示为同时喷射正时波形。

同时喷射喷油正时的控制是以发动机最先进入做功行程的缸为基准，在该缸排气行程上止点前某一位置，ECU 输出指令信号，接通所有喷油器电磁线圈电路，各缸喷油器开始喷油，其喷油正时控制如图 3-39 所示。

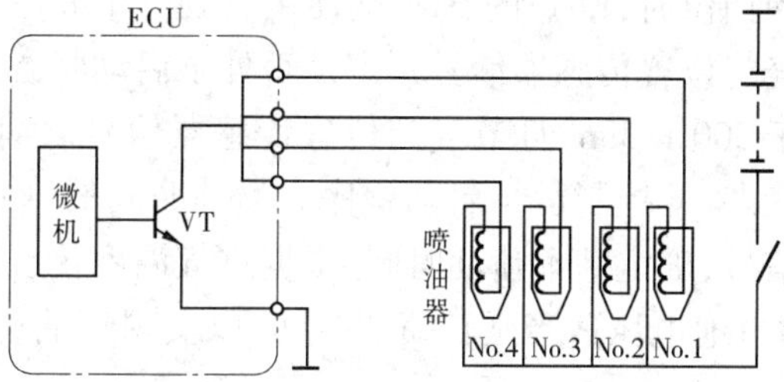

图 3-37　同时喷射控制电路

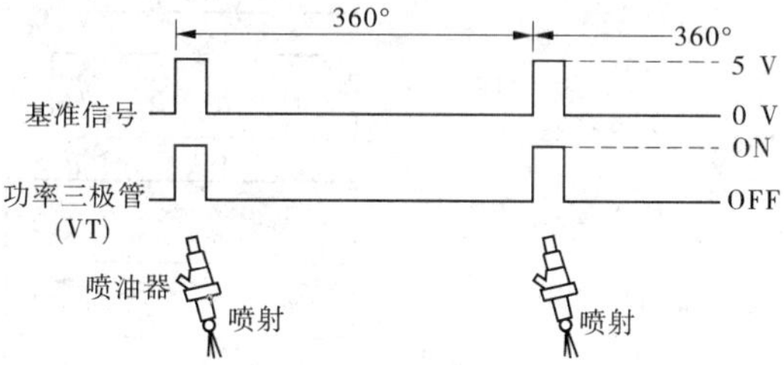

图 3-38　同时喷射正时波形

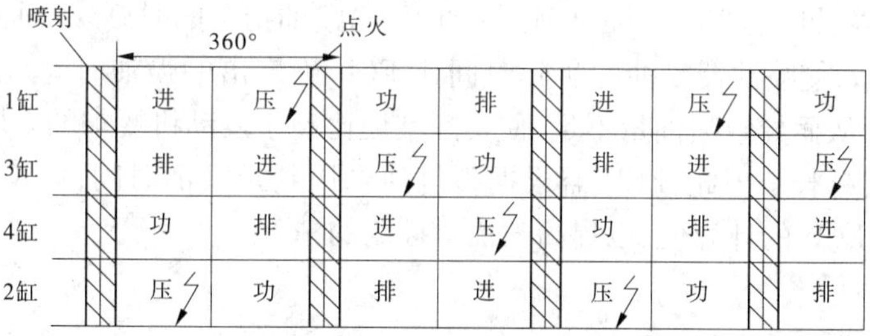

图 3-39　同时喷射正时图

二、喷油量控制

喷油量控制是电控燃油喷射系统最主要的控制功能之一，其目的是使发动机在各种运行工况下，都能获得最佳的混合气浓度，以提高发动机的经济性和降低排放污染。

当喷油器的结构和喷油压差一定时，喷油量的多少就取决于喷油时间。在汽油机电控燃油喷射系统中，喷油量的控制是通过对喷油器喷油时间的控制来实现的。喷油量的控制大致可分为启动控制、基本喷油量控制、加减速控制、怠速控制和空燃比反馈控制等。

(一) 发动机启动时喷油量控制

发动机启动时，启动机驱动发动机运转，其转速很低(50 r/min 左右)且波动较大，进气管压力不稳定，不能通过精确地检测发动机每个工作循环的进气量来计算喷油器的通电时间。因此，在发动机冷启动时，ECU 不是以空气流量传感器信号或进气压力信号作为计算喷油量的依据，而是按照可编程只读存储器中预先编制的启动程序和预定空燃比控制喷油的。根据冷却液温度传感器信号，由内存的冷却液温度—喷油时间曲线(如图 3-40 所示)来确定基本喷油时间，然后用进气温度和蓄电池电压等参数进行修正，得到启动时的喷油持续时间。

当点火开关接通启动挡位时,ECU 的 STA 端便接收到一个高电平信号,此时 ECU 再根据曲轴位置传感器和节气门位置传感器信号判定是否处于启动状态。如果曲轴位置传感器信号表明发动机转速低于 300 r/min,且节气门位置传感器信号表明节气门处于关闭状态,则判定发动机处于启动状态,并控制运行启动程序。喷油时间的确定如图 3-41 所示。ECU 根据冷却液温度传感器信号,确定基本喷油时间;根据进气温度传感器信号对喷油时间作修正(延长或缩短);根据蓄电池电压适当延长喷油时间,以实现喷油量的进一步修正,即电压修正。

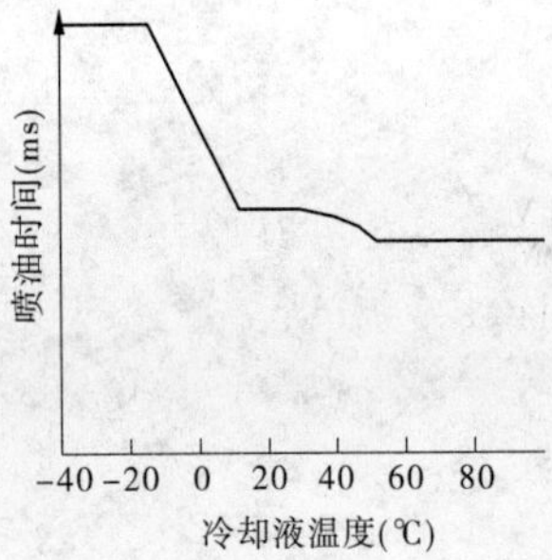

图 3-40 冷却液温度—喷油时间曲线

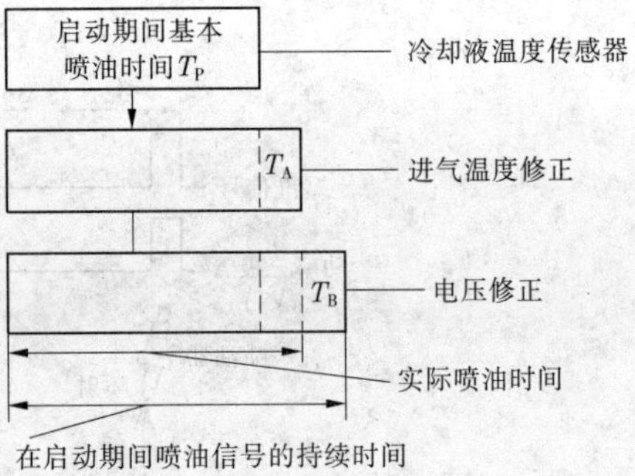

图 3-41 喷油时间的确定

电磁式喷油器针阀的实际喷油时刻比 ECU 发出喷油指令的时刻晚,即存在一段滞后时间,如图 3-42 所示,使喷油器喷油的实际时间比 ECU 确定出的喷油时间短,此时间差被称为无效喷射时间,从而导致喷油量不足,使实际空燃比高于发动机要求的空燃比。蓄电池电压越低,滞后时间越长。因此,ECU 需根据蓄电池电压延长喷油时间,修正喷油量,使实际喷油时间更接近 ECU 的计算值,以提高喷油量控制的精度。

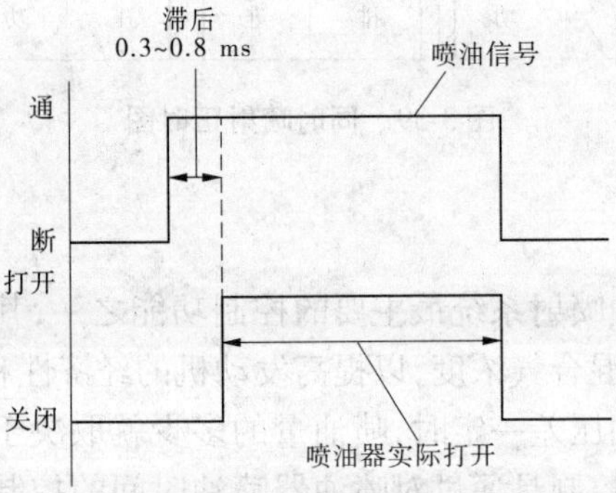

图 3-42 喷油滞后时间

(二)启动后的同步喷油量控制

发动机启动后转速超过预定值时,ECU 确定的喷油持续时间为

喷油持续时间 = 基本喷油持续时间 + 喷油修正值 + 电压修正值

其中,喷油修正值是各种修正值的总和。

在 D 型电控燃油喷射系统中,ECU 根据发动机转速信号(Ne)和进气歧管绝对压力信号(PIM)、进气温度信号及内存的基本喷油时间的三维图(三元 MAP 图)确定基本喷油时间,如图 3-43 所示,它表明了与发动机各转速和进气管压力相对应的基本喷油时间。

L 型电控燃油喷射系统中，ECU 则根据发动机转速信号（Ne）和空气流量计信号（Vs 信号）确定基本喷油时间。这个基本喷油时间是实现既定空燃比（理论空燃比 14.7:1）的喷射时间。

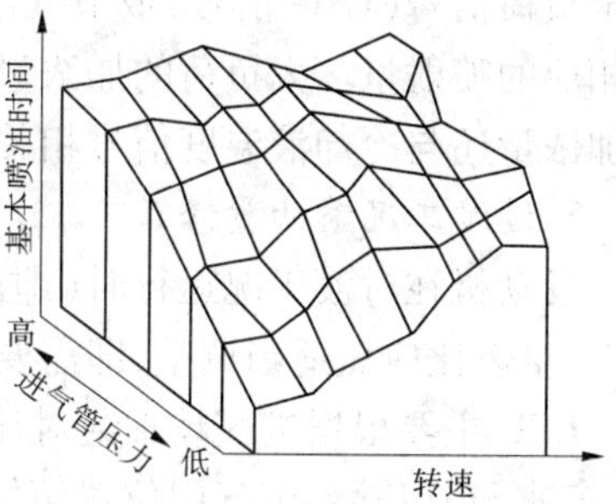

图 3-43　三元 MAP 图

发动机启动后的各工况下，ECU 在确定基本喷油时间的同时，还必须根据各种传感器输送来的发动机运行工况信息，对基本喷油时间进行修正。

1. 启动后加浓修正

发动机完成启动后，点火开关由“STA”（启动）位置转到“ON”（点火）位置，或发动机转速已达到或超过预定值，ECU 额外增加喷油量使发动机保持稳定运转。喷油量的初始修正值根据冷却液温度确定，随着冷却液温度的升高以某一固定速度下降，逐步达到正常。

2. 暖机加浓修正

发动机温度较低时，燃油蒸发性差，为使发动机迅速进入最佳工作状态，必须供给较浓的混合气。

暖机加浓还出现在怠速触点接通或断开时，根据发动机转速的不同，ECU 使喷油时间有少量变化。发动机启动后，暖机加浓的修正时间较长，在达到正常工作温度之前一直持续进行，ECU 根据冷却液温度信号（THW 信号）对喷油时间进行修正，随着温度的上升而衰减。如图 3-44 所示，水温在 -40 ℃时加浓量约为正常喷射量的 2 倍。

3. 进气温度修正

发动机的进气密度随着进气温度而变化，ECU 根据进气温度传感器提供的进气温度信号（THA 信号），对喷油时间进行修正使空燃比满足要求。通常以 20 ℃为进气温度信号的标准温度，低于 20 ℃时空气密度大，ECU 适当增加喷油时间，使混合气不致过稀；进气温度高于 20 ℃时，空气密度减小，适当减少喷油时间，以防混合气偏浓。进气温度修正曲线的确定如图 3-45 所示，从图中可知，修正在 -20 ~ 60 ℃之间进行。

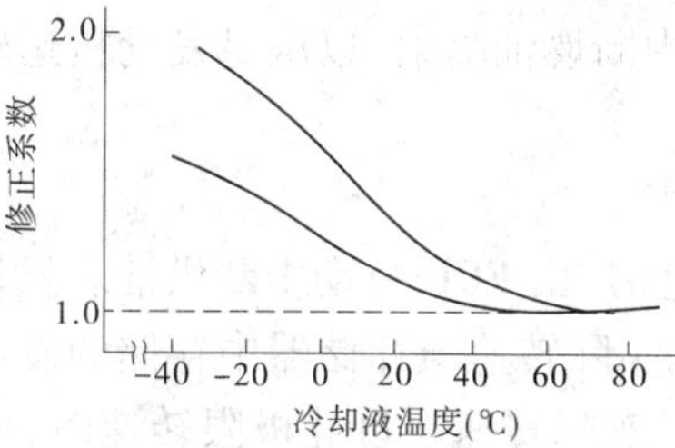

图 3-44　暖机加浓修正曲线

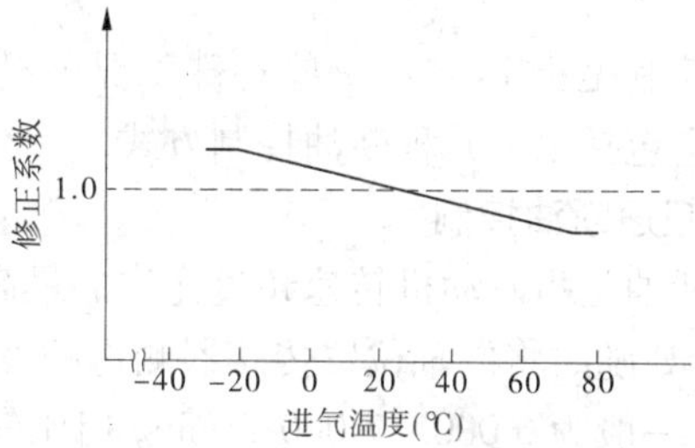

图 3-45　进气温度修正曲线

4. 大负荷工况喷油量修正

发动机在大负荷下运转时，须使用浓混合气以获得大功率。ECU 根据发动机负荷来增加喷油量。

对于发动机负荷状况，ECU 可根据节气门开度或进气量的大小确定，即根据进气歧管绝对压力传感器信号（PIM 信号）或空气流量计信号（Vs 信号）以及节气门位置传感器输送的全负荷信号(PSW 信号)或节气门开度信号(VTA 信号)来判断发动机负荷状况,从而决定相应的喷射量。大负荷的加浓量通常约为正常喷油量的 10% ~30%。有些发动机大负荷加浓量还与冷却液温度信号相关。

5. 过渡工况喷油量修正

发动机在过渡工况运行时(即汽车加速、减速行驶),为获得良好的动力性、经济性和响应性,空燃比应做适当调整,即需要适量调整喷油量。

ECU 主要根据进气歧管绝对压力 PIM 信号或空气流量计 Vs 信号、发动机转速 Ne 信号、车速 SPD 信号、节气门位置信号、空挡启动开关 NSW 信号和冷却液温度 THW 信号来判断工况,并调整喷油量。

6. 怠速稳定性修正(只用于 D 型 EFI 系统)

在 D 型电控燃油喷射系统中,决定基本喷油时间的进气歧管绝对压力的变化,在过渡工况时,相对于发动机转速的变化将产生滞后。节气门之后进气歧管容积越大,怠速时发动机转速越低,这种滞后时间越长,怠速就越不稳定。

为提高发动机怠速运转的稳定性,ECU 根据 PIM 信号和 Ne 信号对喷油量作修正,如图 3-46 所示。随压力增大或转速降低,增加喷油量;随压力减小或转速增高,减少喷油量。

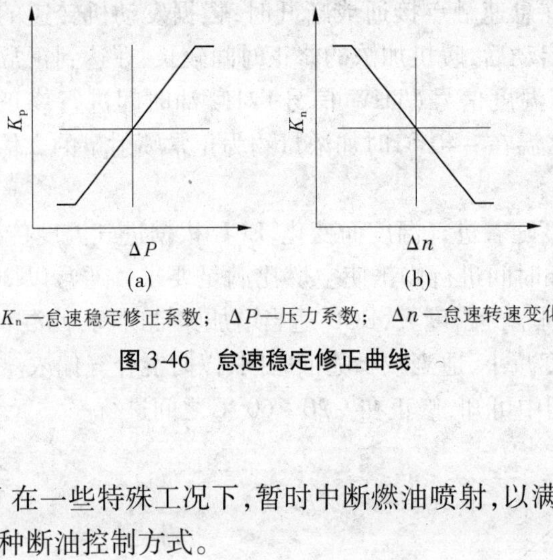

K_p、K_n—怠速稳定修正系数; ΔP—压力系数; Δn—怠速转速变化

图 3-46 怠速稳定修正曲线

三、断油控制

断油控制是指 ECU 在一些特殊工况下,暂时中断燃油喷射,以满足发动机运转中的特殊要求。它包括以下几种断油控制方式。

(一)超速断油控制

超速断油是指发动机转速超过允许的最高转速时,由 ECU 自动中断供油。发动机运行过程中,ECU 随时将曲轴位置传感器测得的发动机实际转速与存储器中存储的发动机最高极限转速(一般为 6 000 ~7 000 r/min)相比较。当实际转速超过此极限转速时,ECU 就发出停止喷油指令,使喷油器停止喷油,从而限制发动机转速进一步升高。当断油后发动机转速下降至低于极限转速约 100 r/min 时,断油控制结束,恢复喷油。超速断油控制可以防止发动机超速运转,以免造成机件损坏,有利于减小燃油消耗量,减少有害物排放。

(二)减速断油控制

汽车高速行驶时突然松开油门踏板减速时,发动机仍在汽车惯性的带动下高速旋转。由于节气门已关闭,进入汽缸的空气量很少,如不停止供油,混合气将会很浓,在高速运转下燃烧不完全,使废气中的有害排放物急剧增多。为避免急减速时有害物的排放,减少燃油消耗量,促使发动机转速尽快下降,有利于汽车减速,ECU 自动中断燃油喷射,直至发动机转速下降到设定的低转速时再恢复喷油。

减速断油控制是由 ECU 根据节气门位置信号、发动机转速信号、冷却液信号等参数,作出的综合判断。在满足一定条件时,ECU 执行减速断油控制。这些条件是:①节气门位置传感器中的怠速开关接通;②发动机水温已达正常温度;③发动机转速高于某一数值。当上述三个条件都满足时,ECU 就执行减速断油控制。上述条件只要有一个不满足(如发动机转速已下降至低于减速断油转速),ECU 就立即停止执行减速断油,恢复喷油。

(三)消除溢油控制

发动机启动时,燃油喷射系统向发动机提供很浓的混合气。若多次启动后仍未成功,淤集在汽缸内的浓混合气可能会浸湿火花塞,使之不能跳火。这种情况称为溢油或淹缸。

消除溢油控制就是驾驶员将油门踏板踩到底,并转动点火开关,启动发动机。ECU 自动中断燃油喷射,以排出汽缸中多余的燃油,使火花塞干燥。ECU 只有在点火开关处于启动位置、发动机转速低于 500 r/min、节气门全开时,才能进入消除溢油状态。由此可见,启动电控燃油喷射式发动机时,不能踩下油门踏板,否则电控系统可能因进入消除溢油控制状态而使发动机无法启动。

(四)减扭矩断油控制

对于装有电子控制自动变速器的汽车,在行驶中变速器需要自动升挡时,控制变速器的 ECU 会向燃油喷射系统的 ECU 发出减扭矩信号。燃油喷射系统 ECU 在收到减扭矩信号时,会暂时中断个别汽缸的喷油,以降低发动机转速,以便换挡,从而减轻换挡冲击。换挡结束后,恢复正常供油。

单元五　电子控制单元

一、电子控制系统的组成

电子控制系统由传感器、执行器和电子控制单元(ECU)三部分组成,如图 3-47 所示。电控系统元件位置如图 3-48 所示。ECU 具有燃油喷射正时控制、点火正时控制、怠速转速控制、EGR 控制、燃油压力控制和电动燃油泵控制、故障诊断并记录出现的故障等功能。

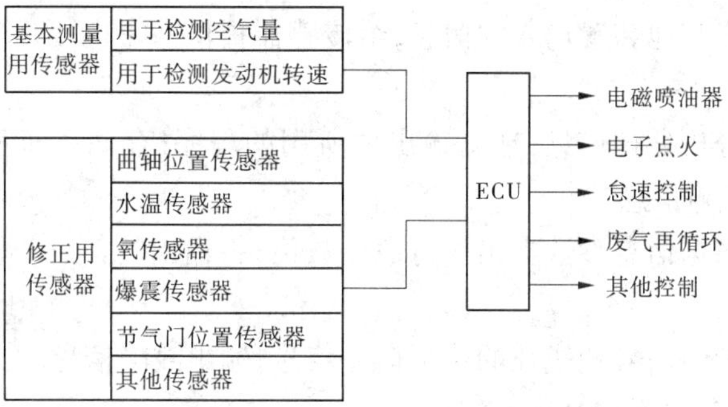

图 3-47　电子控制系统

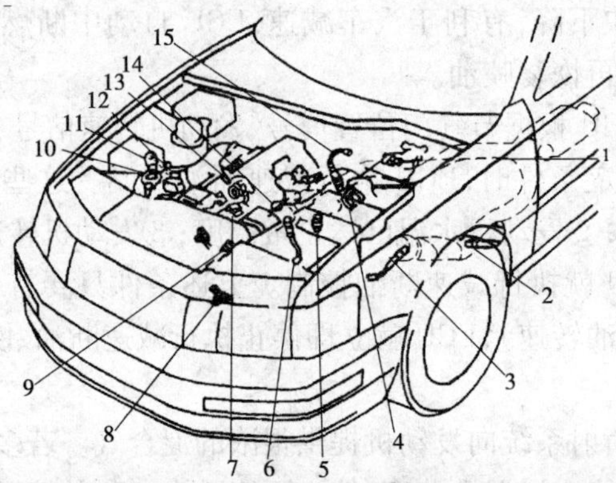

1—转速传感器(用于转速表);2—左侧副氧传感器;3—左侧主氧传感器;4—空挡启动开关;5—EFI 主继电器;6—右侧主氧传感器;7—冷启动喷油器时间开关;8—发动机转速传感器;9—凸轮轴位置传感器;10—空气流量传感器;11—油泵继电器;12—油泵电阻器;13 —怠速控制阀;14—燃油压力控制电磁阀;15 —右侧副氧传感器

图 3-48　电控系统元件位置

传感器是信号检测与转换装置,安装在发动机的各个部位,其功用是检测发动机运行状态的电量参数、物理参数和化学参数等,并转换成 ECU 能够识别的电信号输入 ECU。

ECU 是发动机控制系统的核心部件。ECU 中保存了发动机各种工况的最佳喷油持续时间,在接收了各种传感器传来的信号后,经过计算确定满足发动机运转状态的喷油量和喷油时间。

执行器是控制系统的执行机构,它接收 ECU 发出的各种控制指令,完成具体的控制动作,从而使发动机处于最佳工作状态。

各种传感器分别检测进气容积、发动机转速、排气中的氧含量、冷却液温度、进气温度、大气压力等,并将信息转换成电信号,输送给 ECU。根据这些信号,ECU 计算出当前工况最佳的点火正时和最佳喷油量。

在前面几节中对传感器和执行机构进行了非常详细的介绍,这里不再进行叙述,只对电子控制单元进行介绍。

三、电子控制单元的功能及组成

(一)电子控制单元的功能

(1)接收传感器或其他装置输入的信息,给传感器提供参考电压,将输入的信息转变为微机所能接收的信号。

(2)存储、计算、分析处理信息;计算输出值所用的程序;存储该车型的特点参数;存储运算中的数据,存储故障信息。

(3)运算分析。根据信息参数求出执行命令数值;将输出的信息与标准值对比,查出故障。

(4)输出命令。把弱信号变成强的执行命令信号,输出故障信息。

(5)自我修正功能(自适应功能)。

(二)电子控制单元的组成

电子控制单元主要由输入回路、A/D 转换器、微型计算机和输出回路四部分组成。

1. 输入回路

从传感器传递的输入信号经过输入回路滤波、整形、放大等处理后才能送至中央处理器（CPU）进行运算控制，如图 3-49 所示。由于传感器输入信号的类型有模拟信号和数字脉冲信号两种，那么输入回路也分为模拟信号输入回路和数字信号输入回路。

1）模拟信号输入回路

电控系统中，输入到 ECU 的模拟信号有发动机负荷、进气温度、冷却液温度等。模拟信号输入回路的作用是对这些模拟信号去除杂波，把非电压信号转换为相应的电压信号，把正弦交流信号转换为方波信号，对超过 A/D 转换器量程的电压信号进行预处理，如图 3-50 所示。

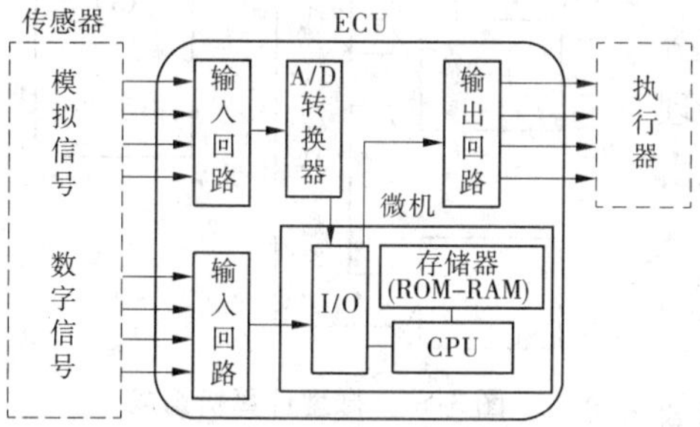

图 3-49　电子控制系统 ECU 基本构成

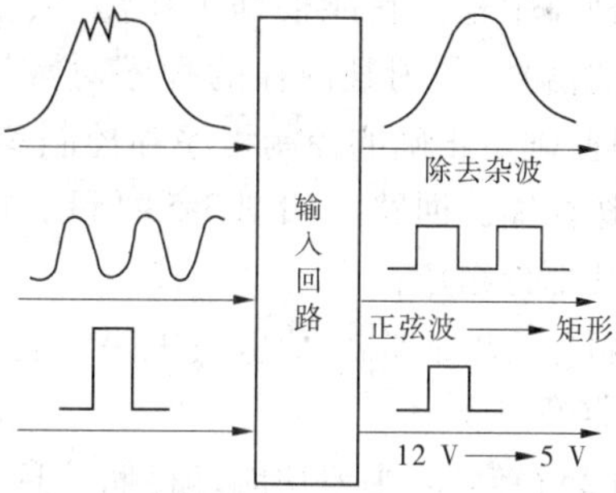

图 3-50　输入回路的作用

2）数字信号输入回路

电控系统中，数字信号主要来自曲轴位置传感器、车速传感器等。曲轴位置传感器输出的信号，幅值随发动机转速的变化而变化。当转速较低时，信号较弱；反之，信号幅值增大。数字信号输入回路经整形处理成标准的方波后，再送入微型处理器，可提高信号的识别能力。此外，曲轴位置传感器转子齿数一般只有几十个，而精确控制发动机点火时刻需得到 0.5°曲轴转角信号。数字信号输入回路通过转角脉冲发生器，把信号盘产生的几十个脉冲信号，转化为曲轴转 1 圈产生 720 个脉冲，即曲轴每转 0.5°，曲轴转角发出 1 个脉冲。

2. A/D 转换器

传感器输出信号可分为模拟信号、数字信号等，微机只能识别数字信号，不能直接处理模拟信号。传感器输出的模拟信号必须通过 A/D 转换器将模拟信号转换为数字信号后再输入微机中进行处理。

例如，空气流量计输出信号是随发动机的负荷变化而变化的，且连续可变，其信号变化范围为 0 ~5 V。该信号通过 A/D 转换器后即可变成数字信号送至微机中进行运算处理，如图 3-51 所示。传感器信号类型如图 3-52 所示。

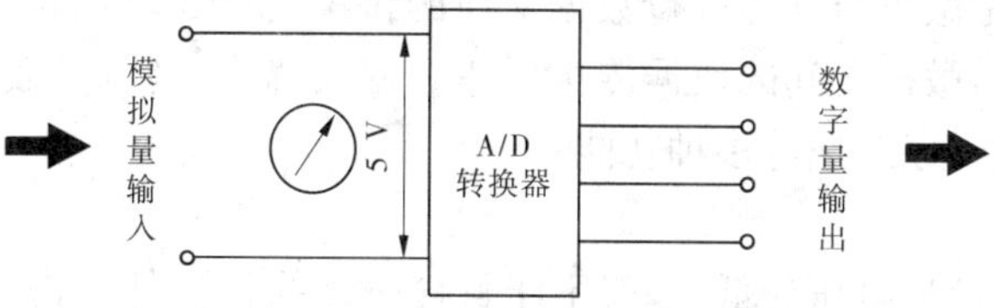

图 3-51　A/D 转换器的工作过程示意图

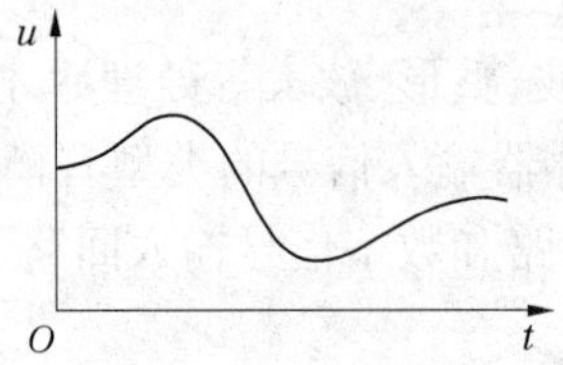

(a)模拟信号　　(b)数字信号

图 3-52　传感器信号类型

3. 微型计算机

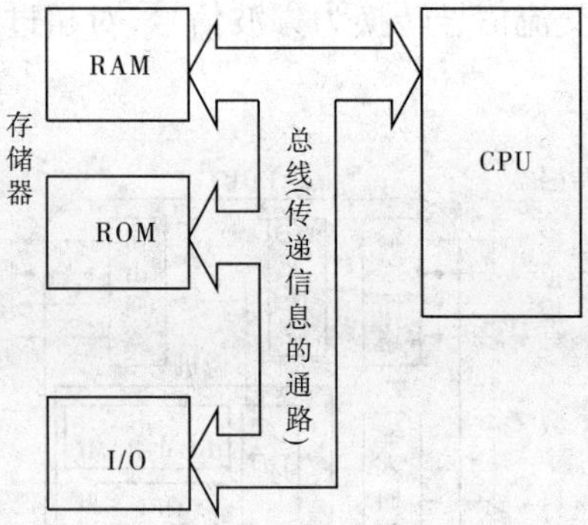

图 3-53　微型计算机组成

微型计算机是发动机电控系统的核心,是控制系统的神经中枢。它能根据工作需要,把各种传感器送来的信号,利用其内存的程序对数据进行运算分析处理,确定正确的控制程序和控制参数,并把处理结果送往输出回路。如图 3-53 所示,微型计算机由以下几部分组成:

(1)中央处理器(CPU):主要由运算器、寄存器、控制器等构成。

(2)存储器:主要功能是存储信息资料。存储器一般分为随机存储器(RAM)和只读存储器(ROM)。

(3)输入/输出(I/O)接口:是 CPU 与输入装置(传感器)、输出装置(执行器)间进行信息交流的控制电路。

(4)总线:是一束传递信息的内部连线,按传递信息的类别可分为数据总线、地址总线和控制总线。

1)中央处理器

中央处理器是微机系统的核心,其功用是读出命令并执行数据处理任务。中央处理器主要由进行算术运算和逻辑运算的运算器、暂时存储数据的寄存器、执行各装置之间信号传送和控制任务的控制器等组成。

2)存储器

随机存储器用来存储临时性的数据及过程参数,当切断电源时,存储在 RAM 中的信息将丢失。随机存储器允许随时从存储器中读出已存入的数据或向存储器写入新的数据。

只读存储器是用来存储固定信息的,即使切断电源,ROM 中存储的信息也不会丢失。存储的内容一次性存入,可以随时调出使用,但不能更改。

3)输入/输出接口

输入/输出接口是微机与外界进行数据交换的桥梁,输入/输出接口根据 CPU 的指令,完成传感器、执行器与微机之间的数据传送任务。输入/输出接口一般称为 I/O 接口,具有数据缓冲、电平匹配、时序匹配等多种功能。

4. 输出回路

微机输出的控制信号电压较低,一般不能直接驱动执行元件工作。输出回路的主要功用就是将微机输出的控制信号转换成可以驱动执行元件工作的输出信号。

输出回路一般采用的是功率晶体管,根据微机的指令通过导通或截止来控制执行元件的搭铁回路。电控系统中由输出回路输出的控制信号有喷油器驱动信号、点火控制信号等。控制喷油器的输出回路如图3-54所示,功率晶体管导通时,喷油器通电喷油,截止时则断电停油。

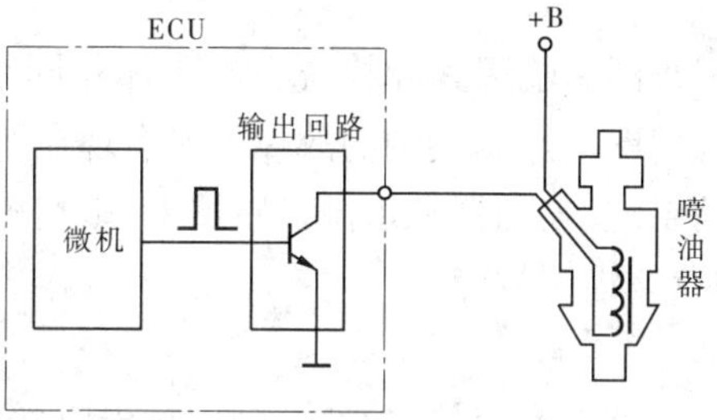

图3-54　控制喷油器的输出回路

三、电子控制单元的检修

当电子控制单元出现故障时,一般是利用诊断的方法加以判断,也可用替换法进行换件维修。为了质量和安全考虑,一般不进行拆解维修。

四、发动机启动故障分析

发动机能正常启动必须具备三个要素:压缩、火花和混合气。如果某一要素工作异常便会引起发动机不能启动或启动困难。导致电喷发动机启动故障的因素较多,下面分析的故障都是在蓄电池电压、启动系统工作正常、发动机具有良好的压缩和火花、排气净化装置工作正常的情况下发生的。

启动故障一般表现为不能启动和启动困难,其中启动困难又分为冷启动困难和热启动困难。

(一)不能启动

发动机不能启动且无着火征兆,一般是由于燃油没有喷射引起的,其原因主要有以下几点。

1. 转速信号系统故障

发动机转速和曲轴位置传感器在发动机工作时检测其转速信号、提供曲轴位置信号,作为控制系统进行各项控制的主要依据和基础。如果传感器或其线路出现故障,电控单元不能接收到速度信号和曲轴位置信号,就无法正确地控制燃油喷射和点火正时,就会出现喷油器不动作、火花塞不跳火的现象。用听诊器和正时灯进行检查,便可确认喷油器和火花塞是否工作。

出现上述故障时,一般自诊断系统可显示出故障代码,应对转速传感器、1号和2号凸轮轴位置传感器及其线路进行全面检查。首先断开各传感器的接线器,检查它们的电阻。如阻值不正常,则须更换;如正常,再检查ECU与各传感器的配线和接线器是否正常。

2. 燃油泵及控制电路故障

如果燃油泵或控制电路出现故障,也会造成供油系统没有燃油压力,即使喷油器工作正常,燃油也不能正常喷射。检查方法是:用短接线连接诊断端子+B和F_p,然后接通点火开关(不启动),检查进油软管中有无压力。如果软管中有压力且可听到回油声,说明燃油泵本身没有问题；否则，应检查燃油泵，可用万用表测量端子 4 和 5 之间的电阻，如与规定不符，则需更换燃油泵。如果燃油泵工作正常，则应检查其控制电路，主要包括保险丝、EFI 主继电器、燃油泵继电器、电阻器以及各配线和接线器。

（二）启动困难

冷启动困难和热启动困难的影响因素和检查方法大体相同。就混合气浓度而言，有混合气过稀和混合气过浓两种情况。影响供油的故障可能出现在燃油质量、燃油泵、燃油滤清器、燃油压力调节器、冷启动系统、喷油器和水温传感器上；影响进气的故障多表现为空气滤清器堵塞、进气系统漏气和怠速控制故障。

1. 燃油压力调节器故障

燃油系统的油压对混合气浓度有直接的影响，因此首先应检查燃油压力。方法是：先将燃油压力表接入燃油管路中，然后启动发动机，测量燃油压力。如果燃油压力过高，则应更换压力调节器；压力过低时，可夹住回油软管，若燃油压力上升到正常值，说明燃油压力调节器损坏，否则可检查燃油泵和燃油滤清器。停机后检查燃油压力应保持在规定值 5 min，否则说明喷油器渗漏导致混合气过浓。

2. 燃油泵及燃油滤清器故障

启动困难时，一般燃油泵能正常工作，其问题多是油泵滤网堵塞致使油泵不能足量吸入燃油，或燃油滤清器不畅通引起供油系统压力不足。

3. 冷启动系统故障

在有些车型中设有冷启动喷油器，在冷启动时将混合气加浓以改善冷启动性能。冷启动喷油器由启动开关和热敏时控开关控制，喷油持续时间取决于热敏时控开关加热线圈电流和冷却水的温度。

冷启动系统故障多表现为：冷启动喷油器被胶质物体堵塞，影响喷油雾化质量，导致冷启动困难；冷启动喷油器失效不能正常工作；热敏时控开关短路（触点常闭）或断路（常开），如果触点常闭，则热车时仍控制冷启动喷油器喷入过多燃油而导致热启动困难，如果时控开关短路，冷启动喷油器始终不能工作而导致冷启动困难。

4. 喷油器故障

喷油器故障一般表现为：喷油器喷孔被胶质物体堵塞，积炭或密封不严造成滴漏，从而导致混合气浓度过小或过大。其检测方法是：首先启动发动机，用听诊器在每个喷油器处检查运转声音，如听不到声音，应检查配线连接器、喷油器或来自 ECU 的喷射信号；然后，用万用表测量喷油器端子间的电阻，如电阻值与规定值不符，则更换喷油器；最后，检查喷油器的喷油量，其值应在正常范围内且各缸喷油量差值小于 5 cm^3。

5. 水温传感器故障

水温传感器用来检测冷却水的温度，并将其转化为与温度有关的电压信号输入 ECU，作为 ECU 修正喷油量的依据。如果水温传感器失效或与 ECU 间配线断路、短路，表面水垢严重，都会造成输出信号出现较大偏差，最终使喷油器不能适时增大或减少喷油量，导致启动困难。

6. 怠速控制阀（ISC）故障

大多数电喷发动机都采用步进电机型怠速控制阀，ECU 根据发动机的工况，调节步进电机电磁线圈的通电顺序,使步进电机轴上的锥阀体旋入或旋出,调节旁通空气道的开度,实现旁通进气量的调节。

如果发动机启动困难但稍踩油门能启动,则说明怠速控制阀故障。拆解ISC会发现阀体锥面有较多积炭、胶质黏滞、油污堆积,结果减小了锥形阀的可调范围,致使冷车启动时,进气量减小、混合气过浓而出现启动困难。

五、发动机熄火故障

电控燃油喷射发动机与传统的化油器式发动机相比,不仅性能优良,而且油路、电路故障率大为减小。可是,一旦出现故障,故障的判断排除也较为复杂。由于电控发动机采用了较多的控制电路,即使发动机出现某一单个故障现象,故障原因可能也会很多。掌握其基本原理和造成故障的最直接原因,对电喷发动机故障诊断将会带来很大的帮助。就电控发动机在运行时非正常熄火现象而言,造成该故障的直接原因不外乎三个方面:供油系统故障、点火高压电故障及其他机械故障。

(一)供油系统故障

供油系统导致发动机运行熄火的原因有两个,一是没有燃油喷出,二是喷油量过小。

想知道供油系统是怎样引起发动机熄火的,首先必须了解电喷发动机供油系统的工作过程。电喷发动机汽缸内的汽油是由喷油嘴直接喷出的,喷油嘴安装在喷油管上,喷油管内的燃油是经安装在汽油箱内的电动燃油泵泵油,再经燃油滤清器(压力调节器调压)供给的。在整个供油系统中,喷油嘴和电动燃油泵由控制电脑或继电器加以控制。因此,喷油嘴和电动燃油泵是排除电喷发动机供油故障首选的两个器件。

目前,电动燃油泵一般安装在汽油箱内,燃油对油泵有很好的冷却作用,大多数汽车只装有一只燃油泵,但也有安装有主、副两只燃油泵的(比如卡迪拉克轿车)。燃油泵分为滚柱式、涡轮式、内齿式和侧槽式等不同结构形式,但它们外在的性能有其共同点。因此,电喷汽车熄火后,应按下述方法对燃油泵进行检查:

打开点火开关("ON"位),听燃油泵有无运转声音,若有明显的运转声音,则说明燃油泵工作正常(但对于采用翼板式空气流量计的发动机而言,由于在空气流量计中设有燃油泵控制开关,打开点火开关后,还需要启动发动机来检查燃油泵工作情况)。检查时,除听声音外,也可以用手捏住供油软管,应能够感觉到有油的压力,当将捏瘪的油管松开时,油管应该能立即复原。当然,若采用松开回油管接头的方法,看油管内是否向外喷油,更可以进一步证明燃油泵的好坏。

在检查燃油泵有故障后,应排除故障。若燃油泵无问题,下一步应该检查喷油器。造成发动机熄火的喷油器故障,往往是喷油器堵塞或者是控制电路失效。喷油器堵塞是喷油嘴上的沉积物和积炭所致,从而使喷油器喷油量减少或者喷油不稳定。检查喷油嘴堵塞的简便方法是:拆下喷油器,连接上供油管,在喷油器导线连接器处接上3 V的电源线(或者用专用的电阻器线,去点触蓄电池正极),如果喷油干脆、停油及时,则为正常。一旦发现喷油嘴阻塞,就应该在专用清洗机上进行清洗,或者在喷油器不拆下的情况下,用与汽油相混合的清洗剂,通过车上的汽油管路对喷油嘴进行清洗。喷油器控制电路的正常与否,也可以在发动机启动时,用手指放在喷油器上,去感觉喷油器是否有振动,若有则说明控制电路工作正常,否则,应按说明书指示线号去检查导线连接器到控制电脑间导线是否有断路现象,或者控制电脑本身是否有故障。

(二)点火高压电故障

汽车行驶中,若发动机突然熄火,故障往往在点火高压电上。电喷发动机的点火系统是将来自蓄电池和发电机的低压电,经过控制电脑对发动机综合性能不同的信号监测分析后,接通或者断开点火器电路,通过点火线圈给每个汽缸的火花塞送去高压电,点燃可燃混合气。一般情况下,造成发动机熄火的点火高压电故障,往往是无高压电输出。此时,应首先检查高压线连接是否正常,在此前提下,采用换件比较的方法对点火器和点火线圈进行检查,以判断故障发生的部位,这是由于点火器和点火线圈是采用换件修理的缘故。如上述检查均无问题,故障就集中在电脑以及与之有关的信号传感器和连接线上。这类故障在读取故障代码时,都有较为明显的指示,可以根据不同情况加以区别判断和排除故障。

(三)其他机械故障

除燃油、高压电外,其他的机械故障有时也会造成汽车熄火。比如:电控线路保险丝接触不良或者熔断,空气流量计损坏致使进气量监测失准,燃油调节器上安装的真空软管泄漏等。现将两则故障实例分述于下,供大家参考:

(1)热丝式空气流量计热丝过脏造成发动机启动后立即熄火(日产 VG30 型发动机)。空气流量计传感器热丝变脏后,空气不能正常带走热量,使检测的空气流量值比实际空气流量偏低(输出电压低 200 mV),导致控制器控制喷油量减少,而使混合气过稀,发动机熄火。

(2)线路磨损搭铁使发动机熄火(丰田 SUPRA 车)。发动机启动后,工作不稳冒黑烟而自动熄火。经检查,火花塞跳火正常,喷油器良好,用 12 V 试灯检查喷油器线路时,指示灯只亮不闪。进一步用万用表检查,发现白色控制线搭铁。顺白线检视,发现此线磨损后与发动机左后吊耳短路,致使二、四、六缸 3 个喷嘴在发油机工作时始终开启,而且 3 个汽缸内有浓足的汽油味。用绝缘线包住导线磨破点,重新布置导线的走向,熄火故障消除。

小　结

1. 电子控制燃油喷射系统有多种不同的类型,与缸内喷射比较,采用进气管喷射喷油器不受缸内的高温、高压的直接影响,喷油压力不高,结构简单,成本较低,是目前普遍采用的喷射方式。由于性能卓越,多点燃油喷射系统越来越被广泛地使用。本章重点介绍的是进气歧管的喷射系统,介绍了其组成与工作原理。

2. 汽油机电控燃油供给系统的功用是向发动机及时供应各种工况下燃烧所需要的燃油。电子控制单元接收各种传感器输出的发动机工况信号,确定适应发动机工况的喷油时刻、喷油脉宽等参数,完成喷油器的喷油量控制、喷油正时控制和断油控制,从而使发动机保持最佳运行状态。

3. 喷油器和燃油泵是燃油供给系统当中两个比较重要的器件,它们的工作好坏,直接反映在汽车的动力性和启动性方面,在了解其结构、工作原理与控制电路之后,要进一步对其加深认识,可以选取相关书籍研读其深层次的控制与检测。

思考与练习

一、填空题

1. 脉动阻尼器的功用是____________________。

2. 在汽油机电控燃油喷射系统中，喷油量的控制是通过对______________的控制来实现的。

3. L 型电控燃油喷射系统中，ECU 根据______________和______________确定基本喷油时间。

4. 发动机启动后，在达到正常工作温度之前，ECU 根据______________信号对喷油时间进行修正。

5. 测试燃油系统压力时需使用______________和______________。

6. 若测试燃油系统时，油压表指示压力过高，应检查________________________。

7. 燃油压力调节器和燃油脉动阻尼器一般安装在________________________上。

8. 燃油压力调节器的主要故障是________________________。

二、选择题

1. 发动机关闭后________使汽油喷射管路中保持残余压力。

A. 电动汽油泵的过载阀　B. 汽油滤清器　C. 汽油喷射器　D. 回油管

2. 当进气歧管内真空度降低时，真空式汽油压力调节器将汽油压力________。

A. 提高　B. 降低　C. 保持不变　D. 以上都不正确

3. 某燃油喷射系统的汽油压力过高，以下________正确。

A. 电动汽油泵的电刷接触不良　B. 回油管堵塞

C. 汽油压力调节器密封不严　D. 以上都正确

4. 进行燃油压力检测时，按正确的工序应该首先进行________。

A. 断开燃油蒸发罐管路

B. 将燃油压力表连到电控燃油喷射系统的回流管路上

C. 在将燃油压力表连接到电喷系统上以前先将管路中的压力卸掉

D. 折下燃油机(分配器)上的燃油管

三、判断题

1. 缸外喷射的汽油压力一般为 0.3 ~0.4 kPa。（　）

2. 在同时喷射系统中，喷油正时与发动机进气、压缩、做功、排气四个循环有很大关系。（　）

3. 在多点电控燃油喷射式发动机上，每个汽缸必须设一个单独的进气歧管，以消除进气波动和保证各缸进气均匀。（　）

4. 拆卸压力调节器时，要先释放燃油系统中的压力。（　）

5. 燃油压力调节器的作用是使燃油分配管内压力保持不变，不受节气门开度的影响。（　　）

四、简答题

1. 燃油压力调节器的作用是什么？简述燃油压力调节器的工作原理。
2. 电动燃油泵是怎样工作的？其控制电路主要有几种类型？如何检查？
3. 燃油脉动阻尼器有何作用？它是如何工作的？
4. 电控燃油喷射系统有哪些控制内容？都是如何控制的？
5. 电控燃油喷射系统的喷油器常见的有哪几种？它们是如何工作的？如何检查？
6. 画出常见发动机喷油器控制的电路，并叙述其工作原理与检查方法。
7. 冷却液温度传感器在供油系统中起的作用是什么？如何检测？

项目四　电控汽油发动机的点火系统

【任务介绍】

电子控制点火是电控发动机的重要系统，对发动机正常工作起着重要的作用。凸轮轴位置传感器(CMPS)给ECU提供曲轴转角基准位置信号，是燃油喷射控制和点火控制的主控制信号，对高效着火燃烧、做功起着重要的作用。点火提前角是电子控制点火系统的主要参数，对高效着火燃烧、做功起着重要的作用。点火提前角过大或过小会引起爆震、发动机过热、燃烧不完全等，影响发动机的动力性和经济性。所以，电子点火控制系统的检修与故障诊断是电子控制点火系统的重要内容。学习本项目后，一方面是掌握电控点火系统的组成与工作原理、电控点火系统的功能、汽油机点火系统的类型，另一方面是了解电子点火控制系统的检修与故障诊断的要求，掌握电控点火系统主要元件的构造、原理等知识。

【任务分析】

引导学生完成电控点火系统的功能和类型、电控点火系统主要元件的构造及原理等相关知识的学习，然后实施电子控制点火提前角维护的任务。利用台架和实车认识电子控制点火系统的组成、原理和结构特点，然后逐步完成电子控制点火提前角的检查与调整作业的操作内容。

学习完本任务后应能够：

1. 叙述电控点火系统的功能及类型。
2. 叙述电控点火系统主要元件的构造及原理。
3. 正确完成电子控制点火提前角的检查与调整。
4. 叙述对点火系统的基本要求。
5. 叙述凸轮轴、曲轴位置传感器的构造、原理。
6. 正确完成凸轮轴、曲轴位置传感器的检修。

【相关知识】

单元一　概　述

汽车发动机的点火系统主要经历了以磁电机为电源的点火系统、以机械式触点控制初级电路通断的蓄电池点火装置、以晶体管控制初级电路通断的电子点火系统和微处理器控制的点火系统四个阶段。

点火系统的作用是将蓄电池或发电机的低压电(一般12～14 V)变成高压电(一般12～30 kV)，同时按照发动机各汽缸的工作顺序，及时地在汽缸压缩行程终了时用电火花点燃可燃混合气，满足可燃混合气充分地燃烧及发动机工作稳定的性能要求，使汽油发动机顺利地实现从热能到机械能的转变。

一、汽油机对点火系统的要求

根据汽油发动机各工况的要求，点火系统应保证在各种使用条件下可靠地点燃可燃混

合气。因此,汽油机对点火系统的要求如下:

(1)点火系统应具有足够高的击穿火花塞电极间隙的电压。

压缩行程终了时,受汽缸内温度、压力等因素的影响,为使火花塞电极之间产生电火花,必须要有足够高的击穿电压。发动机正常工作时击穿电压一般应在 12 kV 以上,满载低速时击穿电压为 8 ~ 10 kV,启动时需要 19 kV。考虑各种不利因素的影响,通常点火系统的设计电压为 30 kV。

(2)电火花应具有足够的点火能量。

要使可燃混合气被点燃,电火花还必须具有足够的点火能量。发动机正常工作时,可靠点燃可燃混合气的点火能量为 50 ~ 80 MJ,启动时需要的点火能量为 100 MJ 左右。

(3)点火时刻与发动机工况相适应。

首先,点火系统应按发动机的工作顺序进行点火,一般六缸发动机的点火顺序为 1—5—3—6—2—4,四缸发动机为 1—2—4—3。其次,点火时刻应使发动机发出的功率最大、油耗最低以及排污最少。为实现这一目的,点火时刻一般选择在上止点前某一位置,称为点火提前角。

二、电控点火系统的功能和类型

(一)汽油机电控点火系统的功能

普通电子点火系统仍然使用真空和离心机械式点火提前机构对点火提前角进行控制。其主要缺点是:点火提前角的控制精度不高,不能充分地考虑各影响因素;为了避免出现大负荷时的爆震现象,其采用妥协的方式减小点火提前角;仍然离不开机械控制范围。

而电子控制的点火系统则能很好地根据转速、负荷等因素进行综合考虑,以电子的手段控制发动机各工况下的点火提前角,并进行通电时间控制和爆震控制,使发动机的功率、经济性和排放各方面达到最佳。

汽油机电控点火系统的功能主要包括点火提前角、通电时间及爆震控制三个方面。

1. 点火提前角的控制

点火提前角即是以火花塞电极间跳过高压电火花时开始,到活塞运动到上止点为止,这一时间内曲轴所转过的角度。点火提前角的大小直接影响发动机的动力性和经济性。

点火提前角过大,使活塞在压缩行程未到达上止点之前,混合气就燃烧完毕,汽缸内的压力升至最大,增加了活塞上行的阻力,导致发动机的功率和扭矩下降。严重时,会造成发动机反转,还会使发动机过热甚至爆燃,使燃料利用率降低。而点火提前角过小,会使相当多的混合气在活塞下行的过程中燃烧,甚至延续到排气行程,降低了做功行程活塞下行的推动力,导致发动机的功率和扭矩下降,燃烧气体与汽缸接触的面积增大,还会使发动机过热,燃料利用率降低。

使发动机达到最大功率和最小油耗的点火提前角为最佳点火提前角。其大小随发动机的转速、负荷等因素的不同而变化。

2. 通电时间的控制

1)通电时间对发动机工作的影响

通电时间在电子控制的点火系统中是指初级电路接通的时间,沿用了传统点火系统的闭合角概念。

对于点火系统来说，点火线圈的初级电路被接通后的一段时间，初级线圈的电流才能达到饱和（最大的初级电流），此时断开初级电路，才能得到最大的次级电压。由于通电时间随发动机转速的升高而减少，为保证高速时有足够的初级电流，应增加通电闭合角。如某八缸发动机，怠速时，点火模块使初级电路通电闭合15°曲轴转角，而高速时增加到32°曲轴转角。在有些点火装置中，为了减小转速对次级电压的影响，提高点火能量，采用了初级线圈电阻很小的高能点火线圈，其饱和电流可以达到30 A以上。但如果通电时间过长，不但过多消耗电能，而且可能由于过热损坏点火线圈。因此，要控制一个最佳的通电时间。可以在点火控制电路中增加恒流控制电路，保证在任何转速下初级电流都能达到规定值7 A，这样既改善了点火性能，又能防止初级电流过大而损坏点火线圈。

蓄电池电压的变化也将影响初级电流的大小。如蓄电池电压下降，在相同的通电时间里初级电流所达到的值会减小，因此应该增大通电时间。如图4-1所示，蓄电池电压越低，通电时间越长。

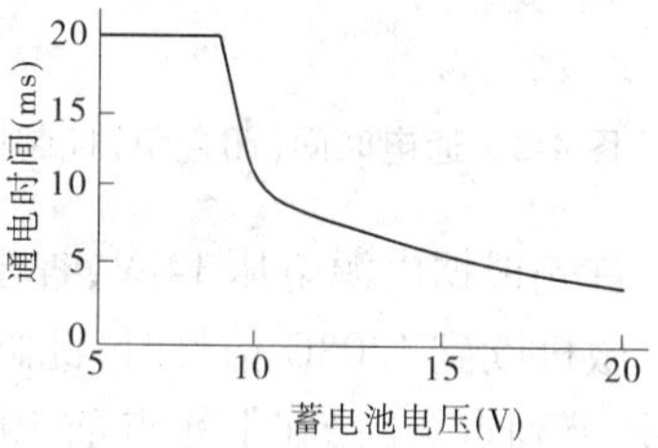

图4-1 通电时间与蓄电池电压关系曲线

2）通电时间的控制方法

在传统的汽油机点火系统中，由分电器轴上的凸轮来控制断电器触点的开闭，分电器的凸轮决定了断电器触点的闭合角，一般四缸发动机为50°、六缸发动机为38°、八缸发动机为33°。点火线圈初级电路的接通时间（即通电时间）取决于断电器触点的闭合角和发动机转速。对一定的发动机而言，断电器触点的闭合角是一定的，点火线圈初级电路的通电时间随发动机转速的提高而缩短，这必将导致发动机高速时，点火能量降低，点火系统工作可靠性下降。因此，传统点火系统已逐渐被电控点火系统所取代。

在现代电控点火系统中，灵敏可靠的传感器（凸轮轴/曲轴位置传感器）和晶体管开关，取代了传统点火系统中的断电器和分电器中的凸轮，甚至无分电器，点火线圈初级电路的通电时间由ECU控制，其控制模型如图4-2所示。闭合角（通电时间）控制模型存储在ECU内，发动机工作时，ECU根据发动机转速信号（Ne信号）和电源电压信号确定最佳的闭合角（通电时间），并向点火器输出指令信号（IG_t信号），以控制点火器中晶体管的导通时间。随着发动机转速提高和电源电压下降，闭合角（通电时间）增大。

在电控点火系统中，为了减小转速对次级电压的影响，提高点火能量，采用了初级线圈电阻很小的高能点火线圈，其初级电流最高可达30 A以上。为了防止初级电流过大烧坏点火线圈，在部分电控点火系统控制电流中增加了恒流控制电路，保证在任何转速下初级电流均为规定值（7 A），既改善了点火性能，又能防止初级电流过大而烧坏点火线圈。恒流控制电路如图4-3所示，恒流控制的基本方法是：在点火功率晶体管的输出回路中增设一个电流检测电阻，用电流在该电阻上形成的电压降反馈控制晶体管的基极电流，只要这种反馈为负反馈，就可使晶体管的集电极电流稳定，从而实现恒流控制。

例如：某六缸发动机在某工况下的转速为2 000 r/min，微机选出的最佳点火提前角为上止点前30°，此时电源电压为14 V，该发动机在上止点前70°时开始输入120°的G信号。问该发动机是如何控制点火时刻和通电时间的？

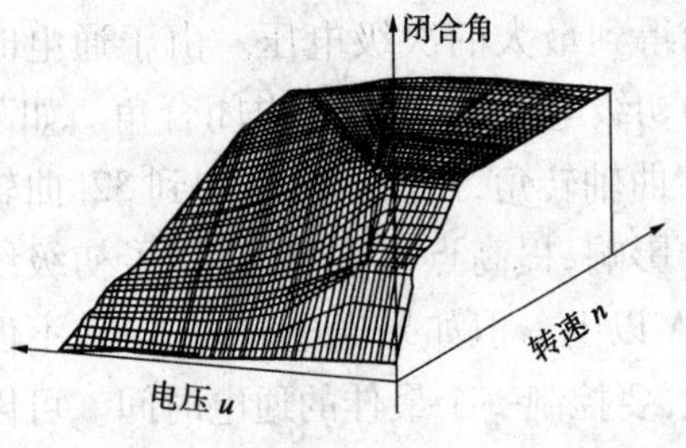

图 4-2　通电时间(闭合角)控制模型

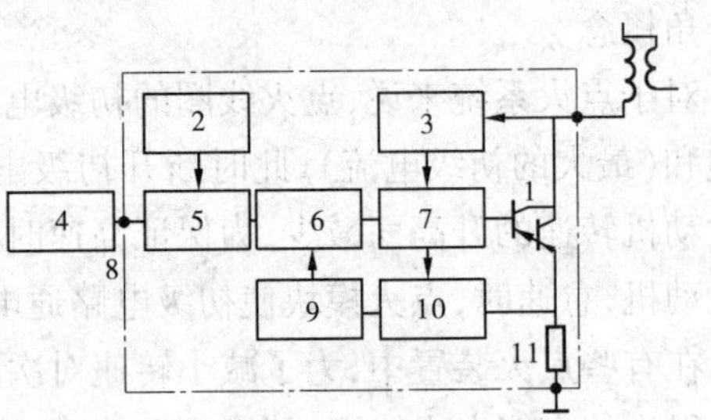

1—功率晶体管;2—偏流回路;3—过电压保护回路;
4—传感器;5—波形整形回路;6—通电率发生回路;
7—放大回路;8—点火器;9—通电率控制回路;
10—恒流控制回路;11—电流检测电阻

图 4-3　恒流控制电路

首先根据电源电压 14 V,查出大功率晶体管导通时间为 5 ms(相当于 60°曲轴转角)。

微机读到 120°G 信号时,此缸活塞正处在压缩上止点前 70°。这时微机再计数 40 个 1°信号,就到点火时刻(上止点前 30°),也就是在输入第 41 个 1°信号时功率三极管截止,发动机点火。实际上,由于 120°G 信号输入 4°后微机才开始计数,因此当微机读到 36 个 1°Ne 信号后,发出信号使功率三极管截止。

六缸发动机功率三极管相邻两次截止时间的间隔为 120°曲轴转角,初级电路导通需要 60°曲轴转角,因此从点火时刻到初级电路开始导通的时间为 120° - 60° = 60°曲轴转角,即功率三极管在截止 60°后就接通初级电路,如图 4-4 所示,图中 BTDC 表示上止点前,TDC 表示上止点。

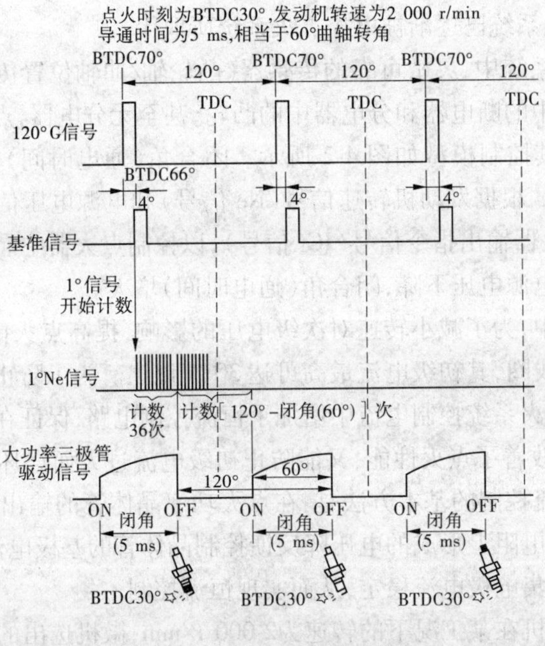

图 4-4　大功率三极管的控制

3. 爆震控制

1) 爆震的危害

爆震是汽油机工作时一种不正常的燃烧现象。轻微的爆震,可使发动机功率上升,油耗下降,但爆震严重时,汽缸内发出特别尖锐的金属敲击声,且会导致冷却液过热,功率下降,耗油率上升,成为汽油机运行中最有害的一种故障现象。

爆震产生的原因是:在正常火焰传播的过程中,处在最后燃烧位置上的那部分未燃混合气(常称末端混合气),进一步受到压缩和热辐射的作用,加速了先期反应。如果在火焰前锋尚未到达之前,末端混合气已经自燃,则这部分混合气燃烧速度极快,火焰速度可达每秒数百米,使燃烧室内的局部压力、温度很高,并伴随有冲击波。压力冲击波反复撞击缸壁,发出尖锐的敲缸声,严重时破坏附着在汽缸壁表面的气膜和油膜,使传热增加,汽缸盖和活塞顶温度升高,冷却液过热,汽油机功率下降,耗油率增加,甚至造成活塞、气门烧坏,轴瓦破裂,火花塞绝缘体破坏,润滑油氧化成胶质,活塞环卡死在环槽内等故障。因此,汽油机工作时,应对爆震加以控制。

2) 爆震的控制方法

为了避免爆震发生,应适当减小点火提前角。但是,这种点火提前角的调整难以控制。若调整值偏大,则不利于获得理想的点火时刻;若调整值偏小,如遇劣质燃油或其他偶然因素,又难免进入爆震区。为此,在发动机电子控制系统中设置爆震控制器,它由爆震传感器、检测电路、控制电路及校正电路等组成,如图 4-5 所示。

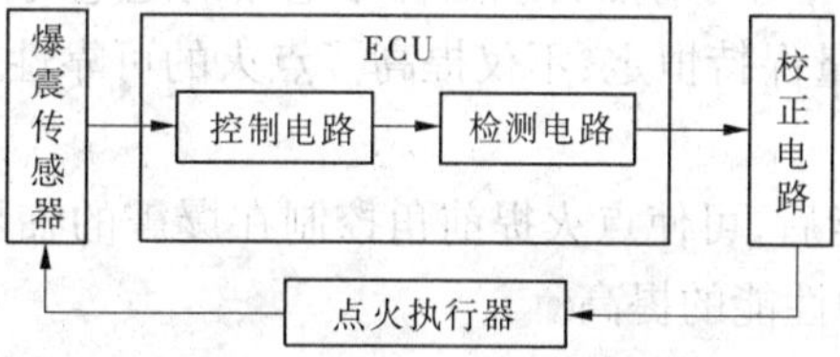

图 4-5　爆震控制系统组成

爆震传感器将传到汽缸体上的机械振动转换成电信号输入到发动机控制单元中,电子控制单元检测传感器送来的信号,分析判断有无爆震及爆震的强弱,然后输出相应的指令控制校正电路对发动机的点火提前角作较准确的调整。爆震强,推迟点火的角度大;爆震弱,推迟的角度小。每次调整都以一个固定的角度递减,直到爆震消失为止。而后又以一个固定的角度递增,当发动机再次出现爆震时,发动机控制单元又使点火提前角再次减小,如此不断调整。这是一种"临界控制"方式,它可使发动机接近爆震区而又不进入爆震区,此时缸内燃烧的热效率最高。

(二)汽油机电控点火系统的类型

汽油机点火系统主要有传统点火系统和微机控制的点火系统两大类型。传统点火系统又可分为磁电机点火系统和蓄电池点火系统。

1. 磁电机点火系统

磁电机点火系统的电能是由磁电机本身提供的,其点火线圈、断电器、配电器组合成一个整体,结构较复杂,且低速时的点火性能较差,一般只用于无蓄电池的机动车上,如小排量摩托车等。

2. 蓄电池点火系统

蓄电池点火系统又称为有触点式点火系统，由于其结构简单、工作可靠，半个世纪以来曾在汽车上得到广泛的应用。但随着人们对汽油发动机技术指标要求的不断提高，在提高动力性和安全性、降低油耗和减少排放污染等方面，它已不能满足高速发动机的点火要求，所以逐渐被微机控制的点火系统取代。蓄电池点火系统的主要缺点是：

(1)高速易断火，不适合高速发动机。由于蓄电池点火系统中，点火线圈产生的次级电压随着发动机的转速升高而下降，所以容易导致发动机高速断火。

(2)断电器触点易烧蚀，工作可靠性差。当断电器触点断开时，初级线圈将产生 300 V 左右的感应电动势，触点间易产生火花，烧蚀触点。

(3)点火能量低，点火可靠性差。在蓄电池点火系统中，为了减少触点烧蚀故障的发生，不得不限制点火线圈初级电路的电流(一般为 3 ~ 5 A)，从而使点火能量的提高受到限制。

3. 微机控制的点火系统

微机控制的点火系统即电控点火系统，于 1976 年由美国克莱斯勒汽车公司首先研制成功，系统中使用模拟计算机根据各传感器信号对点火提前角进行控制。1977 年美国通用汽车公司开始使用数字式电控点火系统。近年来，由于微电子技术的迅速发展，随着电控点火系统的不断完善，电控点火系统已在各国汽车上得到广泛应用。电控点火系统的主要优点是：

(1)在各种工况及环境条件下，均可自动获得最佳的点火提前角，从而使发动机的动力性、经济性、排放性及工作稳定性等均处于最佳。

(2)在整个工作过程中，均可对点火线圈初级电路的通电时间和电流进行控制，从而使点火线圈中存储的点火能量保持恒定，不仅提高了点火的可靠性，而且可有效地减少电能消耗，防止点火线圈烧损。

(3)采用爆震控制功能后，可使点火提前角控制在爆震的临界状态，以此获得最佳的燃烧过程，有利于发动机各种性能的提高。

电控点火系统可分为有分电器式和无分电器式两大类。两者的主要组成及控制原理基本相同。

有分电器的电控点火系统，因为机械装置本身的局限性，无法保证在各种状况下点火提前角均处于最佳。此外，分电器中的运动部件的磨损，又会导致驱动部件松旷，影响点火提前角的稳定性和均匀性。

无分电器的电控点火系统是一种全电子化的点火系统。它的突出优点是：由于无机械传动，减少了分火头与旁电极这一中间跳火间隙的能量损耗及由此产生的射频干扰，无机构磨损、不需调整，工作可靠。此外，由于无分电器，也使发动机各部件的布置更容易、更合理。

单元二　电控点火提前角

一、点火提前角对发动机性能的影响

点火提前角是从火花塞发出电火花，到该缸活塞运行至压缩上止点时曲轴转过的角度。

当汽油机保持节气门开度、转速以及混合气浓度一定时，汽油机功率和耗油率随点火提前角的改变而变化。对应于发动机每一工况都存在一个最佳点火提前角，对于现代汽车而

言，最佳的点火提前角不仅应保证发动机的动力性和燃油经济性都达到最佳，还必须保证排放污染最小。

点火提前角过大（点火过早），则大部分混合气在压缩过程中燃烧，活塞所消耗的压缩功增加，且缸内最高压力升高，末端混合气自燃所需的时间缩短，爆震倾向增大。点火过迟，则燃烧延长到膨胀过程，燃烧最高压力和温度下降，传热损失增多，排气温度升高，功率、热效率降低，但爆震倾向减小，NO_x 排放量降低。试验证明，最佳的点火提前角，应使发动机汽缸内的最高压力出现在上止点后 10°～15°。如图 4-6 所示，适当的点火提前角，可使发动机每循环所做的机械功最多（C 曲线下阴影部分）。

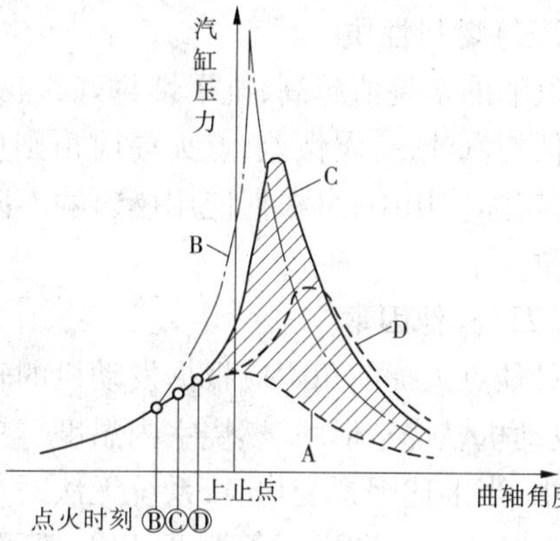

A—不点火；B—点火过早；C—点火适当；D—点火过迟

图 4-6　点火提前角对发动机性能的影响

二、最佳点火提前角的确定依据

最佳点火提前角的数值必须视发动机转速、负荷、燃料性质、混合气浓度等很多因素而定。

（一）发动机转速

如图 4-7 所示，点火提前角应随发动机转速的升高而增大。因为随发动机转速的升高，以秒计的燃烧过程所需时间缩短，但燃烧过程所占的曲轴转角增大，为保证发动机汽缸内的最高压力出现在上止点后 10°～15°的最佳位置，就必须适当提前点火（即增大点火提前角）。

与采用机械式离心提前器的传统点火系统相比，采用电控点火系统，可以使发动机的实际点火提前角接近于理想的点火提前角。

（二）负荷

汽油发动机的负荷调节是通过节气门进行的量调节，随负荷减小，进气歧管真空度增大，进气量减小，汽缸内的温度和压力均降低，燃烧速度变慢，燃烧过程所占的曲轴转角增大。应适当增大点火提前角，如图 4-8 所示。

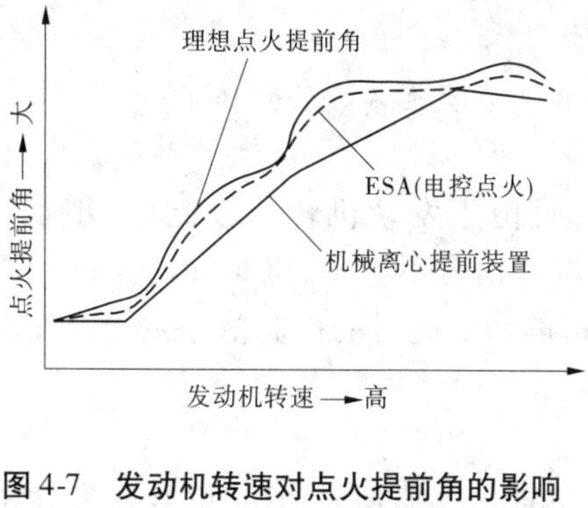

图 4-7　发动机转速对点火提前角的影响

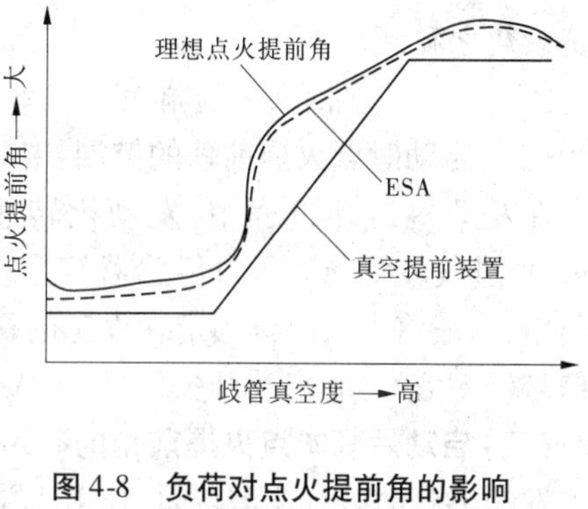

图 4-8　负荷对点火提前角的影响

与采用真空提前器的传统提前点火系统相比，采用电控点火系统，可以使发动机的实际点火提前角接近于理想的点火提前角。

(三)燃料性质

汽油的辛烷值越高,抗爆性越好,点火提前角可以适当增大,以提高发动机的性能;辛烷值较低的汽油,抗爆性差,点火提前角则应减小。有些发动机的 ECU 中存储了两张点火正时图,实际使用中,可根据使用燃料的不同进行选择,在出厂时一般开关设定在无铅优质汽油的位置上。

(四)其他因素

最佳点火提前角除应根据发动机的转速、负荷和燃料性质确定之外,还应考虑混合气浓度、发动机燃烧室形状、燃烧室内温度、空燃比、大气压力、冷却水温度等因素。在传统点火系统中,当上述因素变化时,系统无法对点火提前角进行调整。当采用电控点火系统时,发动机在各种工况和运行条件下,ECU 都可保证理想的点火提前角,因此发动机的动力性、经济性和排放性都可以达到最佳。

三、点火提前角的控制方法

(一)控制点火提前角的基本方法

电控点火系统中,在主 ECU 内首先存储记忆发动机在各种工况及运行条件下最理想的点火提前角。点火提前角控制可分为启动时点火提前角控制和启动后点火提前角控制。

发动机启动时,按 ECU 内存储的初始点火提前角(设定值)对点火提前角进行控制。启动时点火提前角的设定值随发动机而异,对一定的发动机而言,启动时的点火提前角是固定的,一般为10°左右。

发动机正常运转时(启动后),主 ECU 根据发动机的转速和负荷信号,确定基本点火提前角,并根据其他有关信号进行修正,最后确定实际的点火提前角,并向电子点火控制器输出点火指令信号,以控制点火系统的工作。

发动机启动后正常运转时,实际的点火提前角的控制方法各车型有所不同,可分为以下两种类型:

(1)在日本丰田车系 TCCS 系统中,实际点火提前角等于初始点火提前角、基本点火提前角和修正点火提前角之和,即

实际点火提前角 = 初始点火提前角 + 基本点火提前角 + 修正点火提前角

(2)在日本日产车系 ECCS 系统中,实际点火提前角等于基本点火提前角与点火提前角修正系数之和,即

实际点火提前角 = 基本点火提前角 + 点火提前角修正系数

(二)启动时点火提前角的控制

在发动机启动过程中,发动机转速变化大,且由于发动机转速较低(一般低于 500 r/min),进气歧管绝对压力传感器信号或空气流量计信号不稳定,ECU 无法正确计算点火提前角,一般将点火时刻固定在设定的初始点火提前角。此时的控制信号主要是发动机转速信号(Ne 信号)和启动开关信号(STA 信号)。

(三)启动后基本点火提前角的确定

发动机启动后怠速运转时,ECU 根据节气门位置传感器信号(IDL 信号)、发动机转速传感器信号(Ne 信号)和空调开关信号(A/C 信号)确定基本点火提前角。

发动机怠速工况下，为保证发动机工作稳定，空调工作时的基本点火提前角比空调不工作时大，如图 4-9 所示。

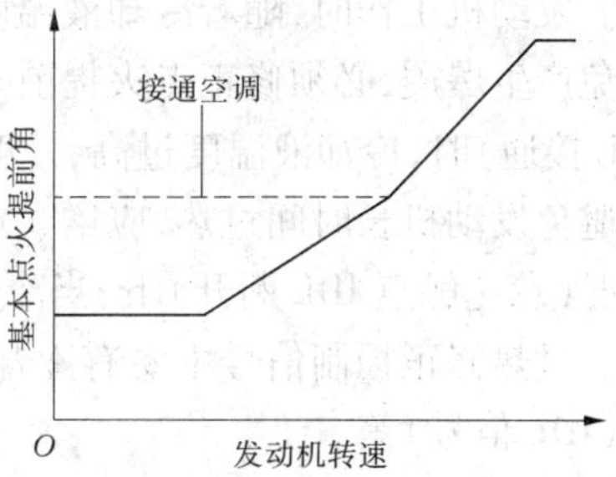

图 4-9　怠速时基本点火提前角的确定

发动机启动后在除怠速外的工况下运转时，ECU 根据发动机的转速和负荷（单位转数的进气量或基本喷油量）确定基本点火提前角，不同转速和负荷时的基本点火提前角数值存储在 ECU 内的存储器中。基本点火提前角控制模型如图 4-10 所示。

发动机启动后在正常工况下运转时，控制点火提前角的信号主要有：进气歧管绝对压力传感器信号（PIM 信号）或空气流量计信号（Vs 信号）、发动机转速传感器信号（Ne 信号）、节气门位置传感器信号（IDL 信号）、燃油选择开关或插头信号（R－P 信号）、爆震信号（KNK 信号）等。在某些发动机中，按燃油辛烷值不同，ECU 存储器中存放着两张基本点火提前角的数据表格。驾驶员可根据使用燃油的辛烷值，通过燃油选择开关或插头进行选择。具有爆震控制功能的 ESA 系统中，ECU 中还存有专用于爆震控制点火提前角的数据。

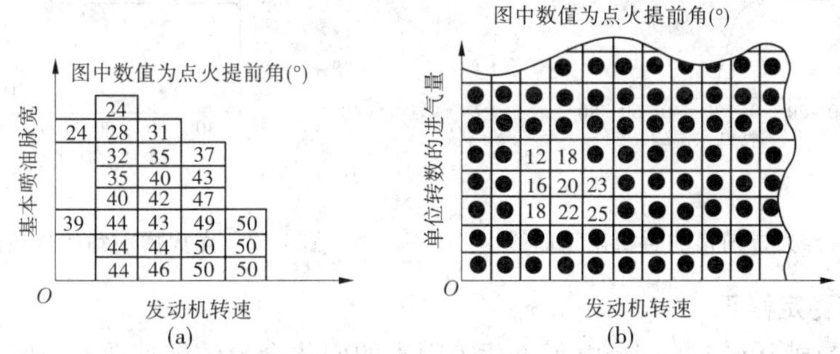

图 4-10　其他工况基本点火提前角的确定

四、点火提前角的修正

不同的发动机控制系统中，点火提前角的修正项目和修正方法也不同。修正方法有修正系数法和修正点火提前角法两种（参考实际点火提前角计算公式），修正系数（或修正点火提前角）与修正项目之间的关系曲线都存储在 ECU 中，ECU 根据初始点火提前角、基本点火提前角和修正系数（或修正点火提前角）计算实际点火提前角。主要修正项目有冷却液温度修正、怠速稳定性修正和空燃比反馈修正等。

（一）冷却液温度修正

冷却液温度修正可分为暖机修正和过热修正。

发动机冷车启动后的暖机过程中，随冷却水温的提高，混合气的燃烧速度加快，燃烧过程所占的曲轴转角减小，点火提前角也应适当减小，如图 4-11 所示。修正曲线的形状与提前角的大小随车型不同而异。暖机修正控制信号主要有：冷却液温度传感器信号（THW 信号）、进气歧管绝对压力传感器信号（PIM 信号）或空气流量计信号（Vs 信号）、节气门位置传感器信号（IDL 信号）等。

发动机工作时,随着冷却液温度的升高,爆震倾向逐渐增大。冷却液温度过高时,为了避免产生爆震,必须修正点火提前角,如图4-12所示。发动机处于怠速工况运行(怠速触点IDL接通)时,冷却液温度过高,一般是由于燃烧速度慢,燃烧过程所占的曲轴转角过大,为了避免发动机长时间过热,应增大点火提前角,以提高燃烧速度,减小散热损失。正常运行工况(怠速触点IDL断开)下,当冷却液温度过高时,为了避免产生爆震,则应减小点火提前角。过热修正控制信号主要有冷却液温度传感器信号(THW信号)、节气门位置传感器信号(IDL信号)等。

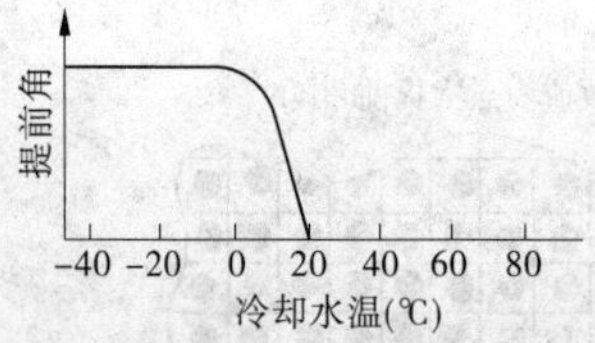

图4-11 点火提前角的暖机修正曲线

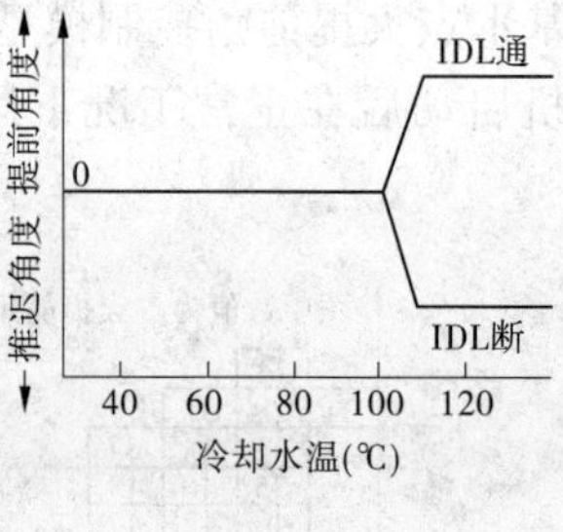

图4-12 点火提前角的过热修正曲线

(二)怠速稳定修正

发动机在怠速运转过程中,由于负荷等因素的变化会导致转速改变,所以ECU必须根据实际转速与目标转速的差值修正点火提前角,以便保持发动机在规定的怠速转速下稳定运转,如图4-13所示。怠速稳定修正控制信号主要有:发动机转速信号(Ne信号)、节气门位置传感器信号(IDL信号)、车速传感器信号(SPD信号)、空调开关信号(A/C信号)等。

(三)空燃比反馈修正

由于空燃比反馈控制系统是根据氧传感器的反馈信号调制喷油量的多少来达到最佳空燃比控制的,所以这种喷油量的变化必然带来发动机转速的变化。为了稳定发动机转速,点火提前角需根据喷油量的变化进行修正,如图4-14所示。

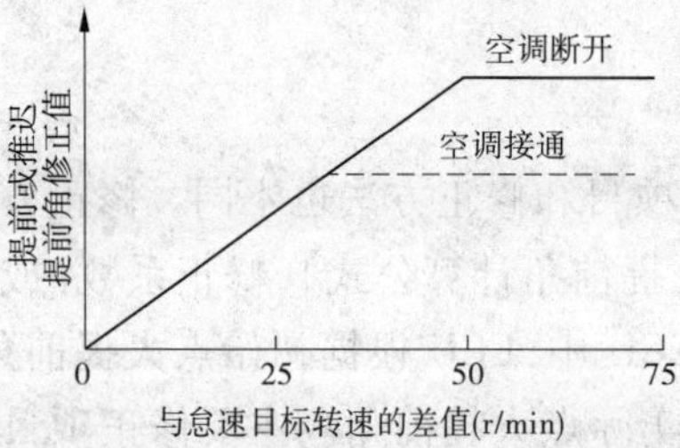

图4-13 点火提前角的怠速稳定修正曲线

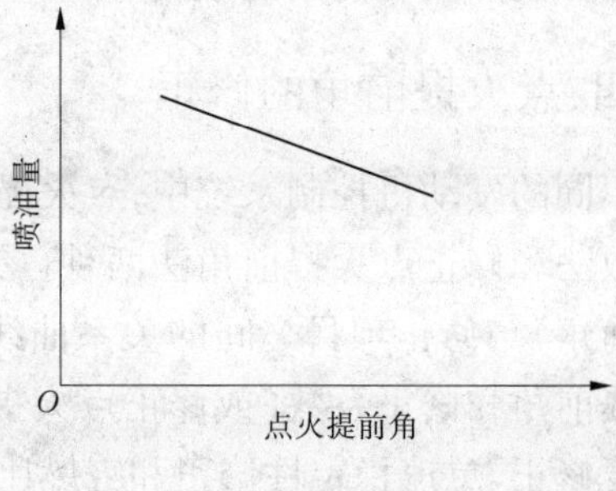

图4-14 点火提前角的空燃比反馈修正曲线

单元三 点火系统的组成与工作原理

一、组成

微机控制的点火系统即电控点火系统,废除了真空和离心式点火提前装置。点火提前角由微机控制,从而使发动机在各种工况下都具有最佳的点火提前角,提高了发动机的动力性和经济性,且保证排放污染最小。

电控点火系统一般由电源、传感器、ECU、点火器、点火线圈、分电器(有分电器电控点火系统)、火花塞等组成,如图 4-15 所示。

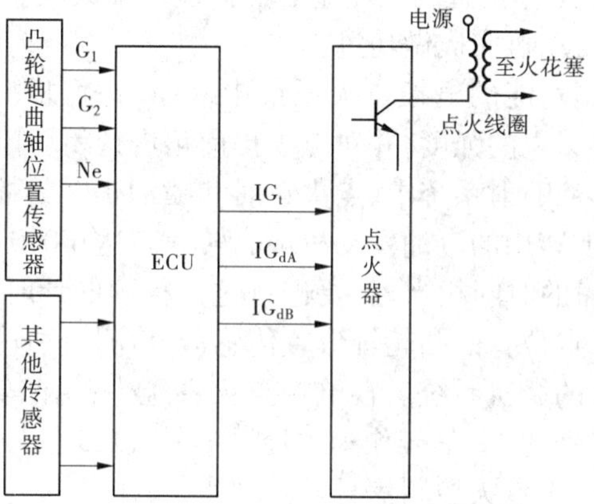

图 4-15　电控点火系统的基本组成

(一)电源

电源一般由蓄电池和发电机共同组成,主要是给点火系统提供所需的电能。

(二)传感器

传感器主要用于检测发动机各种运行参数的变化,为 ECU 提供点火控制所需的信号。主要传感器有凸轮轴位置传感器、曲轴位置传感器、爆震传感器、空气流量计(或绝对压力传感器)、节气门位置传感器和冷却液温度传感器等。

(三)ECU

ECU 是电控点火系统的中枢。发动机工作时,ECU 不断地接收各传感器的信息,按内存的程序计算出最佳点火提前角,并向点火器发出指令。

(四)点火器

点火器是电控点火系统的执行元件,它可将电子控制系统输出的点火信号进行功率放大后,驱动点火线圈工作。

(五)点火线圈

点火线圈可将火花塞跳火所需的能量存储在线圈的磁场中,并将电源提供的低压电转变为足以在电极间产生击穿点火的 15 ~ 20 kV 高压电。在有分电器的电控点火系统中,只有一个点火线圈,而无分电器的电控点火系统则有多个点火线圈。

(六)分电器

在有分电器的电控点火系统中,分电器根据发动机的点火顺序,将点火线圈产生的高压电依次输送给各缸火花塞。

(七)火花塞

火花塞主要是利用点火线圈产生的高压电产生电火花,点燃汽缸内的可燃混合气。

二、工作原理

发动机工作时,ECU 根据接收到的各传感器信号,按存储器中存储的有关程序和相关数据,确定出该工况下最佳点火提前角和点火线圈初级电路闭合角(通电时间),并以此向点火器发出指令。点火器则根据 ECU 的指令,控制点火线圈初级电路的导通和截止。当电路导通时,有电流从点火线圈中的初级电路通过,点火线圈将点火能量以磁场的形式储存起来。当初级电路中的电流被切断时,在其次级线圈中将产生很高的感应电动势(15 ~ 20 kV),经分电器或直接送至工作汽缸的火花塞。点火能量经火花塞瞬间释放,产生的电火花点燃汽缸内的混合气,使发动机完成做功过程。

此外,在具有爆震控制功能的电控点火系统中,ECU 还可根据爆震传感器的输入信号来判断发动机有无爆震及爆震的强度,并对点火提前角进行闭环控制。

在电控点火和电控燃油喷射系统中,点火正时和喷油正时的控制精度要求能检测出 1°的曲轴转角,而目前汽车上装用的汽油发动机最高转速高达 6 000 r/min 以上。发动机正常工作时,1°的曲轴转角所需的时间相当短,要进行这样精确的计时控制,电控系统除必须具有能够准确检测活塞上止点位置的凸轮轴位置传感器、检测曲轴转角的曲轴位置传感器外,还必须有能进行高速运算的微机系统。在电控点火系统中,用凸轮轴位置传感器产生的 G 信号和曲轴位置传感器产生的 Ne 信号作为主控制信号,以 G 信号为基准,按 1°的曲轴转角分频,用既定的曲轴角度产生点火控制信号。

(一)G 信号

G 信号指活塞运行到上止点位置的判别信号,它是根据凸轮轴位置传感器产生的信号经过整形和转换而获得的脉冲信号。G 信号的周期对应的曲轴转角等于发动机各缸的做功间隔角(四缸发动机为 180°,六缸发动机为 120°)。G 信号在电控点火系统中主要用来确定点火控制基准和判别汽缸。G 信号发生时,一般不是活塞运行到上止点的时刻,而是相对各缸活塞的上止点位置有固定的曲轴转角值,一般为上止点前 70°。

发动机工作时,ECU 根据 G 信号可准确地计算出曲轴每转 1°所用时间,即 G 信号产生的间隔时间和间隔角度之比。根据其他传感器的输入信号,ECU 按其内存的控制模型确定点火提前角和点火线圈通电时间。ECU 根据计算出的曲轴每转 1°所用时间,确定 G 信号后点火线圈初级电路通电与断电时刻,最后向点火器输出点火控制信号(IG_t 信号)。ECU 如果收不到 G 信号,因无法确定点火基准和判别汽缸,则无法对点火提前角进行控制。

以日本日产车系 ECCS 系统为例,六缸发动机在某工况下,ECU 根据各传感器信号,确定的最佳点火提前角为上止点前 40°,点火提前角控制原理如图 4-16 所示。根据凸轮轴位

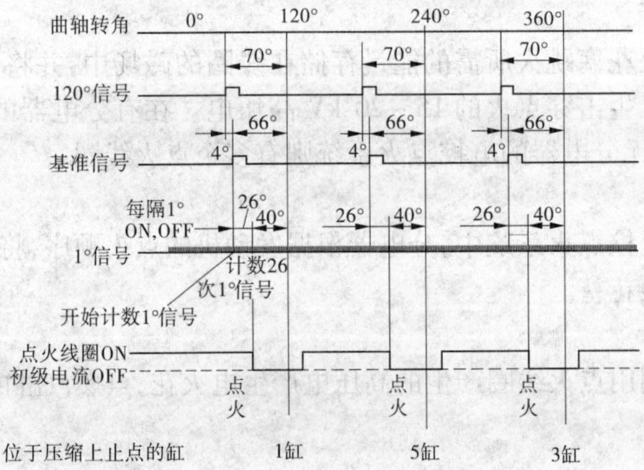

图 4-16　点火提前角控制原理

置传感器产生的间隔120°的G信号和1°信号,ECU设定一个比G信号滞后4°的基准信号,由于G信号设定在各缸活塞压缩行程上止点前70°处,所以实际的点火时刻基准为上止点前70°,由于点火基准信号滞后G信号4°,所以ECU从上止点前66°开始,计数26个1°信号,此时ECU向点火器发出指令信号,使点火线圈内的初级电路断电,即可保证火花塞在上止点前40°点火。

在有些发动机的电控系统中,曲轴每转两圈,凸轮轴位置传感器产生两个G(G_1和G_2)信号,G_1信号和G_2信号相隔360°的曲轴转角。如在日本丰田皇冠轿车装用的无分电器的电控点火系统中,G_1信号用来判别第6缸上止点位置,G_2信号用来判别第1缸上止点位置。

(二)Ne信号

Ne信号指发动机曲轴转角信号,它是根据曲轴位置传感器产生的信号经过整形和转换而获得的脉冲信号。

在电控点火系统中,Ne信号主要用来计量点火提前角和通电时间。如果采用转子有24个齿的电磁感应式曲轴位置传感器,曲轴每转720°只能向ECU输送24个Ne信号,其信号周期为30°曲轴转角(15°分电器转角),在较精密的电控点火系统中,以此来控制点火提前角和通电时间,是不能满足要求的。一般都经过ECU进行整形和转换,形成周期为1°的Ne信号。

(三)IG_t和IG_d信号

IG_t信号是ECU向点火器中的功率晶体管发出的通断控制信号。

在有分电器的电控点火系统中,由于是由分火头的指向决定某个汽缸点火的,所以只要安装时正确连接各缸高压线,就不会出现点火错乱问题。但是,在无分电器的电控点火系统中,仅有G信号不能确定具体给哪个汽缸点火,所以ECU向点火器输出的指令信号中,必须增加判别汽缸的IG_d信号,以便与G信号共同决定需点火的汽缸。

IG_d信号存储在ECU内部的存储器中,实际就是点火顺序信息。ECU根据G信号和Ne信号选择IG_d信号状态,以确定点火顺序。在采用同时点火方式(活塞同时到达上止点的两个汽缸同时点火)的无分电器电控点火系统中,又把IG_d信号分为IG_{dA}信号和IG_{dB}信号。

以日本丰田皇冠轿车装用的无分电器电控点火系统为例,ECU的输出信号如图4-17所示,IG_{dA}信号和IG_{dB}信号状态如表4-1所示。

表4-1　IG_{dA}和IG_{dB}信号状态

控制结果	信号	
	IG_{dA}信号状态	IG_{dB}信号状态
一、六缸点火	0	1
二、五缸点火	0	0
三、四缸点火	1	0

(四)IG_f信号

IG_f信号是指完成点火后,点火器向ECU输送的点火确认信号。

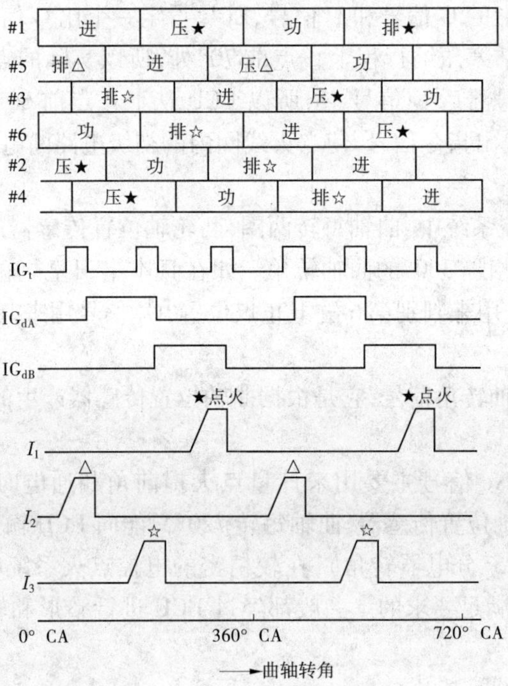

图 4-17　ECU 输出的点火控制信号

电控燃油喷射系统中，喷油器的驱动信号也来自曲轴位置传感器，若点火系统出现故障使火花塞不能点火，曲轴位置传感器工作正常，喷油器仍然会照常喷油。为了防止因喷油过多，导致的燃油浪费、发动机再启动困难或行车时三元催化转换器过热等现象的发生，特设定当完成点火过程后，点火器及时向 ECU 返回点火确认信号（IG_f）。

发动机工作时，ECU 向点火器发出点火控制信号（IG_t 信号）后，若有 3 ~ 5 次均收不到返回的点火确认信号（IG_f 信号），ECU 便以此判定点火系统有故障，且强行停止燃油喷射系统继续喷油，致使发动机熄火。

单元四　电控点火系统主要元件的原理与检测

电控点火系统主要由传感器、执行器和 ECU 三部分组成，本节主要介绍凸轮轴/曲轴位置传感器、爆震传感器和车速传感器的原理与检测方法。

一、凸轮轴/曲轴位置传感器

凸轮轴/曲轴位置传感器的功能是检测发动机上止点、曲轴转角、发动机转速信号并送给 ECU，以确认凸轮轴/曲轴位置，用来控制喷油正时和点火正时，产生点火和喷油脉冲，控制燃油泵工作等，主要有电磁感应式、光电式、霍尔效应式三种类型。凸轮轴/曲轴位置传感器经常安装在发动机的曲轴端、凸轮轴端、飞轮上或分电器内。一般来说，凸轮轴/曲轴位置传感器的安装有以下特点：同时点火、分组或同时喷射的直列发动机只安装一个曲轴位置传感器，但有的曲轴位置传感器同时产生判缸信号；独立点火、顺序喷射的直列发动机既要安装曲轴位置传感器,又要安装凸轮轴位置传感器;V 型发动机无论同时点火还是独立点火,也无论分组喷射还是顺序喷射,都需要安装曲轴位置传感器和凸轮轴位置传感器。若曲轴位置传感器和凸轮轴位置传感器装在一起,且是无分电器点火系统,则一定是将合二为一的凸轮轴/曲轴位置传感器装在曲轴附近。

(一)电磁感应式凸轮轴/曲轴位置传感器

电磁感应式凸轮轴/曲轴位置传感器利用电磁感应原理制成,主要由磁性转子、永久磁铁、铁芯、感应线圈等组成,如图 4-18 所示。这种形式的传感器结构简单,造价低,被很多汽车公司所采用。

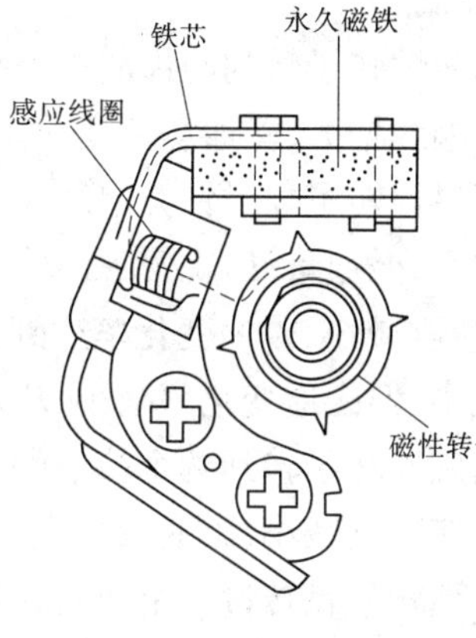

图 4-18 电磁感应式凸轮轴/曲轴位置传感器

1. 电磁感应式凸轮轴/曲轴位置传感器工作原理

磁性转子安装在分电器轴上,分电器轴由凸轮轴驱动。发动机运转时通过凸轮轴带动磁性转子转动。磁性转子转动时,磁路中的气隙就会周期性地发生变化,并使感应线圈铁芯内的磁通量随之周期性的变化,如图 4-19 所示。线圈中产生的感应电动势变化如图 4-20 所示。

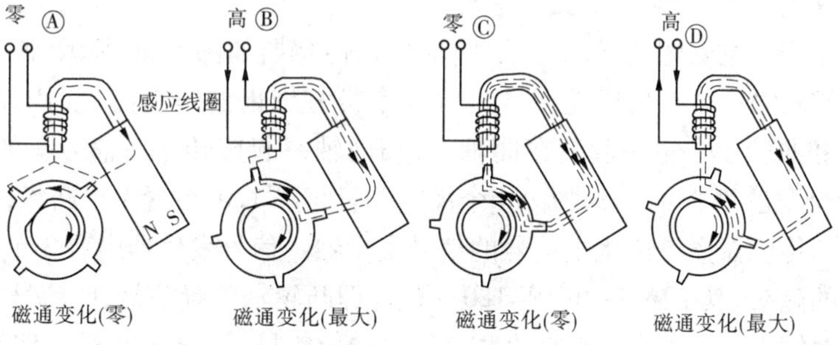

图 4-19 磁性转子转动时,线圈中的磁通量变化过程

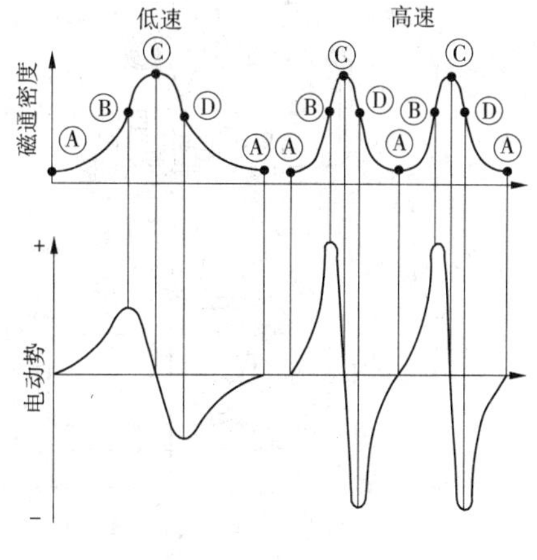

图 4-20 磁路中磁通的变化及线圈中的感应电动势

当磁性转子顺时针方向旋转时,转子凸齿与铁芯之间的气隙减小,磁路磁阻减小,磁通

量 Φ 增大,磁通量变化率增大,感应电动势 E 为正。当转子凸齿接近铁芯边缘时,Φ 急剧增多,磁通变化率最大,E 最高(B 点)。转子转过 B 点后,虽然 Φ 仍在增大,但磁通变化率减小,E 降低。

当磁性转子转到凸齿的中心线与铁芯中心线对齐时,虽然气隙最小,Φ 最大,但磁通量不可能继续增大,磁通量的变化率为零,E 为零。

当磁性转子顺时针方向继续旋转,凸齿离开铁芯时,凸齿与铁芯之间的气隙增大,磁路磁阻增大,磁通量 Φ 减小,磁通量变化率为负,感应电动势 E 为负。转子凸齿离开铁芯边缘时,Φ 急剧减小,磁通变化率达到负向最大值,E 也达到负向最大值。转子继续转动,虽然 Φ 仍在减小,但磁通变化率减小,E 升高。

当磁性转子转到两个凸齿的中间与铁芯中心线对齐时,虽然气隙最大,Φ 最小,但磁通量不可能继续减小,磁通量的变化率为零,E 为零。

磁性转子每转过一个凸齿,感应线圈中就会产生一个周期的交变电动势,即电动势出现一次最大值和一次最小值,感应线圈也就相应地输出一个交变电压信号。

电磁感应式传感器不需要外加电源,永久磁铁起着将机械能转变为电能的作用。发动机转速变化时,转子凸齿转动的速度也发生变化,铁芯中的磁通变化率也随之发生变化。转速越高,磁通变化率就越大,感应线圈中的感应电动势也就越高。

2. 电磁感应式凸轮轴/曲轴位置传感器举例

日产公司生产的电磁感应式凸轮轴/曲轴位置传感器如图 4-21 所示,该传感器安装在曲轴前端的皮带轮之后。在皮带轮后端设置一个带有细齿的薄圆齿盘(用以产生信号,称为信号盘),它和曲轴皮带轮一起装在曲轴上,随曲轴一起旋转。在信号盘的外缘,沿着圆周每隔 4°有 1 个宽度为 2°的齿,共有 90 个齿。并且每隔 120°布置 1 个凸缘,共 3 个。安装在信号盘边沿的传感器盒是产生电信号的信号发生器。信号发生器内有 3 个在永久磁铁上绕有感应线圈的磁头,其中磁头②产生 120°信号(即凸轮轴位置信号、G 信号),磁头①和磁头③共同产生曲轴 1°转角信号(即曲轴位置信号、Ne 信号)。磁头②对着信号盘的 120°凸缘,磁头①和磁头③对着信号盘的齿圈,彼此相隔 3°曲轴转角安装。

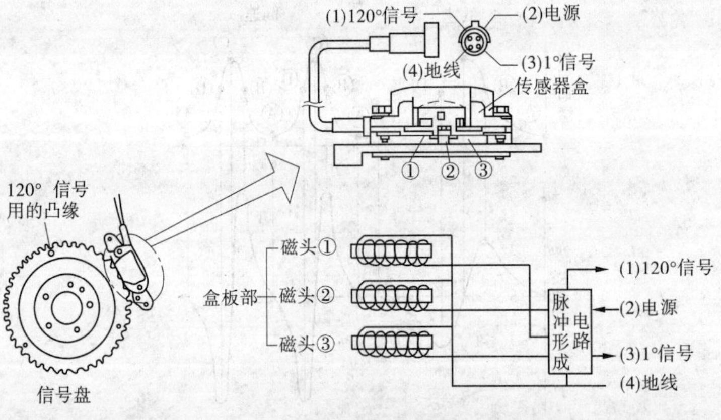

图 4-21　日产公司生产的电磁感应式凸轮轴/曲轴位置传感器

信号发生器内有信号放大和整形电路,外部有四孔连接器,孔"1"为 120°信号输出线,孔“2”为信号放大与整形电路的电源线，孔“3”为1°信号输出线，孔“4”为接地线。通过该连接器将曲轴位置传感器中产生的信号输送到ECU。发动机转动时，信号盘的齿和凸缘使通过感应线圈的磁场发生变化，从而在感应线圈里产生交变的电动势，经滤波整形后，即变成脉冲信号。发动机旋转一圈，产生3个120°脉冲信号，磁头①和③各产生90个脉冲信号（交替产生）。由于磁头①和磁头③相隔3°曲轴转角安装，而它们又都是每隔4°产生一个脉冲信号，所以磁头①和磁头③所产生的脉冲信号相位差正好为90°。将这两个脉冲信号送入信号放大与整形电路中合成后，即产生曲轴1°转角的信号，如图4-22所示。

产生120°信号的磁头②安装在上止点前70°的位置（如图4-23所示），故其信号亦可称为上止点前70°信号，即发动机在运转过程中，磁头②在各缸上止点前70°位置均产生一个脉冲信号。

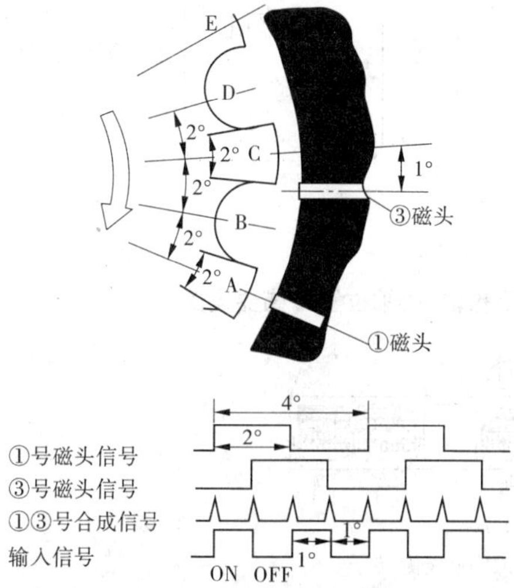

图4-22　产生曲轴1°转角信号的原理

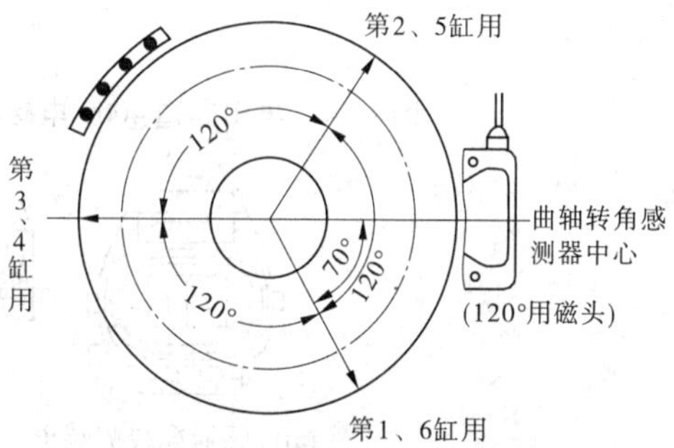

图4-23　磁头②与曲轴的关系

3. 电磁感应式凸轮轴/曲轴位置传感器的检测

丰田霸道4000电磁感应式凸轮轴/曲轴位置传感器电路如图4-24所示。

1）凸轮轴位置传感器检测

检测凸轮轴位置传感器连接器端子（见图4-25（a））1与2之间的电阻，-10～10 ℃时为835～1 400 Ω，50～100 ℃时为1 060～1 645 Ω。凸轮轴位置传感器配线侧连接器端子1和2与ECU配线侧连接器端子15（G2+）和24（NE-）应分别导通，见图4-25（b）。

2）曲轴位置传感器检测

检测曲轴位置传感器连接器端子（见图4-26（a））1与2之间的电阻，-10～10 ℃时为1 630～2 740 Ω，50～100 ℃时为2 065～3 225 Ω。曲轴位置传感器配线侧连接器端子1和2与ECU配线侧连接器端子16（NE+）和24（NE-）应分别导通，见图4-26（b）。

3）感应线圈铁芯与磁性转子之间的间隙检测

用塞尺测量磁性转子与铁芯凸出部位之间的间隙，如图4-27所示，应为0.2～0.4 mm。若间隙不符合要求，可先松开紧固螺钉，旋转调整螺钉使间隙符合要求后，再拧紧紧固螺钉。若无法调整间隙，则应更换分电器壳体。

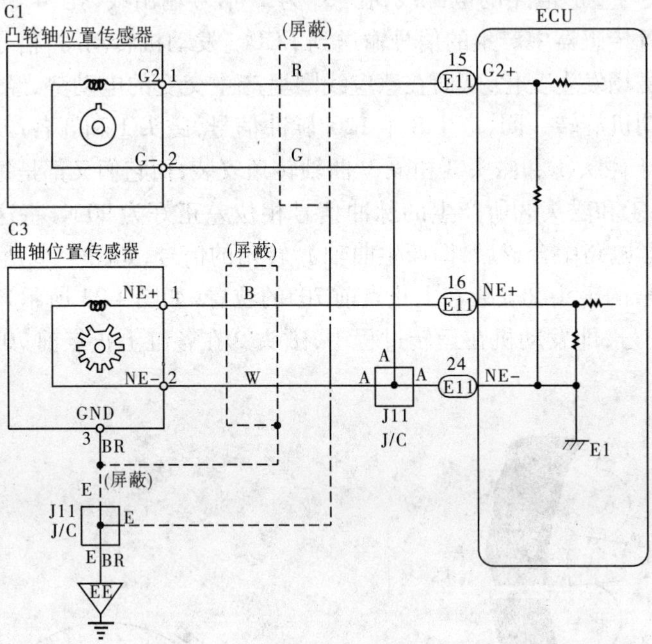

图 4-24　丰田霸道 4000 电磁感应式凸轮轴/曲轴位置传感器电路

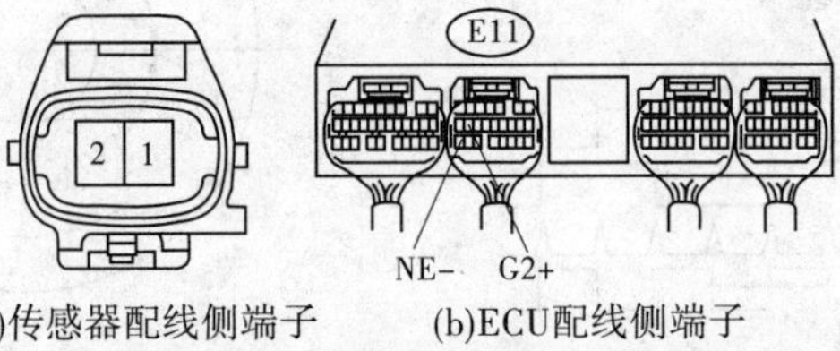

图 4-25　凸轮轴位置传感器检测

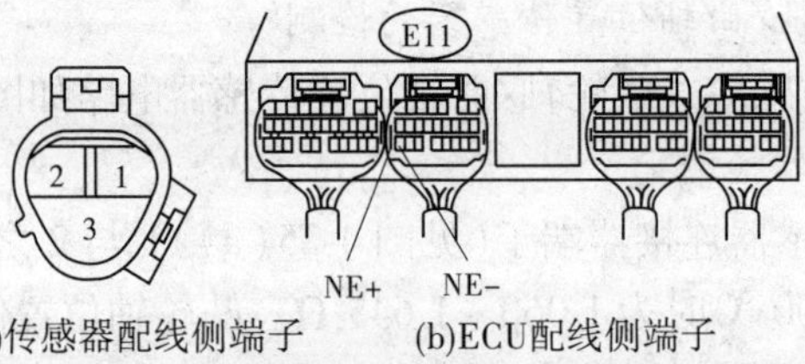

图 4-26　曲轴位置传感器检测

(二)霍尔效应式凸轮轴/曲轴位置传感器

欧洲车及美国通用公司、克莱斯勒公司生产的某些车种,如奥迪、桑塔纳、沃尔沃等轿车,均装有此种类型的传感器。霍尔效应式凸轮轴/曲轴位置传感器是利用霍尔效应制成的传感器。

1. 霍尔效应原理

霍尔效应原理如图 4-28 所示。当电流 I 通过放在磁场中的半导体基片(即霍尔元件),且电流方向与磁场方向垂直时,在垂直于电流和磁场的半导体基片的横向侧面上将产生一

个电压 U_H，称为霍尔电压。霍尔电压的高低与通过的电流和磁感应强度成正比，可用下式表示

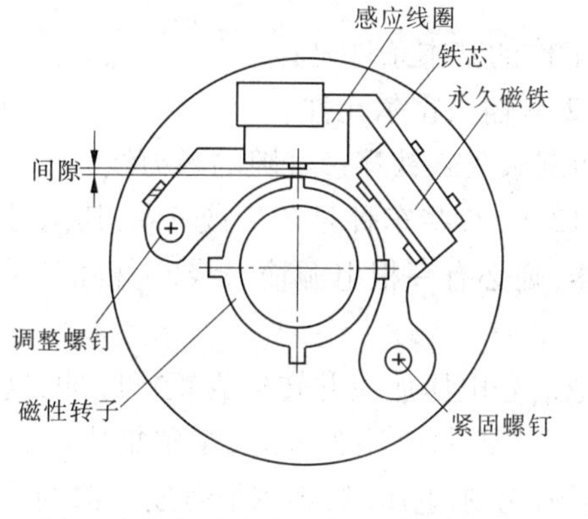

图 4-27　电磁感应式传感器间隙调整

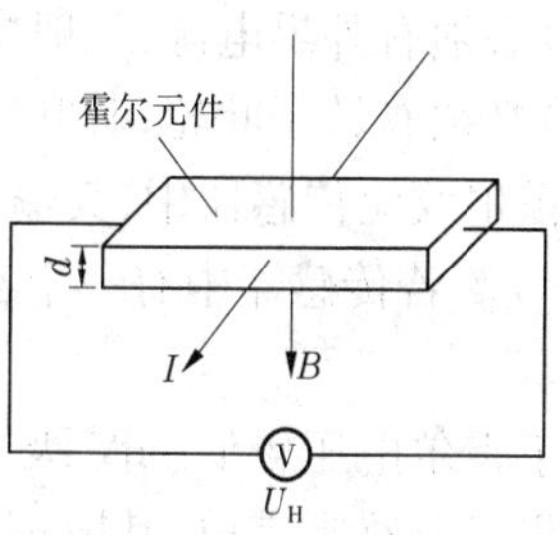

图 4-28　霍尔效应原理

$$U_H = \frac{R_H}{d} IB \tag{4-1}$$

式中　R_H——霍尔系数；

d——半导体基片厚度，m；

I——电流，A；

B——磁感应强度，T。

由式(4-1)可知，当通过的电流 I 为一定值时，霍尔电压 U_H 随磁感应强度 B 的变化而变化。

2. 霍尔效应式凸轮轴/曲轴位置传感器的工作原理

霍尔效应式凸轮轴/曲轴位置传感器一般安装在分电器内，主要由触发叶轮、霍尔集成电路、带导板的永久磁铁、底板等组成，如图 4-29 所示。

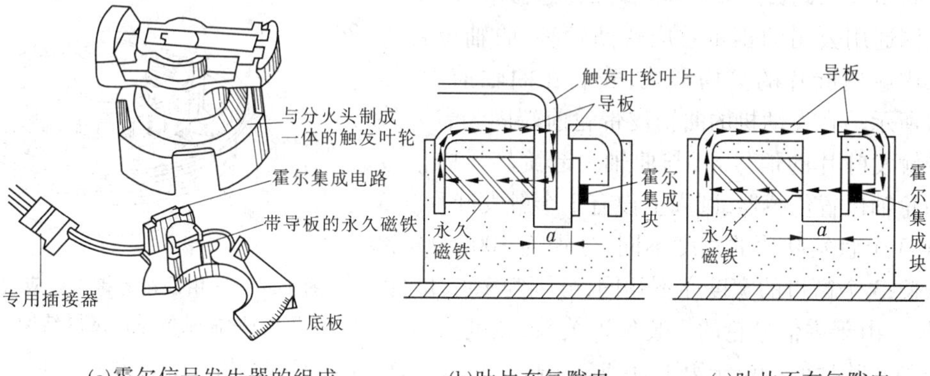

(a)霍尔信号发生器的组成　(b)叶片在气隙内　(c)叶片不在气隙内

图 4-29　霍尔效应式凸轮轴/曲轴位置传感器

霍尔发生器的工作原理如下：触发叶轮旋转时，每当叶片进入永久磁铁与霍尔集成块（内置霍尔元件）之间的气隙时，磁场便被触发叶轮的叶片所旁路，或称隔磁（见图 4-29(b)），而不能作用于霍尔元件上，因此不产生霍尔电压。而当触发叶轮的叶片离开永久磁

铁与霍尔元件间的气隙时，永久磁铁的磁通便通过导板作用于霍尔元件上(见图4-29(c))，这时便产生霍尔电压。由此可见，触发叶轮每转一周，便产生与叶片数相等个数的霍尔脉冲电压。

通过以上分析可知，霍尔效应传感器正常工作的基本条件是：

(1)必须有外界电源，一般是以电源电压12 V输入霍尔元件。

(2)必须有转子叶轮，其叶轮按一定规律切割永久磁铁穿过气隙的磁力线。

在霍尔效应传感器中，其输入电压一般为12 V，有些车种是8 V或9 V，其信号电压多为0~2 V。若传感器中有一个霍尔效应发生器，则必有一根电源输入线，一根信号线，一根接地线。

由于霍尔电压较低(mV级)，因此首先要把信号电压放大并转换为矩形脉冲，这一任务由霍尔集成电路来完成，其原理如图4-30所示。当霍尔电压为零时，霍尔集成电路使霍尔信号发生器的输出电压急剧上升至数伏，而当产生霍尔电压时，霍尔信号发生器的输出电压降至0.4 ~0.5 V，经图4-30所示电路处理后，输出整齐的方波脉冲 U_S，控制点火线圈一次电路的接通和断开，实现发动机各缸的依次点火。

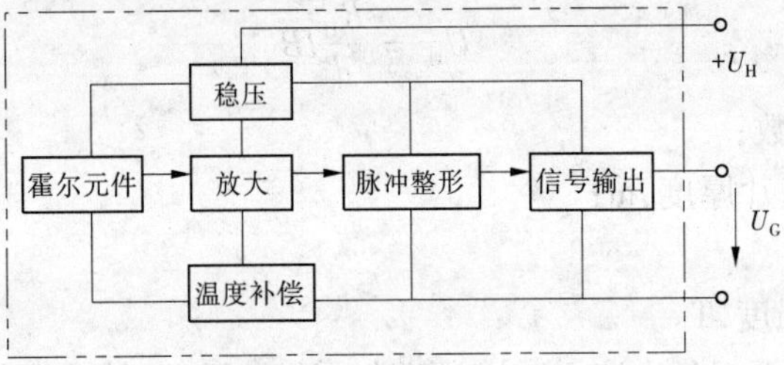

U_H—霍尔电压；U_G—霍尔传感器输出电压

图4-30　霍尔传感器集成电路原理方框图

3. 霍尔效应式凸轮轴/曲轴位置传感器举例

美国通用公司的霍尔效应式凸轮轴/曲轴位置传感器采用触发叶片的结构形式，安装在曲轴前端，如图4-31所示。在发动机的曲轴皮带轮前端固装着内外两个带触发叶片的信号轮，与曲轴一起旋转。内信号轮为凸轮轴位置传感器，圆周上设有3个触发叶片和3个窗口，3个触发叶片的宽度不同，分别为100°、90°和110°弧长；3个窗口的宽度亦不相同，分别为20°、30°和10°弧长。由于内信号轮的安装位置关系，宽度为100°弧长的触发叶片前沿位于第1缸和第4缸上止点(TDC)前75°，90°弧长的触发叶片前沿在第6缸和第3缸上止点前75°，110°弧长的触发叶片前沿在第5缸和第2缸上止点前75°。外信号轮为曲轴位置传感器，圆周上均匀分布着18个触发叶片和18个窗口，每个触发叶片和窗口的宽度为10°弧长。

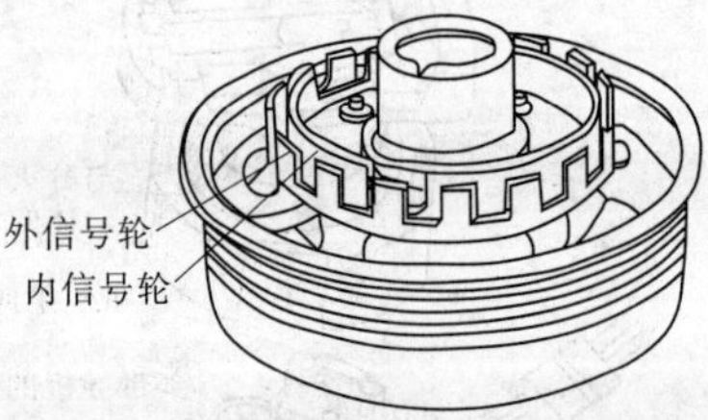

图4-31　通用公司的霍尔效应式凸轮轴/曲轴位置传感器结构

在内外信号轮侧面各设置一个霍尔信号发生器，它们产生的脉冲信号如图4-32所示。内信号轮每旋转1周产生3个不同宽度的电压脉冲信号(称为3X信号)，脉冲周期均为

120°曲轴转角的时间。脉冲上升沿分别产生于第 1、4 缸，第 3、6 缸和第 2、5 缸上止点前 75°，作为发动机 ECU 判别汽缸距上止点的角度和计算点火时刻的基准信号。外信号轮每旋转 1 周产生 18 个脉冲信号（称为 18X 信号），1 个脉冲周期相当于曲轴旋转 20°转角的时间，ECU 再将 1 个脉冲周期均分为 20 等份，即可求得曲轴旋转 1°所对应的时间，并根据这一信号，控制点火时刻。

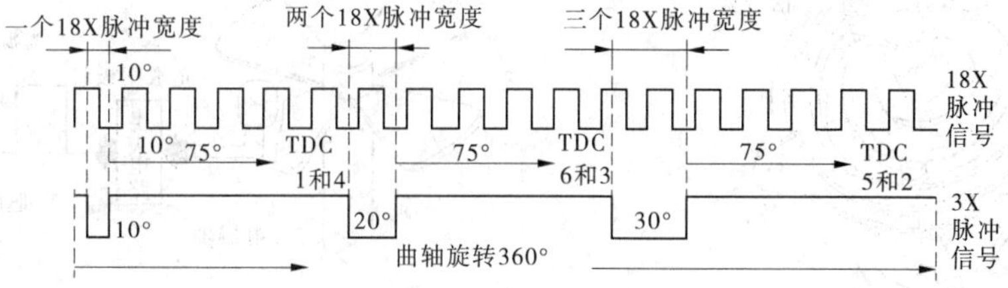

图 4-32　通用公司的霍尔效应式凸轮轴/曲轴位置传感器脉冲信号

4. 霍尔效应式曲轴位置传感器的检测

霍尔效应式曲轴位置传感器的检测方法有一个共同点，即主要通过测量有无输出电脉冲信号来判断其是否良好。下面以北京切诺基车系使用的传感器为例来说明其检测方法。

传感器与 ECU 有三条引线相连，如图 4-33 所示。其中一条是 ECU 向传感器加电压的电源线，输入传感器的电压为 8 V；另一条是传感器的输出信号线，当飞轮齿槽通过传感器时，霍尔效应传感器输出脉冲信号，高电位为 5 V，低电位为 0.3 V；第三条是通往传感器的接地线。曲轴位置传感器接头如图 4-34 所示。

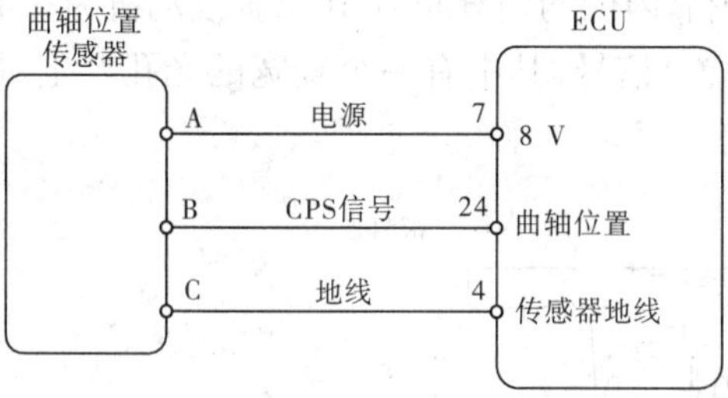

图 4-33　曲轴位置传感器工作电路

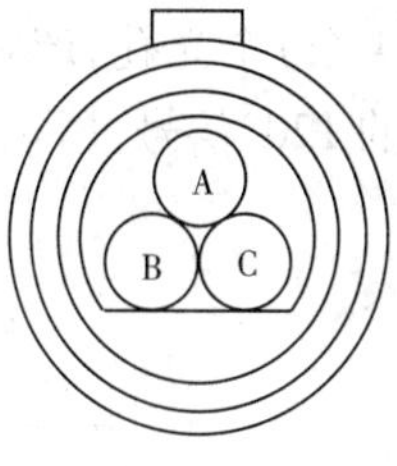

图 4-34　曲轴位置传感器接头

（1）传感器电源电压的测试。点火开关置于“ON”，用万用表电压挡测量 ECU 侧 7 号端子的电压，应为 8 V，在传感器导线连接器 A 端子处测量电压也应为 8 V，否则为电源线断路或接头接触不良。

（2）端子间电压的检测。用万用表的电压挡，对传感器的 A、B、C 三个端子进行测试，当点火开关置于“ON”时，A—C 端子间的电压值约为 8 V；B—C 端子间的电压值在发动机转动时，在 0.3 ~ 5 V 变化，且数值显示呈脉冲性变化，最高电压 5 V，最低电压 0.3 V。如不符合以上结果，应更换曲轴位置传感器。

（3）电阻检测。点火开关置于“OFF”位置，拔下曲轴位置传感器导线连接器，用万用表电阻挡跨接在传感器侧的端子 A—B 或 A—C 间，此时万用表显示读数为无穷大（开路）。如果指示有电阻，则应更换曲轴位置传感器。

通用汽车公司触发叶片式霍尔传感器的测试方法与上述相同，只是端子为 4 个，上止点信号(内触发信号)输出端与接地端为脉冲电压显示。

(三)光电式凸轮轴/曲轴位置传感器

光电式凸轮轴/曲轴位置传感器利用光电感应原理制成,主要由信号(遮光)盘、发光二极管、光敏三极管、电子电路等组成,如图 4-35 和图 4-36 所示。

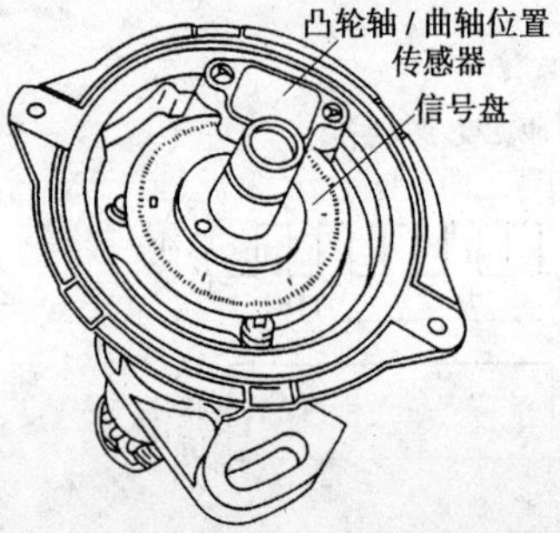

图 4-35　光电式凸轮轴/曲轴位置传感器结构

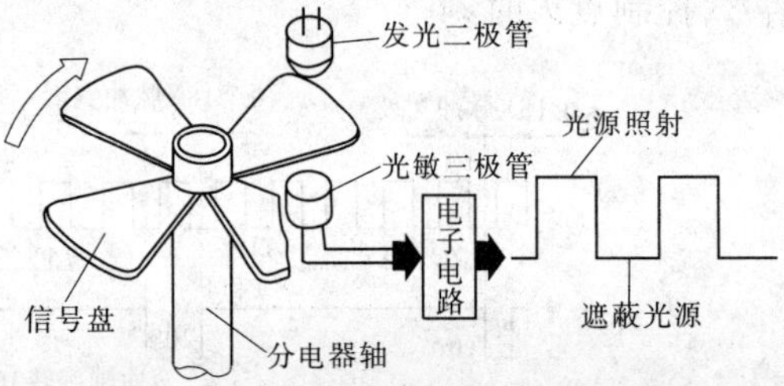

图 4-36　光电式凸轮轴/曲轴位置传感器组成

1. 光电式凸轮轴/曲轴位置传感器的结构和工作原理

发光二极管正对着光敏三极管,发光二极管以光敏三极管为照射目标。信号盘位于发光二极管和光敏三极管之间,当信号盘随发动机曲轴运转时,因信号盘上有光孔,产生透光和遮光的交替变化,信号发生器输出表征凸轮轴位置和曲轴转速的脉冲信号。

2. 光电式凸轮轴/曲轴位置传感器举例

日产车系的光电式凸轮轴/曲轴位置传感器设置在分电器内,它由信号发生器、带缝隙和光孔的信号盘等组成,如图 4-37 所示。信号盘安装在分电器轴上,其外围有 360 条相距 0.5°的缝隙,产生 1°(曲轴转角)信号;外围稍靠内侧均匀分布着 6(六缸发动机为 6 个,四缸发动机为 4 个)个光孔,产生 120°(凸轮轴位置)信号,其中有一个较宽的光孔产生对应第 1 缸上止点的 120°信号。

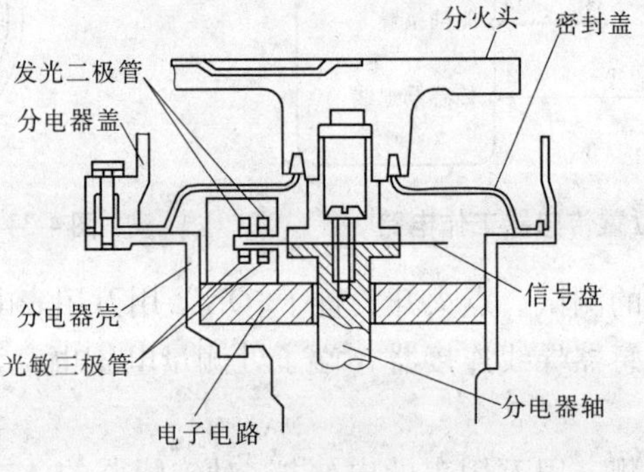

图 4-37　日产车系的光电式凸轮轴/曲轴位置传感器结构组成

当发光二极管的光束照射到光敏三极管上时,光敏三极管感光而导通;当发光二极管的光束被遮挡时,光敏三极管截止。信号发生器输出的脉冲电压信号送至电子电路放大整形后,即向电控单元输送曲轴转角 1°信号和 120°信号。因信号发生器安装位置的关系,120°信号在活塞上止点前 70°输出。发动机曲轴每转 2 圈,分电器轴转 1 圈,则 1°信号发生器输出 360 个脉冲,每个脉冲周期高电位对应 1°,低电位亦对应 1°,共表征曲轴转角 720°。与此同时,120°信号发生器共产生 6 个脉冲信号。

3. 光电式曲轴位置传感器的检测

1) 曲轴位置传感器的线束检查

图 4-38 所示为光电式曲轴位置传感器连接器(插头)的端子位置。检查时,脱开曲轴位置传感器的导线连接器,点火开关置于"ON",用万用表的电压挡测量线束侧 4 号端子与地间的电压应为 12 V,线束侧 2 号端子和 3 号端子与地间电压应为 4.8 ~5.2 V,用万用表的电阻挡测量线束侧 1 号端子与地间应为 0(导通),如图 4-39 所示。

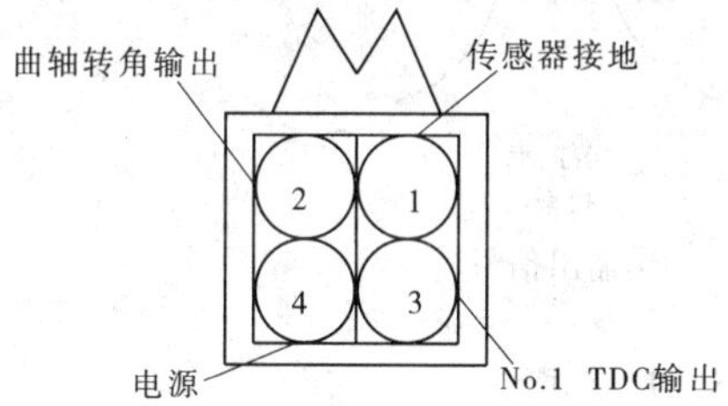

图 4-38　曲轴位置传感器插头

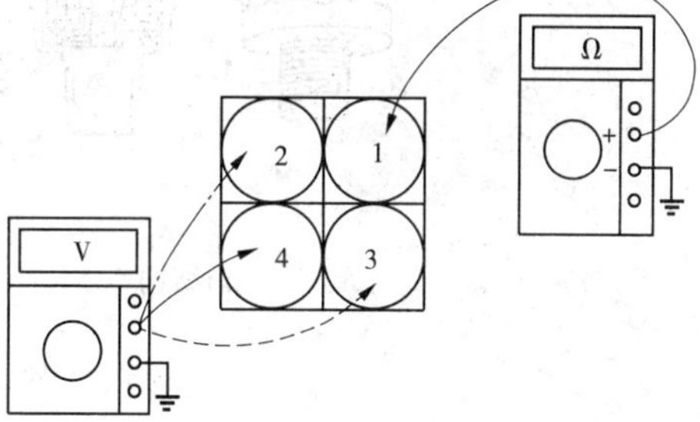

图 4-39　曲轴位置传感器线束测量

2) 光电式曲轴位置传感器输出信号检测

用万用表电压挡接在传感器侧 3 号端子和 1 号端子上,在启动发动机时,电压应为 0.2 ~1.2 V。在启动发动机后的怠速运转期间,用万用表电压挡检测 2 号端子和 1 号端子间电压应为 1.8 ~2.5 V。否则,应更换曲轴位置传感器。

二、爆震传感器

爆震传感器是爆震控制系统的主要部件,其功能是检测发动机有无爆震发生及爆震强度。

检测发动机有无爆震发生及爆震的强度可以通过检测发动机振动、汽缸压力或燃烧噪声来实现。检测汽缸压力的传感器安装困难,而且耐久性差,检测噪声的方法灵敏度和精度都比较低,因此一般采用检测发动机振动的方法来判断有无发生爆震及爆震的强度。

爆震传感器通常安装在发动机汽缸体的侧面,按发动机缸体振动频率的检测方式不同,可分为共振型和非共振型两种;按爆震传感器结构的不同,分为压电式和磁致伸缩式及火花塞座金属垫型几种。

共振型爆震传感器的显著特点是传感器的共振频率与发动机爆震的固有频率一致,因此其内部设有共振体,并且共振体的共振频率与爆震频率协调一致。其优点是输出电压高,不需要滤波器,因此信号处理比较方便。由于机械共振体的频率特性尖且频带窄,因此无法响应发动机条件变化引起的爆震频率变化。即共振型爆震传感器只能用于特定的发动机,不能与其他发动机互换使用,装车自由度很小。

非共振型爆震传感器的突出优点是适用于所有的发动机,装车自由度很大。但其输出电压较低,频率特性平且频带较宽,需要配用带通滤波器(只允许特定频带的信号通过,对其他频率的信号进行衰减的电路组成的滤波器称为带通滤波器,带通滤波器一般由线圈和电容器组合而成),信号处理比较复杂。

(一)电感式爆震传感器

电感式爆震传感器主要由感应线圈、伸缩杆、永久磁铁和壳体等组成,其结构如图4-40(a)所示。伸缩杆用高镍合金制成,其一端设置有永久磁铁,另一端安放在弹性部件上。感应线圈绕制在伸缩杆的周围,线圈两端引出电极与控制线路连接。

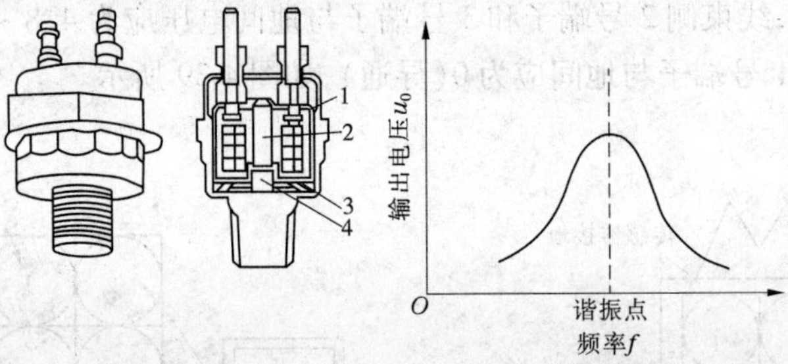

(a)结构　　(b)输出信号

1—线圈;2—铁芯;3—壳体;4—永久磁铁

图4-40　电感式爆震传感器

当发动机因爆震而使缸体产生振动时,传感器的伸缩杆就会随之产生振动,感应线圈中的磁通量就会发生变化,即通过线圈的磁通量变化率会发生变化。由电磁感应原理可知,在感应线圈内会产生一个交变电动势,即传感器有一个信号电压输出,输出电压的高低取决于发动机缸体的振动强度和振动频率。当传感器的固有振动频率和发动机缸体的振动频率相同时,即当发动机缸体的振动频率达到6～9 kHz时,传感器将产生共振,此时振动强度最大,传感器的感应线圈中产生的感应电压最高,如图4-40(b)所示。

(二)压电式爆震传感器

压电式爆震传感器利用压电效应原理检测发动机爆震。与其他压电式传感器一样,必须配合一定的电压放大器或电荷放大器,将信号放大并将高阻抗输入变换为低阻抗输出。

1. 压电式共振型爆震传感器

该传感器主要由压电元件、振子、基座、外壳等组成,如图4-41所示。压电元件紧贴在振子上,振子则固定在基座上。压电元件检测振子的振动压力,并转换成电信号输送给ECU,输出信号与电感式爆震传感器相似。

由于共振型爆震传感器振子的固有频率与发动机爆震时的振动频率一致,所以必须与发动机配套使用,通用性差。但当爆震发生时,振子与发动机共振,压电元件输出的信号电压有明显增大,易于测量。

2. 压电式非共振型爆震传感器

与共振型爆震传感器相比,非共振型爆震传感器内部无振荡片,但设置了一个配重块,配重块以一定预应力压紧在压电元件上,如图4-42所示。压电式非共振型爆震传感器是以接收加速度信号的形式来检测爆震的。当发动机发生爆震时,配重块以正比于振动加速度的交变力施加在压电元件上,压电元件则将此压力信号转变为电信号输送给ECU。

压电式非共振型爆震传感器输出的信号电压,在爆震时与无爆震时相比,没有明显增加,爆震是否发生是靠滤波器检测出传感器输出信号中有无爆震频率来判别的,爆震信号的检测比较复杂。但此种传感器用于不同发动机时,只需调整滤波器的频率范围,通用性强。

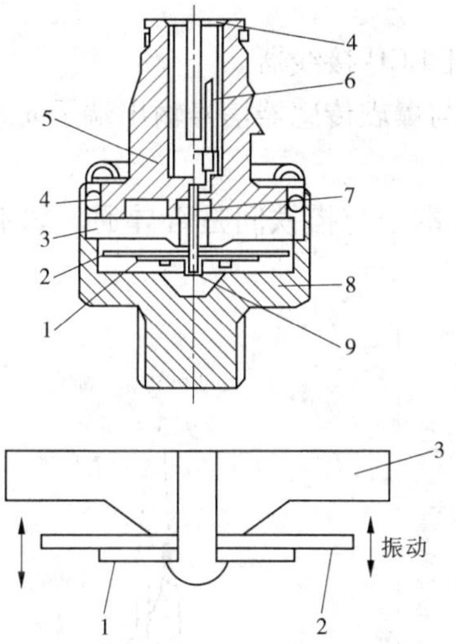

1—压电元件;2—振子;3—基座;4—O 形密封圈;
5—插接器;6—插头;7—密封剂;8—壳体;9—引线

图 4-41　共振型爆震传感器

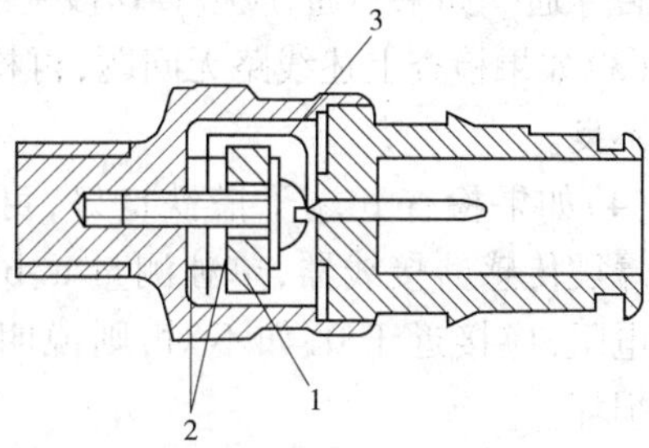

1—配重块;2—压电元件;3—引线

图 4-42　非共振型爆震传感器

3. 压电式火花塞座金属垫型爆震传感器

如图 4-43 所示,火花塞座金属垫型爆震传感器又称为垫圈型压力传感器或压力检测式爆震传感器,是由压电元件制成的,此种爆震传感器是将压电元件安装在火花塞的垫圈处,每缸安装一个,根据各缸的燃烧压力直接检测各缸的爆震信息,并转换成电信号输送给 ECU。

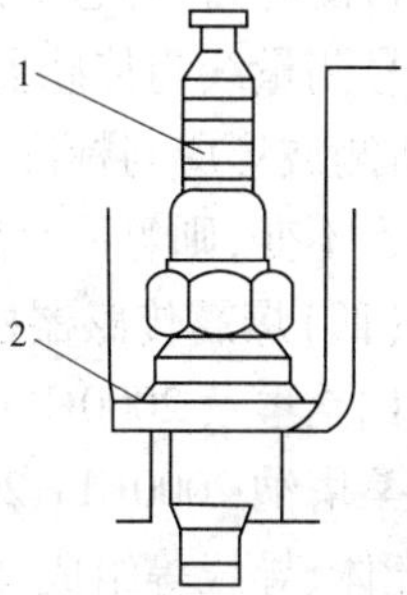

1—火花塞;2—爆震传感器

图 4-43　火花塞座金属垫型爆震传感器

(三)爆震传感器的检测方法

爆震传感器的检测方法基本相似,现以共振型磁致伸缩式爆震传感器为例进行介绍。共振型磁致伸缩式爆震传感器与 ECU 的连接电路如图 4-44 所示。

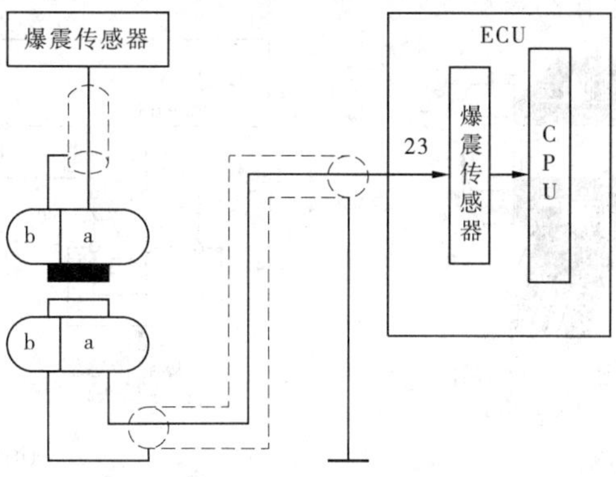

图 4-44　共振型磁致伸缩式爆震传感器与 ECU 连接图

传感器的检测方法如下。

1. 万用表检测法

(1)关闭点火开关,脱开爆震传感器接线端,脱开 ECU 接线器。

(2)用万用表测量 ECU 爆震传感器信号输入端与爆震传感器信号输出端子 a 之间的连线是否导通。如果不通,应检查这段配线及接线器。

(3)如果检查上述线路无问题,再检查传感器 b 端子与搭铁间是否导通。如不通说明接线不良。

(4)如果检查 b 端子搭铁良好,可进一步脱开爆震传感器接线器,单独测量 a、b 两端子间的电阻,应接近于 0,如不对,则说明该传感器已损坏。

2. 示波器测波形法

在正常情况下,各爆震传感器的输出电压波形如图 4-45 所示,传感器的输出电压波形与爆震程度有关,爆震引起的振动越大,电压峰值越大,当峰值达到一定的频率时就说明发生了爆震。

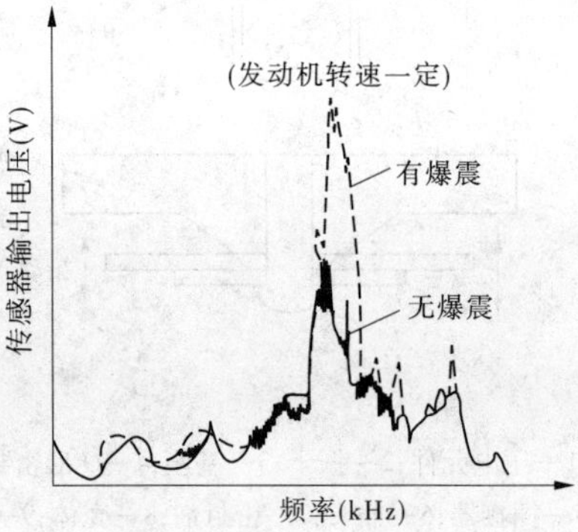

图 4-45 共振型磁致伸缩式爆震传感器输出特性

检测时,将传感器的连接线断开,将示波器的信号测量线与传感器的信号线相连,敲击缸体以使传感器产生信号,观察示波器的波形变化,所测波形应与标准波形相符;如果测得波形不对或无波形,或在缸体振动较大时,波形振幅基本不变,则可能是传感器损坏。

(四)爆震传感器检测方法举例

1. 桑塔纳 2000GLi、2000GSi,捷达 GT、GTX 等轿车爆震传感器的检测

桑塔纳 2000GLi、2000GSi,捷达 GT、GTX 等轿车爆震传感器由压电陶瓷(压电元件)、配重、壳体、导线等组成,如图 4-46(a)所示。传感器的电路图如图 4-46(b)所示。传感器的检测方法如下:

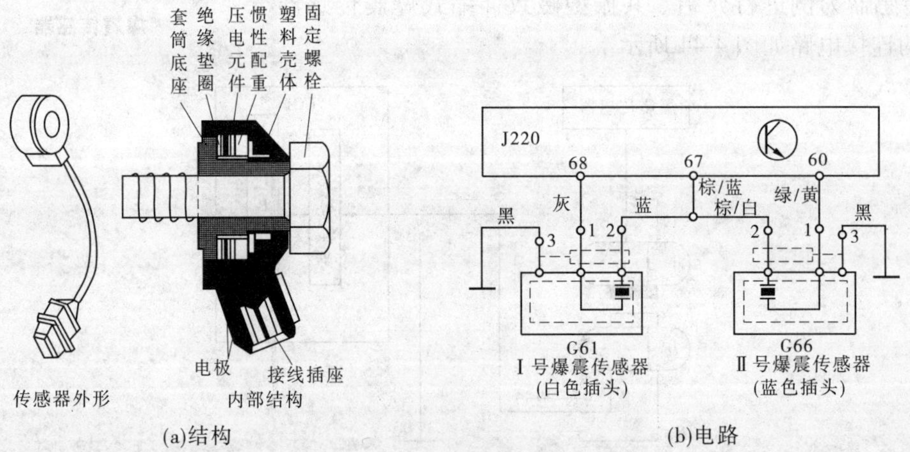

图 4-46 桑塔纳 2000GSi 轿车爆震传感器结构与电路

(1)检测爆震传感器的电阻值。关闭点火开关,分别拔下Ⅰ、Ⅱ号爆震传感器的 3 芯插

头，如图4-47所示。用万用表的电阻挡分别测量传感器接线端子与外壳之间的电阻值，应为无穷大，否则应更换爆震传感器。接着用万用表电阻挡测量传感器两接线端子之间的电阻值，应符合表4-2。若电阻过大或过小，线束端子可能接触不良或存在断路，应及时排除。

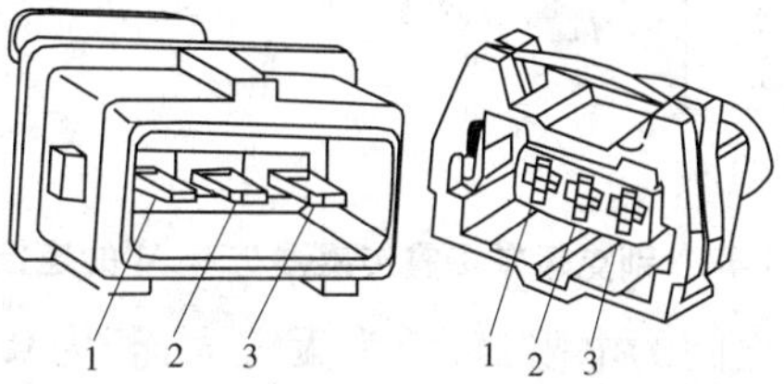

(a)传感器插头　　(b)传感器插座

图4-47　桑塔纳2000GSi轿车爆震传感器接线端子

表4-2　桑塔纳2000GLi、2000GSi，捷达GT、GTX等轿车爆震传感器电阻值

检测项目	检测条件	检测部位	标准值
传感器的电阻	断开点火开关，拔下传感器插头	传感器插座上1、2号端子	>1 MΩ
		传感器插座上1、3号端子	>1 MΩ
		传感器插座上2、3号端子	>1 MΩ
传感器正极信号线	拔下ECU、传感器插头	ECU的60端子与Ⅱ号传感器插头1号端子	<0.5 Ω
		ECU的68端子与Ⅰ号传感器插头1号端子	<0.5 Ω
传感器负极信号线		ECU的67端子与Ⅰ、Ⅱ号传感器插头2号端子	<0.5 Ω
传感器屏蔽线		发动机搭铁点与Ⅰ、Ⅱ号传感器插头3号端子	<0.5 Ω

(2)检测爆震传感器线束的导通性。关闭点火开关，分别拔下Ⅰ、Ⅱ号爆震传感器的3芯插头，然后拔下ECU(J220)的60芯插头。用万用表的电阻挡分别测量Ⅰ号爆震传感器3芯插座1、2、3号端子与ECU(J220)的68、67端子及搭铁之间的电阻值，应均小于0.5 Ω；用万用表的电阻挡分别测量Ⅱ号爆震传感器3芯插座1、2、3号端子与ECU(J220)的60、67端子及搭铁之间的电阻值，也应均小于0.5 Ω。如果电阻值过大或为无穷大，则线束与端子可能接触不良或存在断路，应及时排除。

(3)检测爆震传感器的输出信号。检测爆震传感器的输出信号时，应先关闭点火开关，拔下传感器的连接器插头，再闭合点火开关，启动发动机使之怠速运转，用万用表电压挡检测传感器的两个接线端子1与2，应有脉冲电压信号输出，否则，应更换爆震传感器。

2. 上海别克轿车压电式爆震传感器的检测

上海别克轿车只设置一个爆震传感器，安装在发动机右侧的汽缸体上。爆震传感器为单导线型传感器，用于检测发动机的爆震情况，并将其爆震转化为电信号输入PCM，PCM根据传感器信号的振幅和频率推迟点火正时控制的点火时间。

爆震传感器是利用结晶或陶瓷多晶体的压电效应制成的，传感器的外壳有压电元件、配重块及导线等。传感器与PCM的连接电路如图4-48所示。

传感器的检测方法如下：

(1)检测传感器的电阻值。关闭点火开关，拔下传感器的1芯插头，用万用表的电阻挡

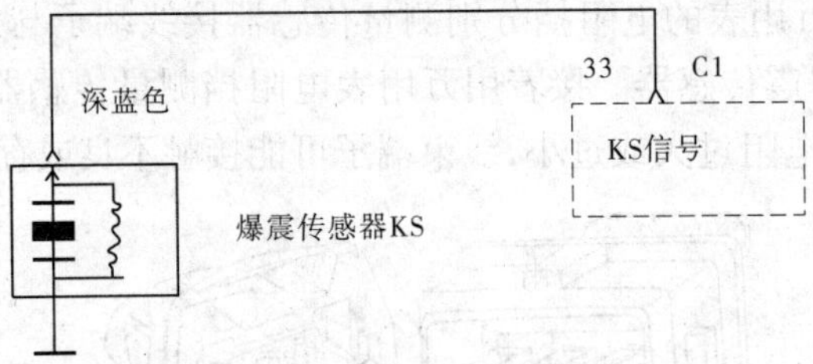

图 4-48　别克轿车爆震传感器与 PCM 的连接

测量 1 芯插头与传感器外壳之间的电阻值，应为无穷大；若为 0，则说明传感器已损坏，应更换。

(2)检测传感器的信号电压。拔下传感器的导线插头，当发动机怠速运转时，用示波器检测爆震传感器的信号端子与搭铁端子之间是否有脉冲电压波形输出，若没有，则说明传感器已损坏，需要更换。

三、车速传感器

(一)功用

车速传感器检测汽车行驶速度，给 ECU 提供车速信号，用于巡航控制盒限速断油控制。

发动机控制模块可以利用车速信号来控制发动机怠速转速、汽车加减速期间的混合气浓度和点火正时。

后轮驱动的车型，车速传感器多安装在变速器的后输出轴上，如图 4-49 所示；前轮驱动的车型，车速传感器除安装在输出轴上外，还可能安装在变速驱动桥半轴上。电脑根据车速传感器的信号计算出车速，作为自动变速器换挡控制的依据。

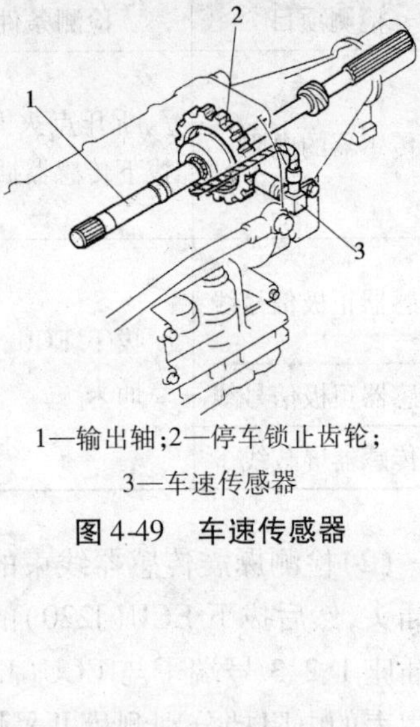

1—输出轴；2—停车锁止齿轮；
3—车速传感器

图 4-49　车速传感器

(二)类型

常见的车速传感器主要有舌簧开关式、磁阻元件式、磁电脉冲式和光电式等 4 种。

1. 舌簧开关式车速传感器

舌簧开关式车速传感器由舌簧管和旋转磁铁组成。在舌簧管内封装有两片簧片构成的触点，触点由铁、镍等易于被磁铁吸引的强磁性材料制成。受舌簧管外磁极的控制，有时触点互相吸引而闭合，有时互相排斥而断开，从而形成了触点的开关作用。舌簧开关式车速传感器有的安装在车速表的转子附近，有的安装在变速器的输出轴上。图 4-50 是舌簧开关式车速传感器的结构。

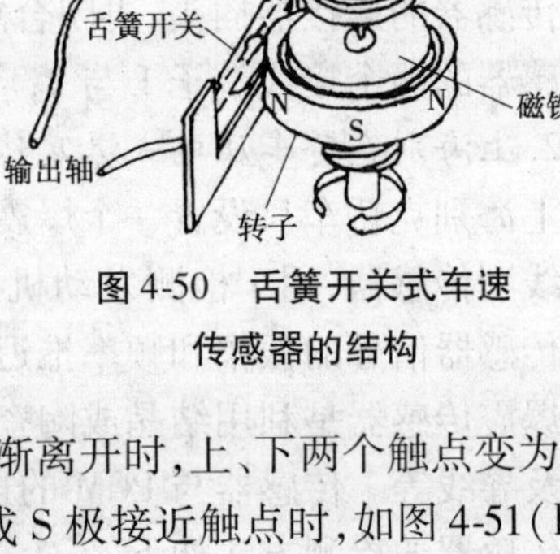

图 4-50　舌簧开关式车速传感器的结构

如图 4-51(a)所示，当 N、S 磁极从接近舌簧开关到逐渐离开时，上、下两个触点变为不同极性的磁极，触点互相吸引，开关变为闭合状态。当 N 极或 S 极接近触点时，如图 4-51(b)所示，触点为同一极性的磁极，互相排斥，所以舌簧开关断开。一般旋转磁铁采用 4 极的，所以当仪表电缆或变速器输出轴转一圈,就会输出4个通断电脉冲信号。

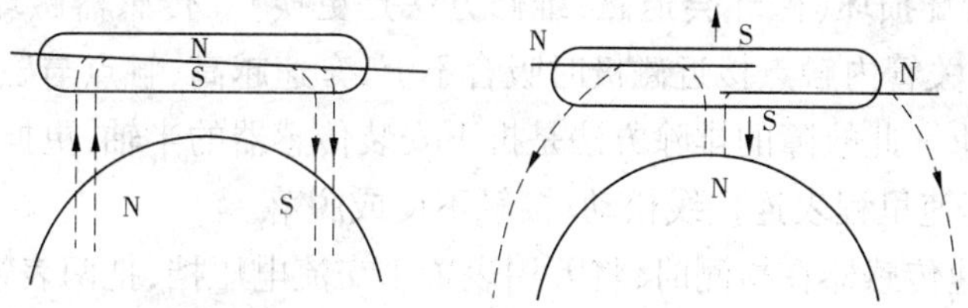

(a)舌簧开关的吸引状态　(b)舌簧开关的相斥状态

图4-51　舌簧开关式车速传感器的工作原理

图4-52所示为红旗轿车的车速里程表传感器,传感器包括1个舌簧开关管和1个含有4对磁极的塑料环,塑料环套在变速器左输出轴上并与之一同旋转。

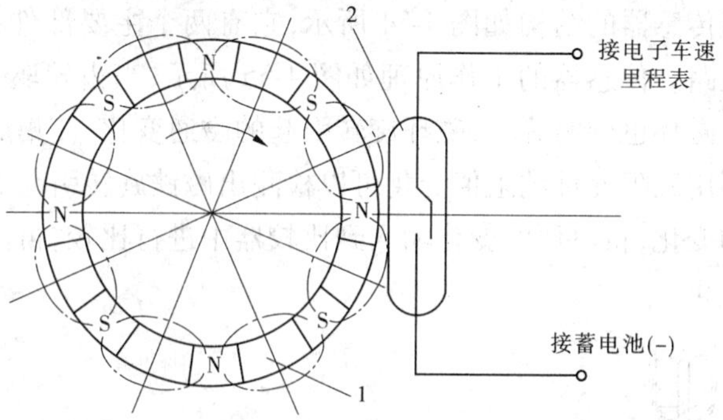

1—带有4对磁极的塑料环;2—舌簧开关管

图4-52　舌簧开关式车速里程表传感器

塑料环安装在变速器输出轴的减速齿轮轴上,舌簧开关管安装在靠近磁极塑料环的变速器壳体上。磁极旋转时,舌簧开关管中触点在进入磁场时在磁场作用下闭合,在磁场离开时断开,从而在传感器中产生与车速成正比的触点闭合频率信号。

舌簧开关式车速传感器与电脑连接示意图如图4-53所示。

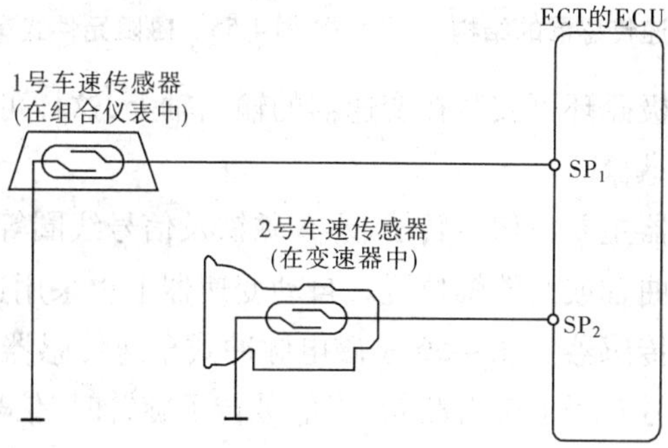

图4-53　舌簧开关式车速传感器与电脑的连接

舌簧开关式车速传感器多安装在变速器输出轴上,国产的红旗、桑塔纳轿车车速传感器安装在半轴上。该种传感器常见的故障有:

(1)传感器舌簧弹力不足或损坏(需将其更换)。

(2)传感器塑料环损坏(磁环会退磁,维修方法是更换)。传感器磁环退磁使磁环产生的磁场减弱,舌簧开关管内触点接近磁极时吸合不上,车速越高,触点与磁极重合时间越短,脉冲信号丢失越严重。此故障的排除方法是拆下安装传感器的半轴,更换输出轴上的磁环。

(3)传感器与车速里程表连接线松动、接触不良或脱落。

舌簧开关式车速传感器在检测时,将万用表置于交流电压挡,把两表笔接在传感插头两端子上,启动发动机转动 1 ~2 s,观察电压表指针是否有脉冲电压产生。若无脉冲电压产生,表示传感器有故障,应当更换。

2. 磁阻元件式车速传感器

磁阻元件式车速传感器采用了元件电阻随磁场变化而变化的磁阻元件(MRE),以磁阻元件来检测车速。这种车速传感器直接装在变速器上。

磁阻元件式车速传感器的结构如图 4-54 所示,它有两个主要部件:多极磁环与内装磁阻元件的混合集成电路。传感器的工作原理如图 4-55 所示,当齿轮驱动传感器轴旋转时,与轴连在一起的多极磁环也同时旋转,磁环旋转引起的磁通变化,使集成电路内的磁阻元件的阻值发生变化。利用磁阻元件的阻值变化可以检测出磁铁旋转引起的磁通变化。阻值的变化引起其上电压的变化,将电压的变化输入到比较器中进行比较,再由比较器输出信号控制晶体管的导通和截止。

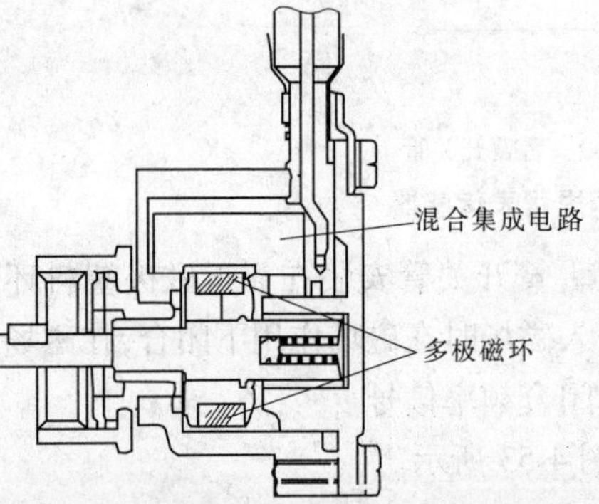

图 4-54 磁阻元件式车速传感器的结构

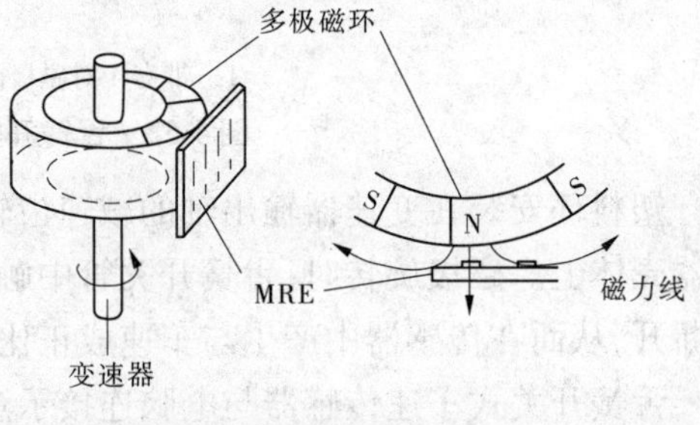

图 4-55 磁阻元件式车速传感器的工作原理

该传感器的优点是多极磁环可安装在变速器的输出轴上,这样可以取消仪表的软轴。

3. 磁电脉冲式车速传感器

磁电脉冲式车速传感器主要由信号转子、永久磁铁及信号线圈等组成,这种传感器普遍用于检测发动机的转速和曲轴或凸轮轴位置。自动变速器上也采用这种传感器作为车速传感器和变速器第一轴转速传感器。图 4-56 是磁电脉冲式车速传感器的安装位置、工作原理和输出的信号波形图。信号转子上带有凸轮,当信号转子旋转时,信号转子与线圈铁芯之间的气隙周期性变化,由此通过信号线圈的磁通也发生变化,随着磁通的变化信号线圈上就会产生感应电压。

磁电脉冲式车速传感器的检测内容如下:

(1)就车检测。拔下车速传感器连接插头,用万用表测量传感器两接线端子间电阻,如

图 4-57 所示。不同车型车速传感器感应线圈的电阻值不同,一般为几百欧到几千欧。

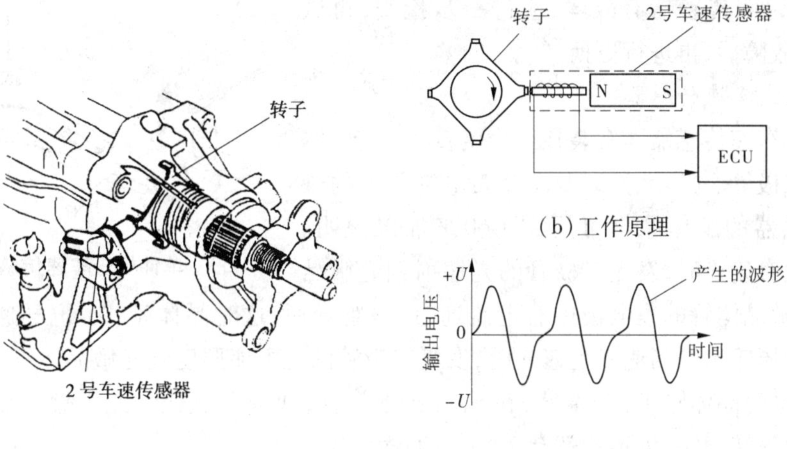

(a)结构和安装　　(c)输出信号波形

图 4-56　磁电脉冲式车速传感器

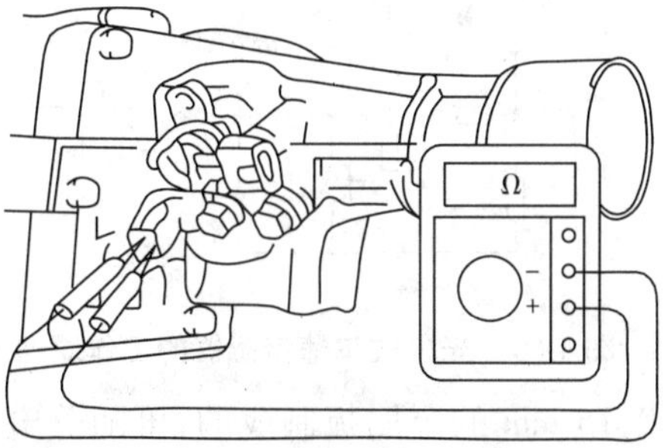

图 4-57　车速传感器电阻检查

将车支起,用手转动悬空的驱动车轮,同时用万用表测量车速传感器的两接线端子间有无脉冲感应电压,若万用表指针有摆动,说明传感器有输出脉冲电压,传感器工作正常;否则,说明传感器有故障,应进一步检查传感器转子及感应线圈是否脏污。若脏污,应进行清洁,再进行测试。若传感器仍无脉冲电压产生,说明传感器已经损坏,应进行更换。车速传感器脉冲电压测量如图 4-58 所示。

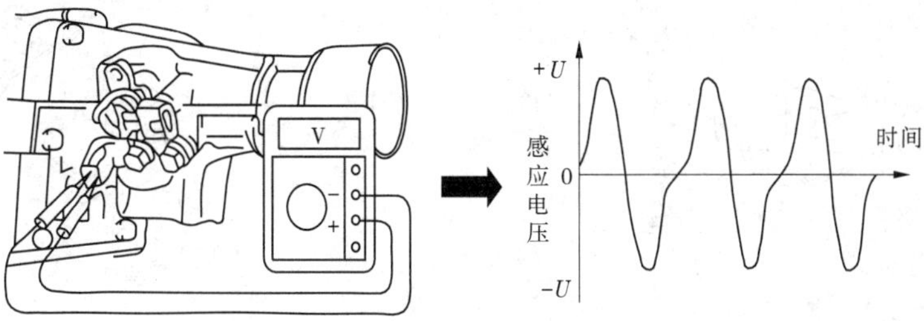

图 4-58　就车检查车速传感器脉冲电压波形

(2)单件检测。拆下车速传感器,测量传感器输出脉冲电压。具体操作是:用一根铁棒或一块磁铁迅速靠近或者离开传感器,同时用万用表测量传感器两接线端子间有无脉冲电压产生，如图4-59所示。如果没有感应电压或感应电压很微弱，说明传感器有故障，应进一步检查，再试验，确认有故障后，再进行更换。

4. 光电式车速传感器

光电式车速传感器通常装在组合仪表内。传感器上有发光二极管、光敏元件以及车速表电缆驱动的遮光盘。传感器的工作原理可用图4-60来加以说明。当遮光盘没有遮光时，发光二极管的光照射到光敏晶体管上，光敏晶体管的集电极中有电流通过，该管导通，这时晶体管 Tr_1 也导通，同时在 S_0 端子上无电压输出。当遮光盘遮光时，发光二极管的光不能照射到光敏晶体管上，光敏晶体管不导通，这时晶体管 Tr_1 也截止，在 S_0 端子上就有5 V电压输出。遮光盘上有20个切槽，即仪表电缆每转一圈，传感器就有20个脉冲输出。

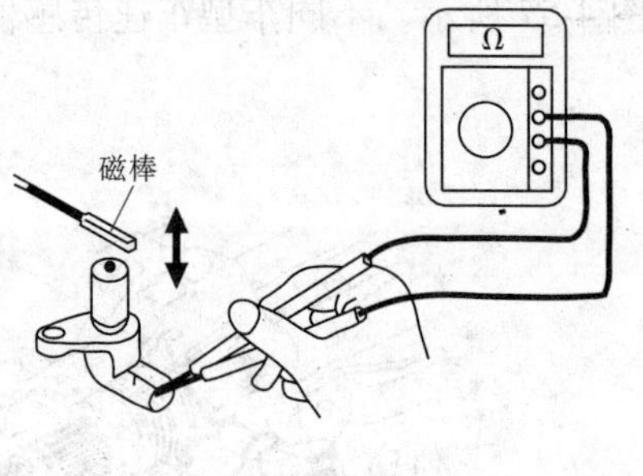

图4-59　单件检查车速传感器脉冲电压

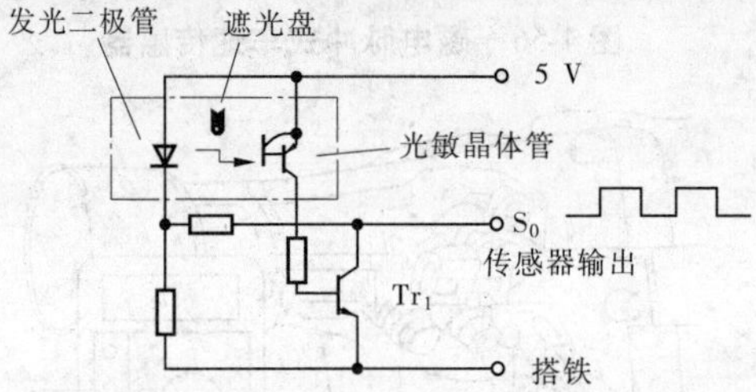

图4-60　光电式车速传感器的工作原理

转子圆盘是用厚度为0.15 mm的金属板制成的，可随分电器轴一同旋转，圆盘上有不同形式的透光槽，在圆盘的上下相对地放置发光二极管和光敏二极管。图4-61所示为光电式车速传感器结构原理示意图。若给发光二极管供应电源，则发光二极管发光，此时，若圆盘随分电器轴一起旋转，当圆盘开槽转到与发光二极管和光敏二极管相对时，发光二极管的光线便照射在光敏二极管上，光敏二极管便会产生电压脉冲信号。若将转子圆盘按一定的规律开槽，则在分电器轴带动转子圆盘转动时，光敏二极管便按一定的规律产生脉冲电压信号。

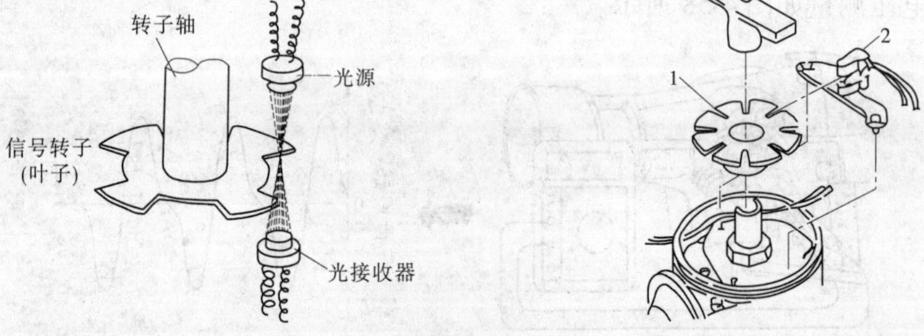

1—转子；2—信号发生器

图4-61　光电式车速传感器结构原理示意图

光电式车速传感器的检测方法参考光电式凸轮轴/曲轴位置传感器。

单元五　有分电器电控点火系统

有分电器电控点火系统如图 4-62 所示。该系统为减少外部线路连接、降低故障率,通常将点火系统中的某几个部件组装在一起。其工作原理如下。

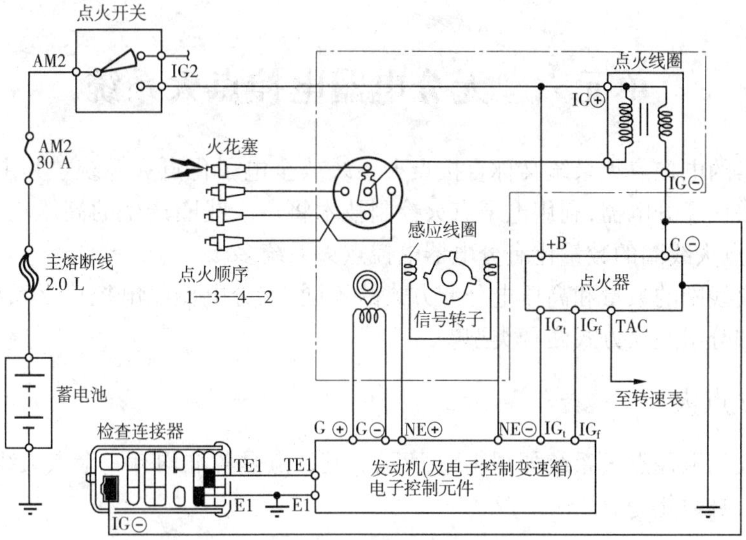

图 4-62　丰田 5S – FE 发动机点火系统电路

发动机工作时,发动机控制单元(ECU)根据接收到的各传感器信号,通过运算确定该工况下最佳点火提前角和点火线圈初级电路闭合角,并以此向点火器发出信号(IG_t)。点火器则根据 ECU 的指令,控制点火线圈初级电路的导通和截止。当电路导通时,有电流从点火线圈中的初级电路通过,点火线圈将点火能量以磁场的形式储存起来。当初级电路中的电流被切断时,其次级线圈将产生很高的感应电动势(15 ~ 20 kV),再经配电器分配到工作汽缸的火花塞。

点火器在接收 ECU 指令工作的同时,还反馈一个 IG_f 信号给 ECU,ECU 根据 IG_f 信号来确认点火器的工作情况。如果 ECU 连续 6 次未收到 IG_f 信号,则 ECU 认为点火器工作不正常或不工作,于是 ECU 将停止喷油,以防止溢油。

电控点火系统在进行点火提前角控制时主要依据凸轮轴位置传感器产生的 G 信号(凸轮轴位置信号)和曲轴位置传感器产生的 Ne 信号(曲轴位置信号)。

G 信号指活塞运行到压缩行程上止点位置的判别信号(判缸信号),它是根据凸轮轴位置传感器产生的信号经过整形和转换而获得的脉冲信号。G 信号在微机控制的点火系统中主要用来确定点火时刻控制基准和进行汽缸的判别(第 1 缸或第 1 缸的对应缸的压缩上止点时刻)。G 信号发生时,一般不是活塞运行到压缩上止点的时刻,而是在各缸活塞的压缩上止点前某一时刻,该时刻对应的曲轴转角值因车型而异。

Ne 信号指发动机曲轴转角信号,它是根据曲轴位置传感器产生的信号经过整形和转换而获得的脉冲信号。在电控点火系统中,Ne 信号主要用来计量点火提前角和通电时间。如果采用有 24 个转子齿的电磁感应式曲轴位置传感器,曲轴每转 720°只能向 ECU 输送 240

个 Ne 信号,也就是说曲轴每转 3°,才能给 ECU 输送 1 个转速信号。这一信号对精确控制点火提前角和通电时间的电控点火系统而言,是不能满足要求的。故这样的信号一般都经过 ECU 进行整形和转换,形成周期为 1°的 Ne 信号。

发动机工作时,ECU 根据 Ne 信号,可准确地计算出曲轴每转 1°所用的时间,根据 G 信号,可以计算出各缸所处在工作循环的任一时刻(精确到 1°),从而实现最佳点火提前角的精确控制。

单元六　无分电器电控点火系统

无分电器的电控点火系统又称直接点火系统或全电子化点火系统。其主要特点是:电子控制装置取代了分电器,利用电子点火控制技术将点火线圈产生的高压电直接送给火花塞进行点火,点火线圈的数量比有分电器电控点火系统多。

根据点火线圈的数量和高压电分配方式的不同,无分电器的电控点火系统又可分为独立点火方式和分组点火方式两种类型。

一、独立点火

独立点火的电控点火系统如图 4-63 所示。其特点是各缸均有一个点火线圈,即点火线圈的数量与汽缸数相等。

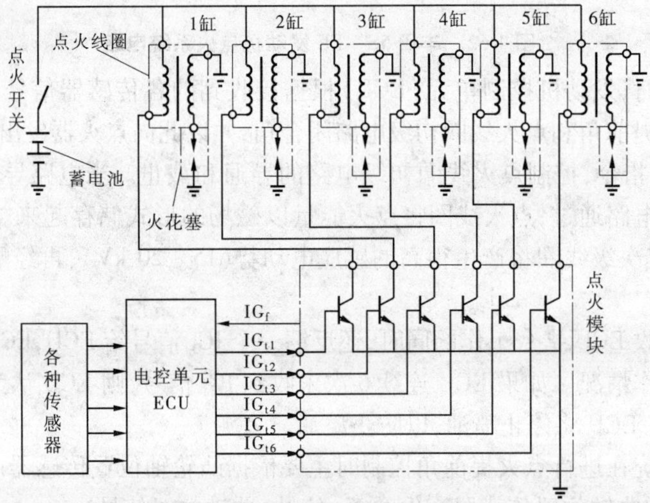

图 4-63　独立点火的电控点火系统

由于每缸都有各自独立的点火线圈,所以即使发动机的转速很高,点火线圈也有较长的通电时间(闭合角大),可提供足够高的点火能量。与有分电器电控点火系统相比,在发动机转速和点火能量相同的情况下,单位时间内通过点火线圈初级电路的电流要小得多,点火线圈不易发热,且点火线圈的体积又可以非常小巧,一般直接将点火线圈压装在火花塞上。

独立点火的电控点火系统工作时,电控单元 ECU 根据各种传感器的信号综合计算,最后确定各缸点火提前角的精确时刻,向点火模块发出指令 IG_{t1}、IG_{t2}、…、IG_{t6},由点火模块直接控制各缸点火线圈初级电路的搭铁,并产生次级高压电直接传给火花塞。与此同时,点火模块向电控单元 ECU 反馈 IG_f 信号。

二、分组点火

分组点火的电控点火系统如图 4-64 所示。

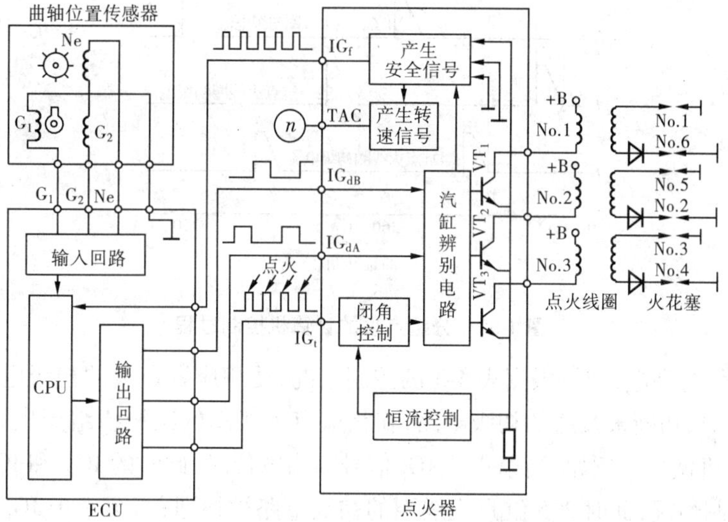

图 4-64 无分电器分组点火方式电控点火系统

在设计上将两个同时到达汽缸上止点位置的活塞(一个为压缩行程的上止点,另一个为排气行程的上止点)分为一组,共用一个点火线圈。系统中点火线圈的总数量等于汽缸数的一半。

以六缸发动机为例,1、6 缸,2、5 缸及 3、4 缸的活塞分别同时到达上止点,习惯上将两个同时到达上止点位置的汽缸称为“对应缸”。设计时将六个缸按“对应缸”关系分为三组,每一组共用一个点火线圈,同一组中两个缸的火花塞与共用的点火线圈次级绕组串联。当点火线圈初级电路断电时,一个汽缸接近压缩行程的上止点,火花塞跳火可点燃该汽缸内的混合气,称为有效点火;而另一汽缸接近排气行程的上止点,火花塞跳火不起作用,称为无效点火。由于处于排气行程的汽缸内的压力很低,加之废气中导电离子较多,其火花塞很容易被高压电击穿,消耗的能量就非常少,所以不会对压缩行程汽缸点火产生影响。

分组点火的电控点火系统为判断具体点火的汽缸,除提供 IG_t 信号外,还要提供 IG_{dA} 和 IG_{dB} 辅助判缸信号。这是因为 IG_t 信号只指令点火器执行点火,但到底该哪一组共用的点火线圈点火,还需 IG_{dA} 和 IG_{dB} 辅助判断,其判断真值如表 4-3 所示。IG_t、IG_{dA}、IG_{dB} 三种信号共同控制点火器的工作过程如图 4-65 所示。

表 4-3 IG_{dA}、IG_{dB} 辅助判缸情况

控制结果	IG_{dA} 信号状态	IG_{dB} 信号状态
1、6 缸点火	0	1
2、5 缸点火	0	0
3、4 缸点火	1	0

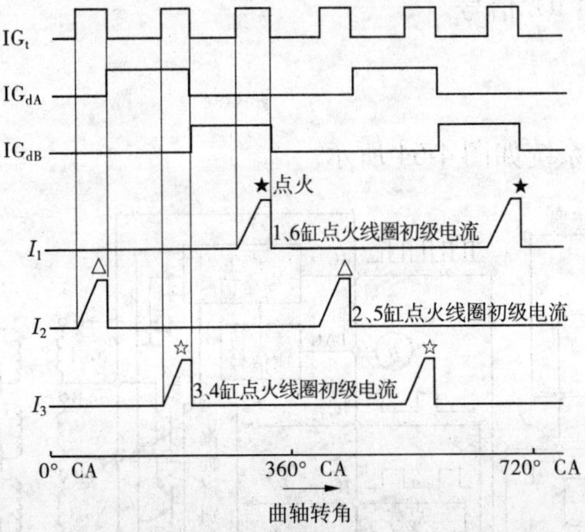

图 4-65　分组点火的计算机控制过程

当 IG_t 信号为高电位时，根据表 4-3 的控制情况，使相应缸点火的初级电路接通，当 IG_t 信号为低电位时，切断被接通的初级电路，在相应点火线圈的次级绕组产生高压，点燃可燃混合气使发动机做功。例如，当第一个 IG_t 信号为高电位时，此时的 IG_{dA} 和 IG_{dB} 均为"0"，根据表 4-3 的控制情况，此时 2、5 缸点火线圈的初级电路被接通；当第一个 IG_t 信号变为低电位时，2、5 缸点火线圈的初级电路被切断，在 2、5 缸的次级绕组产生高压，经火花塞跳火，使发动机做功。

分组点火的电控点火系统结构和控制电路较简单，所以应用也比较多。但由于保留了点火线圈与火花塞之间的高压线，能量损失略大。此外，串联在高压回路的二极管，可用来防止点火线圈初级电路导通的瞬间所产生的二次电压（1 000 ~ 2 000 V）加在火花塞上后发生的误点火。

单元七　点火系统故障诊断

任何点火系统的故障都可以分成两类：公共故障和非公共故障。公共故障是指影响所有汽缸点火的故障。非公共故障是指影响一个或几个汽缸的故障。这两类故障分别由点火系统的公共部件和非公共部件引起。对有分电器点火系统，以分电器分火头和分电器盖内的各个火花塞接线柱为参照，以前为公共部件，以后为非公共部件。对无分电器点火系统，要看它的具体分火方式，一般包括点火模块以前的公共部件。任何点火系统的点火开关、保险元件、总线路、公共搭铁等和爆震传感器都属于公共部件。公共故障常表现为发动机不启动、发动机爆震或缺乏动力。非公共故障常表现为发动机工作不平稳。

一、检测注意事项

点火系统一旦发生故障，为了确保安全，在检修时都要注意以下事项：

（1）无线电设备天线必须远离 ECU，防止干扰。

（2）防止水浸入 ECU，防止 ECU 受剧烈振动。

(3)在发动机启动和运转时,不要用手触摸点火线圈以及高压导线、分电器等,以免被高压电击中。

(4)点火开关接通时,不允许拆开任何 12 V 电器线路,以防线圈自感产生的瞬时电压损坏 ECU 或传感器。

(5)发生故障时,切记盲目拆检。

(6)拆开线束连接器时,不可盲目用力硬拉。安装时注意插接到位。

(7)应注意保持各线束连接器清洁、连接可靠。

(8)维修前,必须拆开蓄电池负极线,防止损坏机件。

(9)对电路或元件进行检查时,除特殊指明外,必须使用高阻抗数字万用表检查电压、电阻或电流,严禁采用试灯或划火的方法检修电路。

(10)在高压试火时,应用绝缘橡胶夹夹住高压线,不能直接用手拿高压线,以防电击。另一避免电击的方法是:将高压导线插入一只备用火花塞,然后将火花塞外壳搭铁,从火花塞电极间隙观察是否跳火。同时,用逐缸断火法来检验各缸工作情况时,应将断火缸高压线一端搭铁。否则,将会产生次级高电压而烧坏线路。

(11)点火正时对发动机工作影响很大,因此发动机工作不良,或发动机拆修后,不要忽视对点火正时的检查。

(12)检查点火信号发生器(曲轴位置传感器)时应注意以下几点:①对于电磁感应式点火信号发生器,在打开分电器盖时,注意不要让垫片、螺钉之类的金属掉入其中;检查导磁转子与定子之间的气隙时,要用无磁性塞规,并注意不要硬塞强拉。②对于光电式点火信号发生器,不要轻易打开分电器盖,在确实需要打开检查时,要防止尘土进入。③在更换分电器总成时,要保证其原来的安装位置,否则将影响点火时刻的精度。

(13)在点火开关接通的情况下,不要做连接或切断线路的操作,以免烧坏控制器中的电子器件。

(14)在检查维修霍尔效应式电控点火系统时,可能会产生高压放电现象,造成对人身和点火系统本身的意外损害,所以必须注意:①进行全体检查和维修之前,应切断电源,再按要求进行。②当使用外接电源维修时,应严格限制其电压不大于 16 V;当电压达到 16 V 时,接通时间不允许超过 1 min。③霍尔效应式电控点火系统的汽车被拖动时,应首先切断点火系统电源。④点火线圈负接线柱不允许与电容相连。⑤任何条件下,只允许使用阻值为 1 kΩ 的分火头,防止电磁干扰的 1 M 阻尼电缆不得用其他代替,火花塞插头电阻值应在 1 ~5 kΩ。

二、常规检测

在汽油发动机各系统中,点火系统对发动机的性能影响最大,据统计数字表明,约 50% 的故障是因为点火系统工作不良而引起的,因此发动机性能检测往往从点火系统开始。

汽车发动机不能正常工作,首先要确定故障部位。检查时,首先检查点火装置连接线路及工作电压,如果连接导线、搭铁线、电源线及电源电压正常(给点火电子组件、点火信号发生器及点火线圈等提供的电压,一般不低于 6 V 即可正常工作),可进一步检测点火线圈、点火高压电路、点火信号发生器以及点火电子组件。如果怀疑电子点火装置有故障，可启动发动机，从分电器盖上拔下中央高压线对缸体试火，观察线端是否跳火，由此可以判断故障是在低压电路还是在高压电路。

（一）有分电器电控点火系统的故障诊断

不同电控点火系统故障诊断的区别主要在于信号发生器的检测，以常见的霍尔效应式电控点火系统为例说明电控点火系统的故障诊断与维修。

（1）打开分电器盖，转动曲轴，使分电器转子缺口对正霍尔信号发生器。

（2）拔出分电器盖上的中央高压线，使其端部离汽缸体 5 ~ 7 mm，如图 4-66 所示。

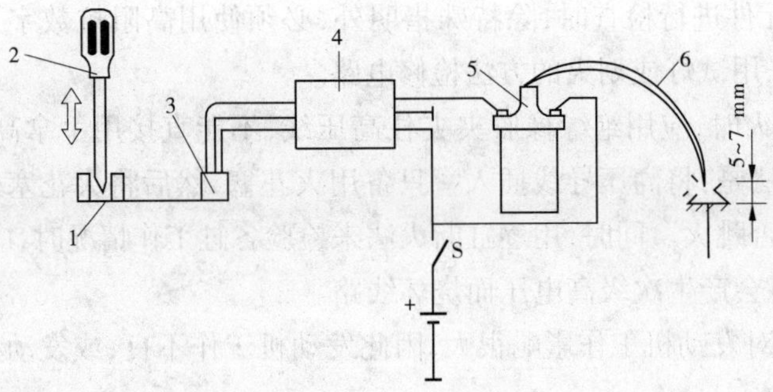

1—分电器内霍尔信号发生器气隙；2—旋具；3—霍尔信号传感器插接器；

4—点火控制器；5—点火线圈；6—高压线

图 4-66　电控点火系统的故障诊断

（3）接通点火开关，用螺钉旋具在霍尔信号发生器的间隙中轻轻地插入和拔出，模拟转子在间隙中的动作，观察高压线端有无跳火。

（4）如果高压线端跳火，表明低压电路中的霍尔信号发生器、点火控制器及点火线圈性能良好，故障在高压电路；如不跳火，故障在点火线圈、低压电路连接导线、霍尔信号发生器或点火控制器，应进一步检查。

（二）无分电器电控点火系统的故障诊断

对于无分电器点火系统，由于其高压配电方式和有分电器电控点火系统不同，个别汽缸工作不良故障的原因和诊断方法也相应地存在一些差异。如果只是为了判别个别汽缸工作是否正常，可以人为停止该缸喷油，根据该缸停止喷油前后发动机的转速变化进行判断。但是要具体确定个别缸不工作的故障原因，还需要用高压线对缸体试火的方法仔细检查。如果是火花塞缺火导致的个别缸工作不良，主要原因除火花塞、高压线的故障外，还可能是相应的点火信号控制电路连接不良或点火线圈、点火控制器、计算机控制单元等的相应部分发生故障，可以从分缸高压线的跳火情况进行检查。

（三）曲轴位置传感器的检测

以电磁感应式曲轴位置传感器为例进行检测（以丰田佳美 1VZ－FE 发动机为例）。

（1）拔下点火线圈上的中心高压线及各喷嘴上的线束。该发动机曲轴位置传感器电路如图 4-67 所示。

（2）曲轴位置传感器输出信号的检查：拔下曲轴位置传感器的导线连接器，将示波器输入接线与导线连接器上 G_1-G_0，G_2-G_0，$Ne-G_0$ 端子连接，用启动机带动发动机旋转（保持

30 s)，示波器应有图 4-68 所示的波形，即 G_1-G_0，G_2-G_0，$Ne-G_0$ 端子间有脉冲信号输出；否则，需要更换。

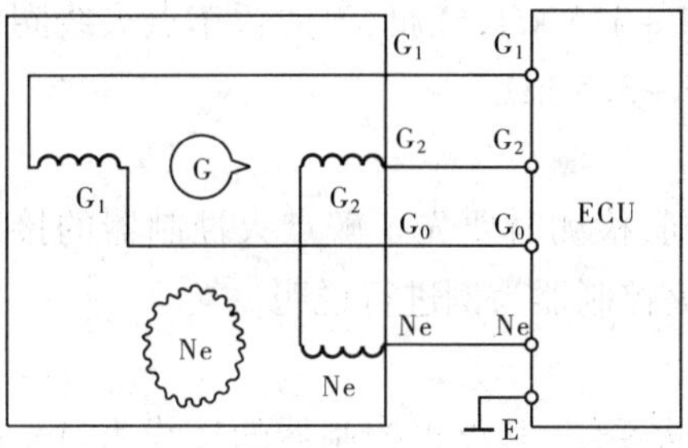

图 4-67　曲轴位置传感器电路

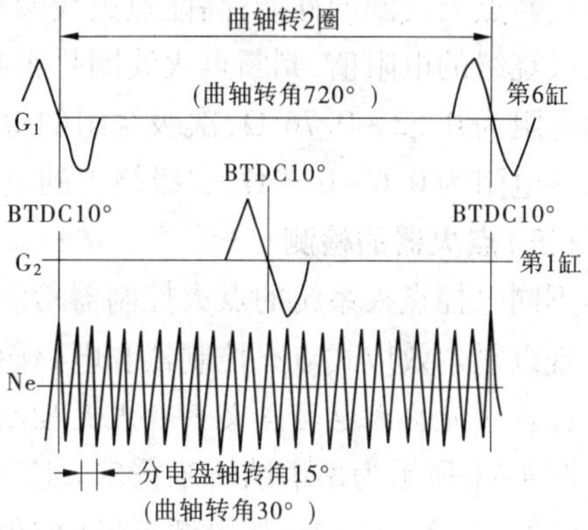

图 4-68　G、Ne 信号与曲轴转角的关系

(3)传感器线圈与信号转子的气隙检查：拆下分电器盖、分火头等，露出曲轴位置传感器，如图 4-69 所示，用厚薄规测量信号转子与传感器凸出部分的空气气隙，应为 0.2～0.4 mm；否则，应更换。

(4)曲轴位置传感器线圈的电阻测量：如图 4-70 所示，用万用表的电阻挡接在分电器的接线插座上，测量曲轴位置传感器各感应线圈的电阻，测量值应符合表 4-4。

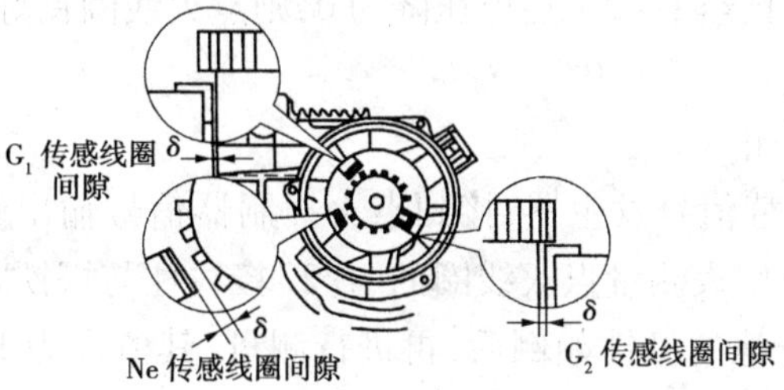

图 4-69　传感器线圈与信号转子的气隙检查

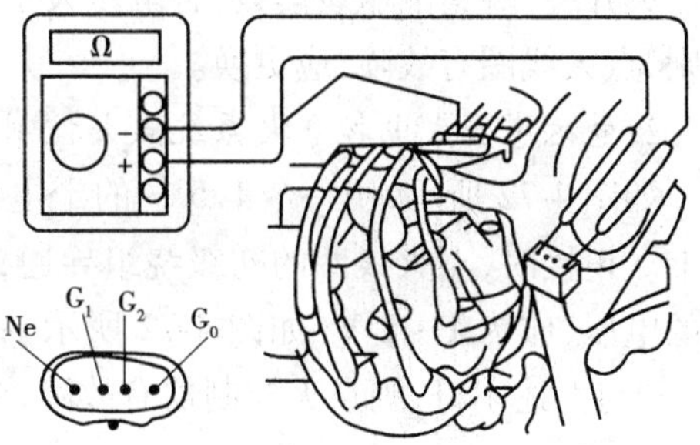

图 4-70　传感器感应线圈电阻的测量

表 4-4　曲轴位置传感器的电阻

机型	端子	条件	电阻(Ω)
1VZ－FE	G_1-G_0	冷态	194
		热态	266
	G_2-G_0	冷态	193
		热态	274
	$Ne-G_0$	冷态	195
		热态	271

(四)点火线圈的检测

电控点火系统的点火线圈为高能点火线圈,可在万能试验台上进行测试,通过测量跳火间隙判断点火线圈的性能;高能点火线圈初级绕组的电阻一般较小,可通过测量其初级绕组和次级绕组的电阻值,判断点火线圈是否有断路、短路和搭铁。桑塔纳轿车点火线圈初级绕组的电阻为0.52~0.76 Ω,次级绕组的电阻为2.4~3.5 kΩ,红旗、奥迪轿车点火线圈初级绕组的电阻为0.6~0.7 Ω,次级绕组的电阻为2.5~3.5 kΩ。

(五)点火器的检测

不同电控点火系统的点火控制器检测原理不同,检测时要先了解点火控制器的接线方式。现以霍尔效应式点火控制器和电磁感应式点火控制器为例进行说明。

1. 霍尔效应式电控点火系统点火控制器检测

图4-71所示为桑塔纳轿车霍尔效应式电控点火系统,其点火控制器的接线为:1—接点火线圈“-”(绿色);2—接电源负极(棕色);3—接霍尔信号发生器“-”(棕/白色);4—接点火线圈“+”(黑色);5—接霍尔信号发生器“+”(红/黑色);6—接霍尔信号发生器输出“S”(绿/白色)。

接通点火开关,用万用表测量1与4端子之间的电阻应为0.52~0.76 Ω,2与4端子之间的电压应为12 V,3与5端子之间的电压应为11~12 V。慢慢转动分电器轴,测3与6端子之间的电压,若电压交替在0.3~0.4 V和11~12 V范围内变化,则点火控制器检测良好。否则,点火控制器有故障,应更换。把万用表接在点火线圈的“+”与“-”接线柱上,接通点火开关,观察电压表读数,若电压大于2 V且经1~2 s后电压降为0,则点火线圈良好;否则,点火线圈有故障,应更换。

2. 电磁感应式电控点火系统点火控制器检测

如图4-72所示,用一个1.5 V的干电池代替信号发生器,接到点火控制器信号输出端子上。正接时,点火线圈的初级绕组导通,用万用表测量点火线圈的“1/2”接线柱与搭铁之间的电压,应为1~2 V(如图4-72所示);将电池的极性颠倒后,再进行测量,其值应为12 V。若与上述不符,则点火控制器有故障,应更换。

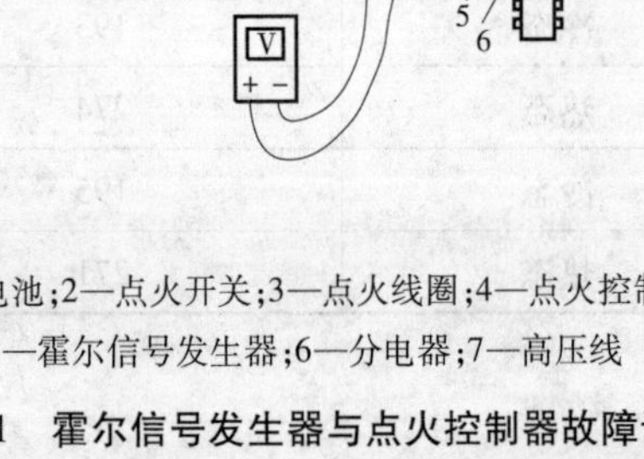

1—蓄电池;2—点火开关;3—点火线圈;4—点火控制器;
5—霍尔信号发生器;6—分电器;7—高压线

图4-71 霍尔信号发生器与点火控制器故障诊断

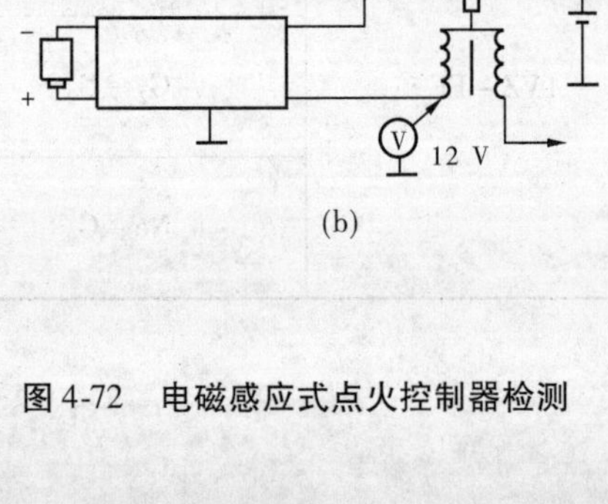

图4-72 电磁感应式点火控制器检测

(六)点火正时检测

用点火正时灯或点火测试仪检测点火正时的方法简单准确,所以在汽车检测维修中应用普遍。点火正时灯是一种频率闪光灯,利用高压线中电流的感应作用触发正时灯在火花塞点火时发出闪光。一般在发动机的旋转部件(齿轮或飞轮)上刻有正时标记,在相邻的固定机壳上也有一个标记。当曲轴转到两个标记对齐时,第一缸活塞正好到达上止点位置。如果没有点火提前,每次活塞到达上止点时点火,触发点亮的正时灯照射有标记处,可以看到两个标记对齐。如果有点火提前,正时灯亮时第一缸活塞还未到上止点,即活动标记还未到固定标记处,两个标记没有对齐,它们之间相对应的曲轴转角的角度差,就是点火提前角。

如图 4-73 所示,用点火正时灯检测点火正时的方法如下:

(1)擦拭曲轴带盘或飞轮上的标记处,使标记清晰可见。

(2)启动发动机,使水温上升至 70 ~ 80 ℃。

(3)预热后,检查发动机怠速是否在规定范围内。

(4)将正时灯的两个电源夹中的红色夹连接在蓄电池正极上,黑色夹连接在蓄电池负极上。

(5)将正时灯的外卡式传感器卡在第一缸分压线上,同时将正时灯上的电位计旋钮旋转到"0"位置。

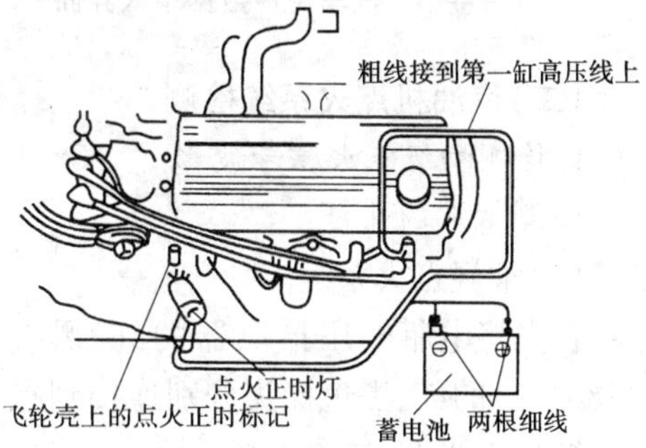

图 4-73　点火正时的检测

(6)在发动机怠速稳定运转情况下,将正时灯打开并对准规定的正时标记(奥迪、桑塔纳等轿车对准飞轮上的标记)。

(7)若正时灯闪光与正时标记正好对准,说明点火时刻最佳;若正时灯闪光出现在正时标记的前方,说明点火过早;反之则点火过迟。调整点火正时灯上的电位计使两标记对齐,则正时灯上指示的读数为发动机怠速时的点火提前角。

三、用发动机综合分析仪诊断点火系统故障

现以国产 EA2000 汽车发动机综合性能分析仪为例,说明点火系统故障诊断的基本操作方法。

(一)测试前的准备

(1)使用前应认真阅读仪器的使用说明书。

(2)在将信号提取系统连接到被测车辆前,应开启仪器电源预热 20 min。

(3)按说明书要求连接好测试线和传感器。注意在连接仪器与发动机之间的测试线时,发动机必须停止运转,点火开关应置于 OFF 位置。

(4)开启仪器电源和显示器开关,主机进入系统自检画面,系统将对各适配器逐个自检,连接正确显示为绿色,未安装则显示红色。

(5)自检后,系统进入用户数据录入界面,如图 4-74 所示,需要在这里输入被测试汽车的型号、类型、冲程数、缸数、点火次序、点火方式、同步方式、额定功率等有关数据。

(6)点击"确认"按钮,系统将进入测试项目主菜单,如图 4-75 所示。

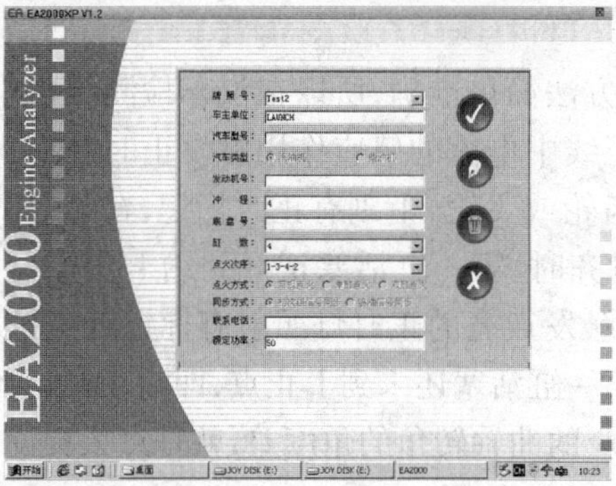

图 4-74　汽车用户数据录入界面

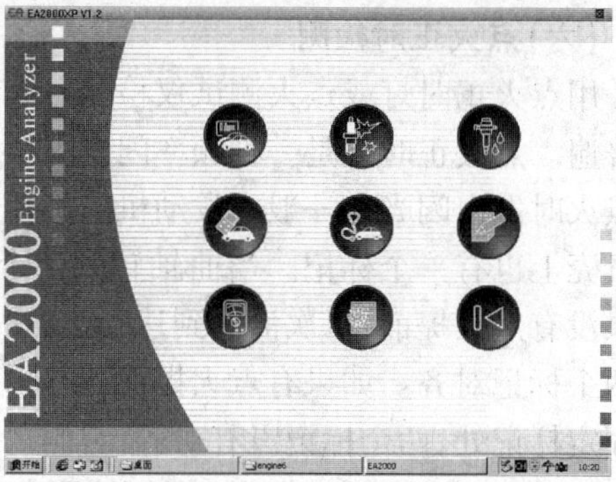

图 4-75　系统测试项目主菜单

(二)汽油机点火系统检测

1. 检测初级点火信号波形

1)测试前的连接

(1)常规点火系统。

首先将电瓶电压拾取器的红、黑夹分别夹在电瓶的正、负极上,将初级信号提取器(1280401)的红、黑色探头分别连接到点火线圈的正、负极上,再将第一缸信号拾取器夹在第一缸高压线上,如图 4-76 所示。

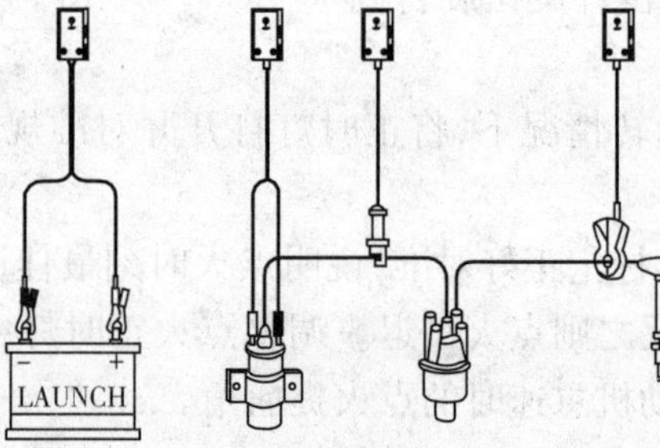

图 4-76　常规初级点火波形测试接线示意图

(2)直接点火系统(包括单缸和双缸独立点火系统)。

首先将电瓶电压拾取器的红、黑夹分别夹在电瓶的正、负极上,再将初级信号提取器(1280401－1DIS)的各探针依次接入各缸的波形输出端。

2)检测步骤

(1)如图 4-77 所示,在“汽油机检测”菜单下用鼠标点击“初级信号”图标,即进入初级信号检测界面,然后启动发动机即可测到初级点火波形,如图 4-78 所示。

(2)用鼠标左键点击“选择缸号”图标,在系统弹出的小窗口中可选择显示每一缸或所有缸的初级波形。

(3)用鼠标左键点击“显示调整”图标,系统即弹出显示调整窗口,可根据需要点击相应图标进行 X 轴单位调整(在 ms 和角度之间切换),将波形进行横、纵向平移和缩放。

(4)用鼠标左键点击“保存数据”图标,系统将当前特征值保存到数据库。

(5)用鼠标左键点击“保存波形”图标,系统可将当前界面波形保存于指定目录。

(6)用鼠标左键点击“图形打印”图标,可对界面有效区域进行图形打印。

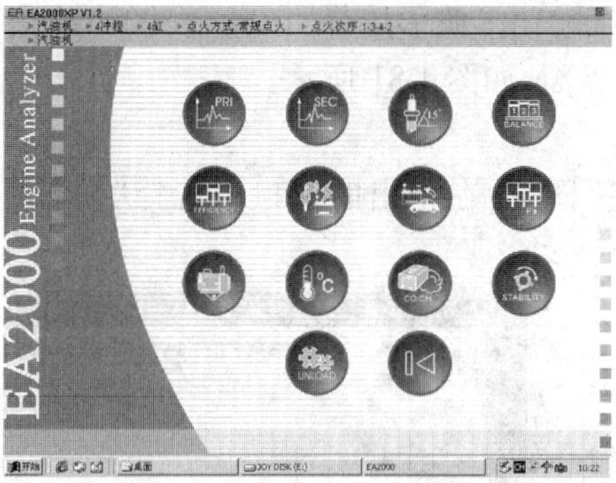

图 4-77　汽油机检测菜单

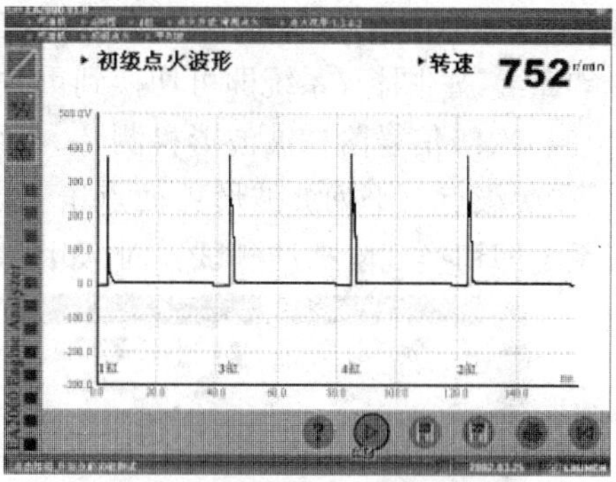

图 4-78　初级点火信号波形

(7)用鼠标左键点击“帮助”图标,将进入帮助系统,可以查看相关正确与故障波形,以供参考。用鼠标左键点击“返回”图标可返回上级“汽油机检测”菜单。

2. 检测次级点火信号波形

1)测试前的连接

(1)常规点火系统。

首先将电瓶电压拾取器的红、黑夹分别夹在电瓶的正、负极上,将红色次级信号夹夹在中心高压线上,第一缸信号钳夹在第一缸高压线上。

(2)其他点火系统的接线方法按照说明书的要求连接。需要说明的是,用户必须正确输入被测车辆的缸数、点火次序和正触发的缸号,正确夹持所有次级信号夹或次级信号感应片,否则可能会造成波形不能正常显示。

2)波形检测

(1)次级平列波波形检测。

在“汽油机检测”菜单下用鼠标左键点击“次级信号”图标,即进入次级信号测试界面(默认为平列波),然后启动发动机即可测到次级平列波,如图 4-79 所示。

(2)次级并列波波形检测。

通过次级并列波可清晰地看到每个缸的点火全貌,亦可根据所测波形的形状与标准波形的对比,进行故障分析、判断,以确定故障的原因与部位,如图 4-80 所示。

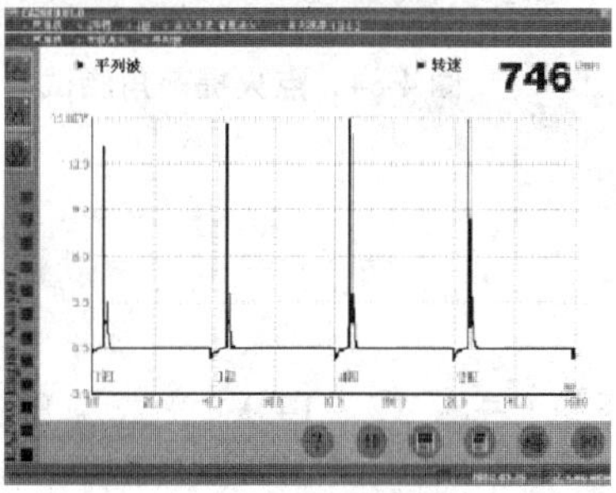

图 4-79　次级信号平列波波形

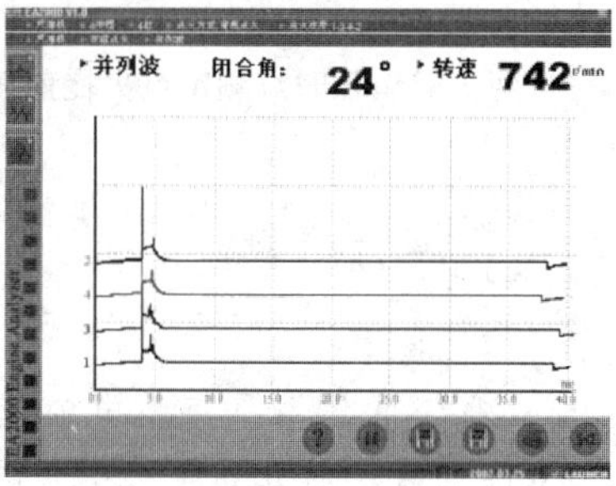

图 4-80　次级信号并列波波形

(3)次级重叠波波形检测。

将各缸的点火波形起始点对齐,全部重叠在一个水平位置上称为重叠波。如果触点式点火系统的分电器凸轮磨损不均匀或凸轮轴严重磨损,将会造成波形重叠不良,一般重叠角不能超过周期的5%。在次级点火平列波波形界面点击“波形选择”图标,在弹出的窗口中选择“重叠波”图标,系统即可切换到重叠波测试界面,如图4-81所示。

(4)次级信号阶梯波波形检测。

在次级点火平列波波形界面点击“波形选择”图标,在弹出的窗口中选择“阶梯波”图标,系统即切换到阶梯波测试界面,如图4-82所示。

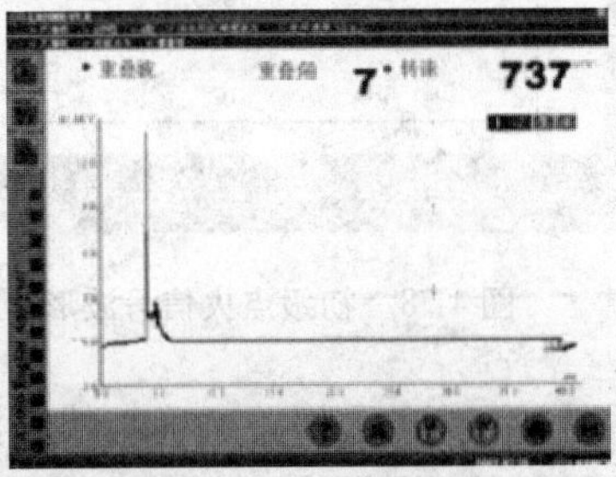

图4-81　次级信号重叠波波形

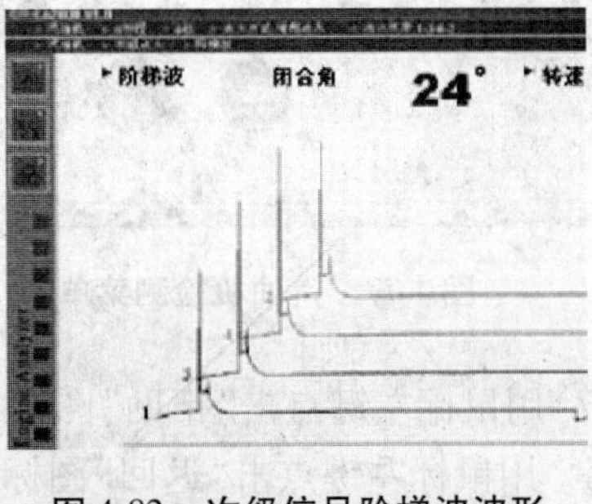

图4-82　次级信号阶梯波波形

3. 点火提前角测试

1)测试前的连接

如图4-83所示连接正时灯。

2)检测步骤

在“汽油机检测”菜单中用鼠标点击“点火提前角”图标,然后启动发动机。将正时灯对准曲轴飞轮或皮带轮上的一缸上止点标记处,按下正时灯电源按钮,调整频闪灯上的电位器,使闪光相位前后移动直到曲轴飞轮上的标记对准飞轮壳上的刻度零点或皮带轮上的一缸上止点标记对准指示标记,见图4-83。此时显示器即会显示点火提前角数值,如图4-84所示。

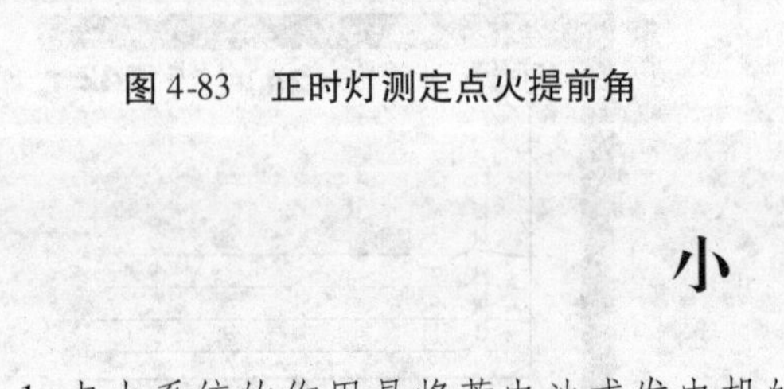

图4-83　正时灯测定点火提前角

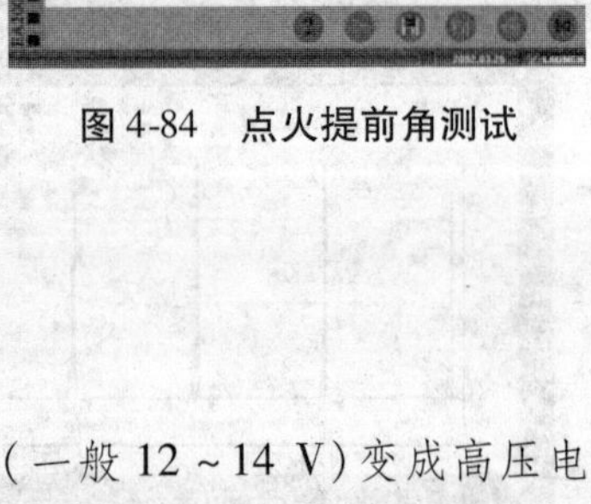

图4-84　点火提前角测试

小　结

1. 点火系统的作用是将蓄电池或发电机的低压电(一般12~14 V)变成高压电(一般12~30 kV),同时按照发动机各汽缸的工作顺序,及时地在汽缸压缩行程终了时用电火花点燃可燃混合气,满足可燃混合气充分地燃烧及发动机工作稳定的性能要求,使汽油发动机顺利地实现从热能到机械能的转变。

2. 对点火系统的要求是:①点火系统应具有足够高的击穿火花塞电极间隙的电压;②电火花应具有足够的点火能量;③点火时刻与发动机工况相适应。

3. 汽油机电控点火系统的功能主要包括点火提前角、通电时间及爆震控制三个方面。

4. 电控点火系统主要包括各种传感器、电子控制单元以及执行器(点火器、点火线圈、火花塞)等。

5. 凸轮轴/曲轴位置传感器有电磁感应式、霍尔效应式和光电式三种。

6. 爆震传感器用来检测发动机的异常振动,通常安装在发动机汽缸体的侧面,按发动机缸体振动频率的检测方式不同,可分为共振型和非共振型两种;按爆震传感器结构的不同,可分为压电式和磁致伸缩式及火花塞座金属垫型几种。

7. 电控点火系统的类型:一种是有分电器的电控点火系统;另一种是无分电器的电控点火系统。无分电器的电控点火系统按控制方式又分为分组点火和独立点火两种。

思考与练习

一、选择题

1. 凸轮轴位置传感器产生两个 G 信号,G_1 信号和 G_2 信号相隔____________曲轴转角。

A. 180° B. 90° C. 270° D. 360°

2. ECU 根据____________信号对点火提前角实行反馈控制。

A. 水温传感器 B. 曲轴位置传感器 C. 爆震传感器 D. 车速传感器

3. 在讨论无分电器双缸点火系统时,甲说当一对火花塞跳火时,汽缸中的一个处于排气行程,另一个处于膨胀行程;乙说每对火花塞串联跳火。下列说法正确的一项为________。

A. 甲正确 B. 乙正确 C. 两人均正确 D. 两人均不正确

4. 混合气在汽缸内燃烧,当最高压力出现在上止点____________左右时,发动机输出功率最大。

A. 后 10° B. 前 10° C. 前 5° D. 后 5°

5. 关于点火控制电路维修,下列说法正确的一项为____________。

A. 发动机怠速时,检查点火器“IG_t”端子与搭铁之间应无脉冲信号

B. 发动机怠速时,检查点火器“IG_t”端子与搭铁之间应有脉冲信号

C. 怠速时检查 ECU 的“IG_f”端子与搭铁之间应无脉冲信号

D. 点火开关接通后,用万用表检查点火线圈的“+”与搭铁之间的电压应为 5 V

二、判断题

1. 采用爆震传感器来进行反馈控制,可使点火提前角在不发生爆震的情况下尽可能地增大。 ( )

2. 在双缸同时点火系统中,点火线圈的个数是该发动机汽缸数的一半。 ( )

3. 发动机启动时,不管发动机运转情况如何,点火都发生在某一固定的曲轴转角。 ( )

4. 发动机工作时,随冷却液温度的提高,爆燃倾向逐渐增大。 ( )

5. 一般来说,缺少转速信号,电子点火系统将不能点火。 ( )

6. 在暖机过程中，随着冷却水温度的提高，点火提前角应适当的减小。 ( )

7. 无分电器单独点火系统每个汽缸的火花塞配用两个点火线圈。 ( )

8. 最理想的点火时机应该是将点火正时控制在爆震即将发生而还未发生的时刻。 ( )

9. ECU 根据计算出的曲轴每转 10°所用的时间，确定 G 信号后点火线圈初级电路通电与断电时刻。 ( )

10. 当发动机负荷超过一定值时，电控点火系统自动转入开环控制模式。 ( )

11. 随着负荷的减小，进气管真空度增大，此时应适当减小点火提前角。 ( )

12. 为了稳定发动机转速，点火提前角需根据喷油量的变化进行修正。 ( )

13. 增大点火提前角是消除爆燃的最有效措施。 ( )

14. 混合气的质量越好，燃烧的速度越大，点火提前角就应越大。 ( )

15. ECU 根据凸轮轴位置传感器的信号，来确定发动机转速。 ( )

三、问答题

1. 发动机启动后在正常工况下运转时，控制点火提前角的信号主要有哪些？

2. 通电时间对发动机工作的影响如何？

3. 电控点火系统的主要优点有哪些？

4. 电控点火系统由哪些部件组成？

5. 点火提前角过大或过小对发动机有何影响？

6. ECU 是如何对爆震进行反馈控制的？

项目五　排放控制系统

【任务介绍】

随着汽车的保有量不断增加，汽车排放污染对人类环境的危害也日趋严重。汽车的排放污染主要来源于发动机排出的废气（占65%以上）、曲轴箱窜气（占20%）和燃料供给系统中蒸发的燃油蒸气（占10%～20%）。汽油机的主要排放污染物是一氧化碳（CO）、碳氢化合物（HC）和氮氧化物（NO_x）。针对汽车污染源和各种污染物的产生原理，各种排放控制系统应运而生。设置本项目的目的一方面是学习各种排放控制系统的组成、分类和工作原理等知识；另一方面是掌握正确检测排放控制系统的方法，学会对各种排放控制系统进行规范的维护保养作业。

【任务分析】

引导学生完成各种排放控制系统的组成分类及工作原理等相关知识的学习，然后实施排放控制系统的检测任务。

学习后应能够达到：

1. 掌握催化转换器的结构和工作原理。
2. 掌握氧传感器的类型及工作原理。
3. 掌握 EGR 系统的结构组成和工作原理。
4. 掌握二次空气供给系统的结构组成和工作原理。
5. 掌握 EVAP 系统的结构组成与工作原理。
6. 依据氧传感器信号判断混合气浓稀。
7. 依据检测结果，判断二次空气供给系统的工作状态。
8. 采用合适的诊断流程，判断出排放各系统的故障原因。

【相关知识】

目前，一些大城市的灰霾天数已经达到全年的30%以上，有的甚至达到全年的一半左右。大气中颗粒物（包括粗颗粒物 PM10 和细颗粒物 PM2.5）浓度增加，是除气象条件外灰霾产生的重要原因之一。

PM2.5 的主要来源是人为排放。人类既直接排放 PM2.5，也排放某些气体污染物，在空气中转变成 PM2.5。直接排放主要来自燃烧过程，比如化石燃料（煤、汽油、柴油）的燃烧、生物质（秸秆、木柴）的燃烧、垃圾焚烧。在空气中转化成 PM2.5 的气体污染物主要有二氧化硫、氮氧化物、氨气、挥发性有机物。其他的人为来源包括：道路扬尘、建筑施工扬尘、工业粉尘等。

大气中的细颗粒物 PM2.5，往往会附着硫化物、氮氧化物、重金属颗粒等大多由工业污染源排放的污染因子，因而对人体的伤害很大。

汽车尾气是 PM2.5 的一大来源，如果频繁加油门、踩刹车，产生的 PM2.5 会更多，而保持每小时三四十千米以上的匀速，既省油，又能减少污染物排放。

单元一 排气污染物的控制

我国首次成为世界汽车产销第一大国，汽车产销量的飙升也带来了严重的机动车污染问题。机动车尾气排放已成为我国大中城市空气污染的主要来源。汽车排放的CO（一氧化碳）和HC（碳氢化合物）超过70%，NO_x（氮氧化物）和PM（颗粒物）超过90%。机动车排放污染物对环境影响日趋严重的同时，我国一些地区酸雨、灰霾和光化学烟雾等区域性大气污染问题频繁发生，部分地区甚至出现了每年200多天的灰霾天气，这些问题的产生都与机动车排放的氮氧化物、细颗粒物等污染物直接相关。为了减少汽车使用过程中对大气环境的污染，除了积极提高油品质量，现代汽车对汽油发动机的污染采取了多项控制有害物排放及净化的措施，如采用三元催化转换器、废气再循环（EGR）控制系统、二次空气喷射系统、燃油蒸气排放控制系统（EVAP）。

一、汽车排放污染物的主要成分及其危害

汽车排放污染物的途径及成分主要有：

(1)从排气管排出的废气，主要成分是CO、HC、NO_x、SO_2以及铅化物、微粒物（由碳烟、铅氧化物等重金属氧化物和烟灰等组成）和硫化物等；

(2)曲轴箱窜气，其主要成分是HC，还有少量的CO、NO_x等；

(3)从油箱、化油器浮子室以及油管接头等处蒸发的汽油蒸气，成分是HC。

此外，还有含氯氟烃和CO_2等各种有害成分，直接或间接危害人类的健康。

（一）一氧化碳（CO）

CO是汽油烃类成分燃烧的中间产物，理论上，当混合气空燃比≥14.7∶1时，即在氧气充足的情况下，排气中将不含CO而代之产生CO_2和未参加燃烧的O_2。但现实中由于混合气的分布并不均匀，总会出现局部缺氧的情况。当空气量不足，即混合气空燃比<14.7∶1时，必然会有部分燃料不能完全燃烧而生成CO。比如发动机在怠速时，燃烧的混合气偏浓，此时发动机工作循环中的气体压力与温度不高，混合气的燃烧速度减慢，就会引起不完全燃烧，使CO的浓度增加。发动机在加速和大负荷范围工作，或点火时刻过分推迟时也会使尾气中CO的浓度增高。同时，即使燃料和空气混合很均匀，由于燃烧后的高温，已经生成的CO_2也会有小部分被分解成CO和O_2。另外，排气中的H_2和未燃烃HC也可能将排气中的部分CO_2还原成CO。

CO是一种无色、无刺激的气体，是汽车及内燃机排气中有害浓度最大的成分。人吸入的CO很容易和血红蛋白结合并输送到体内，阻碍血红素带氧，造成体内缺氧而引起窒息。

（二）碳氢化合物（HC）

排气中的HC是由未燃烧的燃料烃、不完全氧化物以及燃烧过程中部分被分解的产物所组成的。当混合气过稀或缸内废气过多时会出现火焰传播不充分，即燃烧室部分地区由于混合气过稀或缸内残余废气系数过高而不能燃烧，出现断火。这时，排气中的HC浓度显著增加。

碳氢化合物总称烃类，是发动机未燃尽的燃料分解产生的气体，汽车排放污染中的未燃烃的20%～25%来自曲轴箱窜气，20%来自化油器与燃油箱的蒸发，其余55%由排气管

排出。

单独的HC只有在浓度相当高的情况下才会对人体产生影响，一般情况下作用不大，但它却是产生化学烟雾的重要成分。

(三)氮氧化物(NO_x)

氮氧化物主要是指NO和NO_2，由排气管排出。试验证明，供给略稀的混合气(空燃比≥15.5)会增大NO_x的排放量。汽油机排出的氮氧化物中，NO占99%，而柴油机排出的氮氧化物中NO_2比例稍大。高浓度的NO能引起神经中枢的障碍，并且容易氧化成剧毒的NO_2，NO_2有特殊的刺激性臭味，严重时会引起肺气肿。

HC与NO_2的混合物在紫外线作用下进行光化学反应，由光化学过氧化物而形成的黄色烟雾，其主要成分是臭氧(O_3)，该现象称为"光化学烟雾"。大气中产生的臭氧等过氧化物，对人的眼、鼻和咽喉黏膜有较强的刺激作用，引起结膜炎、鼻炎、支气管炎等症状，并伴随有难闻的臭味，严重时可致癌。

(四)浮游微粒

汽油机中的主要微粒为铅化物、硫酸盐、低分子物质，柴油机中的主要微粒为石墨形的含碳物质(碳烟)和高分子量有机物(润滑油的氧化和裂解产物)。柴油机的微粒量比汽油机多30~60倍，成分比较复杂。特别是碳烟，主要由直径为0.1~10 μm的多孔性碳粒构成，它除会被人体吸入肺部沉淀下来外，还往往黏附有SO_2及致癌物质，严重危害人体健康。

(五)硫氧化物

汽车内燃机尾气中硫氧化物的主要成分为SO_2。当汽车使用催化净化装置时，就算很少量的SO_2也会逐渐在催化剂表面堆积，造成所谓催化剂中毒，不但危害催化剂的使用寿命，还危害人体健康。另外，SO_2还是造成酸雨的主要物质。

综上所述，应从制定并严格执行相关法规、大力发展公共交通、改善道路环境、提高燃油品质、开发汽车新能源、积极研发电动汽车等方面控制汽车排放。

二、汽车噪声的控制

汽车噪声的大小是衡量汽车质量水平的重要指标，它反映出汽车的质量和技术性能的高低。汽车是一个包括各种不同性质噪声的综合噪声源，按噪声产生的过程和原理，主要分为与发动机有关的噪声和与汽车行驶有关的噪声。与发动机有关的噪声主要有：发动机进、排气噪声，冷却风扇噪声，发动机燃烧噪声和机体各部件振动辐射噪声，另外还包含其附件，如发电机、空压机、机油泵、水泵等辐射的噪声。与汽车行驶有关的噪声主要有：传动系统噪声，轮胎滚动噪声，车体(或车身)各部件在发动机和路面不同的激励下的振动辐射噪声，另外还包括制动器噪声、车身和空气相对运动而产生的气流噪声等。

这些噪声与汽车和发动机形式有关，还与使用过程中的车速、发动机转速、加速状态、载荷及道路条件有关。这些噪声的发生都是被动的，只要车辆行驶就会产生噪声。

本节只介绍影响汽车噪声的汽车结构方面的主要因素。概括起来主要有以下几点。

(一)发动机噪声

1. 燃烧噪声和机械噪声

发动机表面辐射噪声由燃烧噪声和机械噪声两大类构成，是发动机内部的燃烧及机械振动产生的噪声。

(1)燃烧噪声是可燃混合气在汽缸内燃烧时通过活塞、连杆、曲轴、缸体等途径向外辐射产生的噪声,这些噪声在柴油机噪声中占很大的比例,而在汽油机中则占次要地位。

(2)机械噪声是指活塞、齿轮、配气机构等运动件之间机械撞击产生的振动噪声,包括活塞敲击声、气门机构声、正时齿轮声。柴油机中正时齿轮的噪声是很大的噪声源。

燃烧噪声和机械噪声都是由发动机本体发出的,并且随着发动机转速的增加,噪声也增加。一般情况下,低转速时燃烧噪声占主导地位,高转速时机械噪声占主导地位。两者是密切相关,相互影响的。

2. 进、排气噪声

(1)进气噪声是由于发动机在进气过程中的气体压力波动和高速气体流动所引起的振动而产生的噪声。降低进气噪声的最有效措施是设计合适的空气滤清器,或采用进气消声器。

(2)排气噪声是指发动机排出废气时,在排气门附近,排气歧管内及排气管口气体压力发生剧烈变化,在空气中和排气管内产生压力波,辐射出的很强的噪声。

排气噪声是汽车和发动机最主要的噪声源。进、排气噪声的大小与发动机额定功率、转速、气门压力等因素有关,并随着发动机的负荷而变化。

排气噪声总声压级在 100~120 dB,比汽车上其他噪声源的总噪声还高 10~20 dB。对于发动机排气噪声这类空气动力性噪声,最有效的降噪措施是在排气管道中安装消声器。消声器的作用是消耗气流的能量,平均气流的压力波动,让气流通过,对噪声有一定的消减作用。

3. 风扇噪声

风扇噪声是由旋转噪声和涡流噪声所组成的。旋转噪声是风扇旋转时叶片切割空气,引起空气振动所产生的。涡流噪声是风扇旋转时叶片周围产生的空气涡流造成的。风扇噪声是汽车较大的噪声之一。特别是近年来,由于车内普遍安装空调和排气净化装置等,使发动机罩内温度上升,冷却风扇负荷加大,噪声变得更为严重。风扇噪声与发动机转速有直接关系。实践表明,减小振动是降低噪声的根本措施。增加发动机结构的刚度和阻尼,是减小表面振动的办法,从而可达到降低噪声的目的。

(二)传动机构噪声

汽车传动系统包括离合器、变速器(分动器)、传动轴、驱动桥等,这里着重讨论变速器、驱动桥及传动轴。

汽车行驶过程中传动机构及路面的振动所引起的噪声,频率为 400~2 000 Hz,其中齿轮传动的机械噪声是主要部分。

汽车的变速器和驱动桥产生的噪声主要是齿轮系统的传动、振动、撞击、摩擦等形成的。

变速器和驱动桥产生噪声的原因是多方面的,既有制造和装配原因,也有设计参数选择和结构的原因,其中齿轮传动是产生噪声的主要方面;其次,箱体轴承等方面也影响着噪声。齿轮噪声以声波向空间传出的仅是一小部分,而大部分则因变速器、驱动桥的激振使各部分产生振动而变为噪声。影响齿轮噪声的因素是十分复杂的,理论分析和实际经验都表明,为减小齿轮噪声,不仅要从设计、制造精度以及加工精度等方面把因啮合引起的撞击声和激振声控制到最小程度,而且在维修中要注意齿轮的安装精度、啮合间隙和印迹的调整。

传动轴噪声主要表现为汽车行驶中传动轴发出的周期性响声,且车速越高响声越严重,甚至引起车身抖动、驾驶员握方向盘的手有麻木感，这是由于传动轴变形、轴承松旷及装配不良等原因造成的，提高装配精度，检查平衡片有无脱落，避免超速行驶，可减小传动轴噪声。

(三)轮胎噪声

轮胎噪声是汽车的另一个重要的噪声源。有关研究表明，在干燥路面上，当汽车高速行驶时，轮胎噪声会超过发动机噪声而成为最主要的噪声源。而在湿路面上，即使车速低，轮胎噪声也会超过其他噪声成为最主要的噪声源。

轮胎噪声产生的原因主要有两方面：

(1)泵气效应。泵气效应是指轮胎高速滚动时引起轮胎变形，使得轮胎花纹与路面之间的空气受挤压，随着轮胎滚动空气又在轮胎离开接触面时被释放，这样连续的"压挤释放"，空气就迸发出噪声。

(2)轮胎振动。轮胎振动与轮胎的刚度和阻尼有关，刚度增大(例如轮胎帘布层数目增加)，阻尼减小，轮胎的振动就会增大，噪声也就大了。要降低轮胎的噪声，胎面可采用多种花纹节距，采用高阻尼橡胶材料，调整好轮胎的负载平衡以减小自激振动等。

影响轮胎噪声的最主要的因素是轮胎花纹，花纹不同，压缩、排气的难易程度也不同。如载重汽车的烟斗花纹轮胎要比普通花纹的轮胎噪声大。轮胎转速与噪声有一定的线性关系，车速越快噪声越大，车辆越重噪声越大。若车速增加 10 倍，噪声约增加 30 倍。

(四)制动噪声

制动噪声是汽车制动过程中由制动器摩擦引起制动器等部件振动发出的声响，通常称为制动尖叫声。特别是制动器由热态转为冷态时，更容易产生这种噪声。该高频噪声不仅影响汽车的舒适性，还会给驾驶员带来不必要的担心。

鼓式制动器比盘式制动器产生的噪声大，通常发生在制动蹄摩擦片端部和根部与制动鼓接触的情况下，其噪声大小取决于制动蹄摩擦片长度方向上的压力分布规律，还受制动系统零部件刚度的影响。

上述这些噪声无疑都会影响驾驶员的心理变化，给行车安全带来隐患。

为降低发动机辐射噪声，各汽车生产企业对驾驶室和发动机都采取了加装隔声吸声装置等措施。在发动机周围增加声学屏障，并对发动机罩进行必要的隔声处理，仅凭这些隔声措施而不对发动机本身进行任何改进，就可以将噪声降低 8 ~ 10 dB。因此，驾驶室和发动机隔声装置能够有效地降低汽车加速行驶而产生的噪声。

综上所述，控制噪声的方法有两种：一是削减振源，二是控制噪声的传出。

单元二　氧传感器

一、结构及工作原理

在使用三元催化转换器以减少排气污染的发动机上，氧传感器是必不可少的元件。由于混合气的空燃比一旦偏离理论空燃比，三元催化剂对一氧化碳、碳氢化合物和 NO_x 的净化能力将急剧下降，故应在排气管中安装氧传感器，用以检测排气中氧的浓度，并向 ECU 发出反馈信号，再由 ECU 控制喷油器喷油量的增减，从而将混合气的空燃比控制在理论值附近。

多数的电喷发动机在三元催化转换器的后面还装着一个氧传感器，两个氧传感器分别称为主、副氧传感器，如图 5-1 所示。ECU 依据副氧传感器的反馈信号来修正主氧传感器的信号误差，此外副氧传感器还可用来“监视”三元催化转换器的工作状态。一旦它输出的信号电压与主氧传感器的相似或同步，则意味着三元催化转换器工作不良或已经失效。

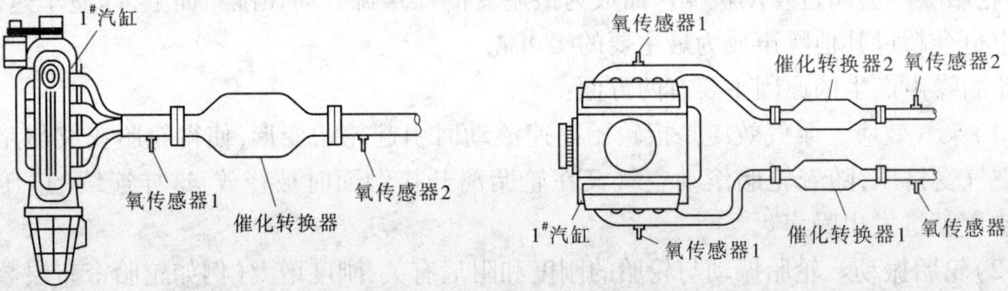

图 5-1　氧传感器的安装位置

氧传感器按材质分为氧化锆(ZrO_2)式和氧化钛(TiO_2)式两种类型，按作用分为非加热型和加热型，按在排气管中的安装数量分为单氧传感器和双氧传感器。双氧传感器用在采用 OBD－Ⅱ系统的车辆上，一个氧传感器安装在催化转换器前面的排气管上(上游氧传感器)，另一个安装在催化转换器后面的排气管上(下游氧传感器)。上游氧传感器被 ECU 用于进行空燃比调节，下游氧传感器被 ECU 用于判断三元催化转换器的转化效率。

(一)氧化锆式氧传感器

1. 氧化锆式氧传感器的结构

氧化锆式氧传感器结构如图 5-2(a)所示，该传感器主要由氧化锆管、铂电极和保护套组成。氧化锆管固定在带有安装螺纹的固定套中，锆管的内、外表面均覆盖着一层多孔性铂膜作为电极，锆管内侧通大气，外侧直接与排气管中的废气接触。在氧化锆管外表面的铂膜层上，还覆盖着一层多孔的陶瓷涂层，并加有带槽口的保护套，用来防止废气对铂电极的腐蚀。在传感器的线束插接器端有金属护套，上面开有小孔，以便使氧化锆管内侧通大气。

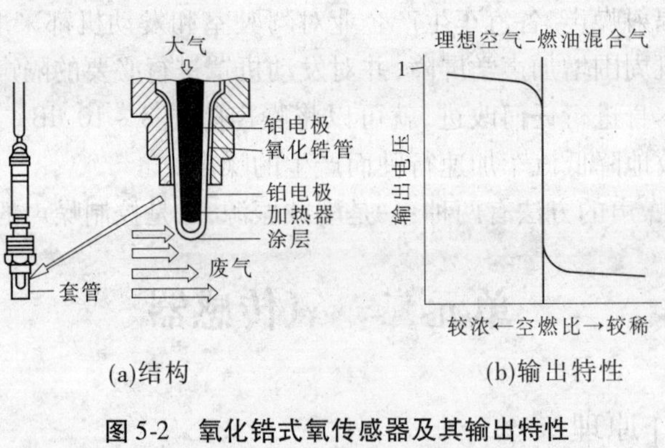

(a)结构　　(b)输出特性

图 5-2　氧化锆式氧传感器及其输出特性

2. 氧化锆式氧传感器工作原理

氧化锆式氧传感器实质上是一个化学电池，又称氧浓差电池。在 400 ℃以上的高温下，氧气发生电离，若氧化锆管内、外表面接触的气体中存在氧的浓度差别，则在固体电解质(二氧化锆元件)内部氧离子从大气一侧向排气一侧扩散，形成微电池，氧化锆管内、外表面的两个铂电极之间将会产生电压。发动机工作时，由于氧化锆管内表面接触的大气中氧浓度是固定的，而与锆管外表面接触的废气中氧浓度是随空燃比变化的，所以可将氧化锆管内、外表面两个电极间产生的电压输送给 ECU，作为判断实际空燃比的依据。当混合气过稀时，排出的废气中氧含量高，锆管内、外侧氧浓度差小，产生的电压很低(接近 0)；当混合气过浓时，排出的废气中氧含量低，锆管内、外侧氧浓度差大，两电极间产生的电压高(接近 1 V)如图 5-2(b)所示。根据所测电压值就可测量氧传感器外表面氧气含量，而发动机废气排放中的氧含量主要取决于混合气的空燃比，因此 ECU 根据氧传感器输入的电信号分析汽油的燃烧状况，以便及时修正喷油量，使空燃比处于理想状况，即 $\lambda=1$，所以这种传感器又称为 λ 传感器。

氧传感器的工作特性与温度密切相关，温度强烈地影响着氧化锆管对氧离子的导通能力。氧化锆只能在 400 ℃以上的高温下才能正常工作，低于 350 ℃时几乎没有信号。另外，输出信号电压随混合气空燃比变化的响应时间也与温度有关。为保证发动机在进气量少、排气温度低时也能正常工作，有的氧传感器内装有加热器，加热器也由发动机 ECU 控制，如图 5-3 所示。加热式的锆管内有加热元件，通电 30 s 便达到工作温度。加热元件为正温度系数(PTC)电阻，温度较低时电阻很小，加热电流、功率大，加热很快。加热后电阻升高，功率不大。

3. 氧化锆式氧传感器的形式

氧化锆式氧传感器有以下 4 种形式：

(1)单引线式。氧传感器只有一根信号线，以外壳做搭铁回路。该种氧传感器只有依靠排气管散发的热量才能正常工作，当发动机怠速工作达不到正常工作温度时，ECU 会以一固定值代替氧传感器信号值。

(2)两线式。氧传感器有两条引线，一条为信号线，另一条则为搭铁线。

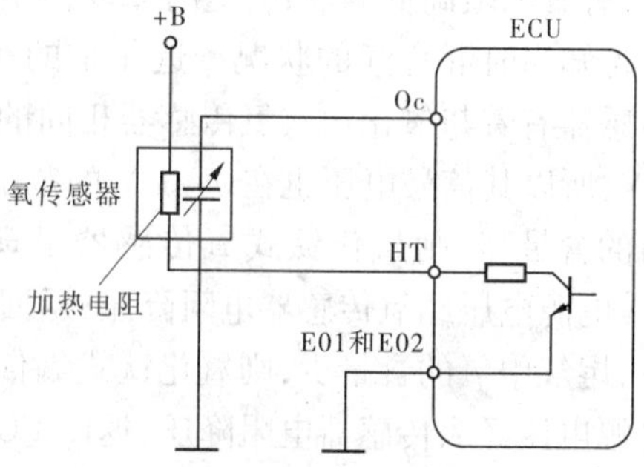

图 5-3　氧传感器控制电路

(3)三线式。使用在加热型的氧传感器上，其中两条引线同(2)，第三条线为来自继电器(或点火开关)的 12 V 加热电源线。

(4)四线式。这种氧传感器的信号线与加热线各自有搭铁回路，即有两条搭铁线。

4. 氧化锆式氧传感器的信号电压特征

当发动机在浓混合气的状态下运行时，其输出信号电压应大于 0.45 V，一般为 0.8 ~ 1 V；当发动机在稀混合气的状态下运行时，其输出电压应小于 0.45 V，一般为 0 ~ 0.2 V(制造型号不同，这些参数会存在细微的差异)。氧传感器信号电压的变化情况如表 5-1 所示，氧传感器的电压波形如表 5-2 所示。

表 5-1　氧传感器信号电压的变化情况

废气中氧的含量	氧传感器输出信号电压(V)	判断混合气状况
低	>0.45	浓
高	<0.45	稀

表 5-2　氧传感器电压信号波形

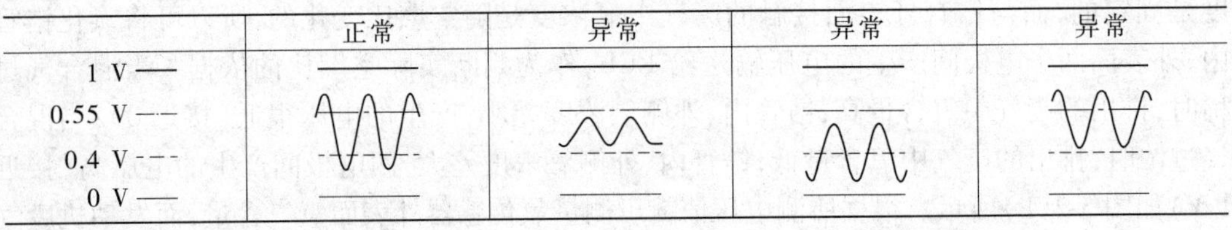

(二)氧化钛式氧传感器

1. 氧化钛式氧传感器的结构

氧化钛式氧传感器因其结构简单、价格较低、体积小而得到了广泛的应用。氧化钛式氧传感器的结构如图 5-4 所示,主要由二氧化钛元件、引线、金属外壳和接线端子等组成。

2. 氧化钛式氧传感器的工作原理

氧化钛式氧传感器是利用电阻的变化来判别其中的含氧量的。对氧气敏感、易于还原的半导体材料氧化钛与氧气接触时发生氧化还原反应,其晶格结构发生变化,从而导致电阻值变化。它是一种电阻型气敏传感器,就像冷却液温度传感器一样,有着电阻高低的变化,这时只要供给一参考电压,即可由电压得知当时混合气的状况。近年来的车型为了使氧化钛式氧传感器有着与氧化锆式氧传感器相同的变化,将参考电压改为 1 V,所以其信号电压也在 0 ~ 1 V 的范围内。混合气稀,尾气中氧的含量高,则氧化钛式氧传感器呈现高电阻的状态,此时,1 V电源电压经氧传感器电阻降压,返回 ECU 的输出电压信号 OX 电压低于 0. 45 V;混合气浓,尾气中氧的含量少,则氧化钛式氧传感器因缺氧而形成低电阻的氧化半导体,此时 1 V 电源电压经氧传感器电阻降压,返回 ECU 的 OX 信号电压高于 0. 45 V,如图 5-5 和图 5-6 所示。

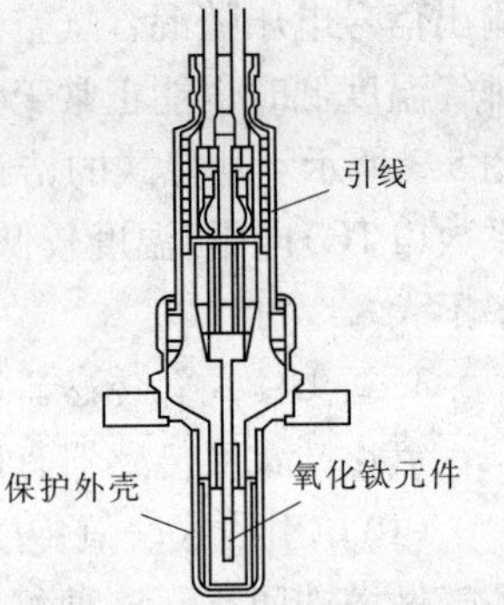

图 5-4　氧化钛式氧传感器

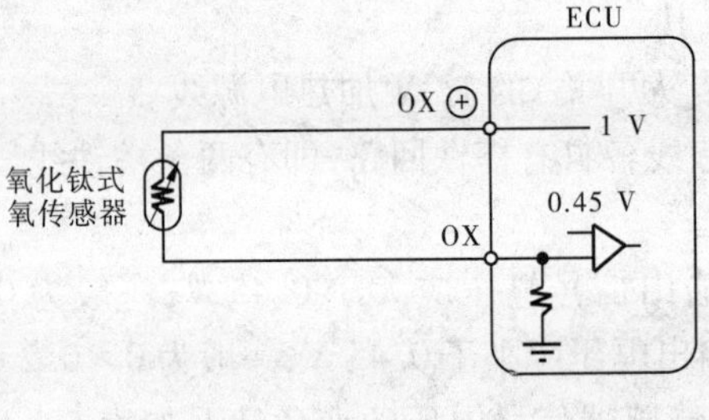

图 5-5　氧化钛式氧传感器电路原理

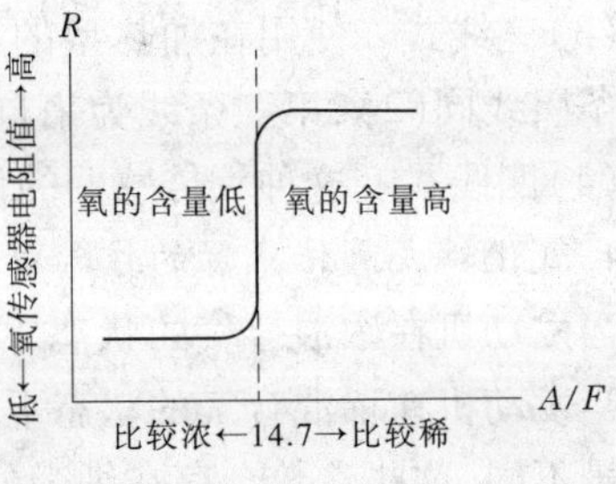

图 5-6　氧化钛式氧传感器的电压特性

为了使氧化钛式氧传感器能迅速达到它的工作温度(300 ℃),在氧传感器内部有热敏电阻加热元件进行加热,所以目前的氧化钛式氧传感器都为四线式的。氧化钛式氧传感器应用范围很小,其数量为车上氧传感器使用数量的 1%。氧化钛式氧传感器的安装螺纹直径为 14 mm,而氧化锆式氧传感器的安装螺纹直径为 18 mm,两者不能互换。

现在汽车上常用的氧传感器主要有氧化锆式氧传感器与氧化钛式氧传感器,随着技术的发展,比较好的车型也用到了新型平面型氧传感器和新型宽频带型氧传感器。

（三）新型平面型氧传感器（线性）

新型平面型氧传感器的特征如下：

（1）核心为陶瓷材料，两边有涂层。

（2）对尾气中的氧浓度更敏感。

（3）两边涂层的氧浓度不同，产生电压信号。

（4）外形没有改变。

（5）插脚为4个。

（四）新型宽频带型氧传感器

1. 新型宽频带型氧传感器组成及特征

新型宽频带型氧传感器的组成如图5-7所示。

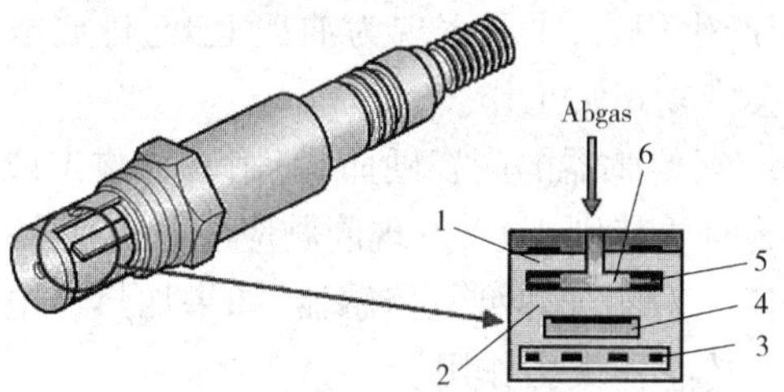

1—单元泵；2—能斯托单元；3—λ传感器加热器；

4—外界空气通道；5—测量室；6—放氧通道

图5-7　新型宽频带型氧传感器

新型宽频带型氧传感器的特征如下：

（1）插头为6脚；

（2）调整更精确、更精细；

（3）通过单元泵工作，可将尾气中的氧吸入测量室，单元泵工作所用电流，即为传递给控制单元的电信号；

（4）控制的电压值在450 mV附近。

2. 新型宽频带型氧传感器工作原理

混合气过稀时，泵在原来的转速下会泵入较多的氧，测试室中氧的含量较多，电压值下降，从而使喷油器加大喷油量同时减小单元泵的工作电流。为使电压值尽快恢复到450 mV，减小单元泵的工作电流，使泵入测试室的氧量减少。单元泵的工作电流传递给控制单元，控制单元将其折算成电压值信号。

混合气过浓时，电压值超过450 mV。单元泵以原来的工作电流工作，泵入测试室的氧量少。控制单元增大单元泵的工作电流，使单元泵旋转速度增加，增加泵氧速度。单元泵泵入测试室中的氧量增加，使电压值恢复到450 mV。

宽频带型氧传感器不仅可以用于两点式调节（$\alpha=1$）的柴油机闭环控制的管理系统，也可以用于浓混合气、稀混合气的调节过程。另外，它还可用于汽油机的稀薄燃烧，柴油机、燃气柴油机、煤气机的λ调节系统，因此被称为通用的λ传感器。

二、氧传感器的常见故障及检测方法

氧传感器一旦出现故障，将使电子燃油喷射系统的ECU不能得到排气管中氧浓度的信息,因而不能对空燃比进行反馈控制,使发动机油耗和排气污染增加,发动机出现怠速不稳、缺火、喘振等故障现象。因此,必须及时地排除故障或更换氧传感器。

(一)氧传感器的常见故障

(1)氧传感器中毒。这是经常出现且较难防治的一种故障。使用含铅汽油,是导致氧传感器中毒的主要原因。现今汽油和润滑油中含有的硅化合物燃烧后生成的二氧化硅及硅橡胶密封垫圈使用不当散发出的有机硅气体,也会使氧传感器失效,因而要使用品质好的燃油和润滑油。修理时要正确选用和安装橡胶垫圈,不要在传感器上涂敷制造厂规定使用以外的溶剂和防黏剂等。

(2)积炭。发动机燃烧不良,会在氧传感器表面形成积炭,或氧传感器内部进入了油污或尘埃等沉积物,会阻碍或阻塞外部空气进入氧传感器内部,使氧传感器输出的信号失准,不能及时地修正空燃比。产生积炭,主要表现为油耗上升,排放浓度明显增加。此时,若将沉积物清除,氧传感器就会恢复正常工作。

(3)传感器陶瓷碎裂。氧传感器的陶瓷硬而脆,用硬物敲击或用强烈气流吹洗,都可能使其碎裂失效。因此,拆装时要特别小心,发现问题应及时更换。

(4)加热器电阻丝烧断。对于加热型氧传感器,如果加热器电阻烧蚀,就很难使传感器达到正常的工作温度,导致传感器失去作用。

(5)氧传感器线路问题。氧传感器线路是屏蔽型的,因此使用维修中线路的内部断脱、线路损坏、插接件不密封和插片锈蚀等都会导致故障出现。氧传感器线路出现异常将会造成输送给 ECU 的信号不准确,如氧传感器的信号线断路或搭铁短路,输入给 ECU 的信号会变成零;如果信号线接线不良,将使线路的电阻增大,这会使 ECU 所接收到的电压信号比氧传感器所发出的低。因此,保养维修时应仔细检查维护。

(二)氧传感器的检测方法

1. 氧传感器加热电阻的检查

点火开关置于 OFF,拔下氧传感器的导线连接器,用万用表欧姆挡测量氧传感器接线端中加热器接线柱与搭铁接线柱之间的电阻,其阻值多为 4 ~ 40 Ω(参考具体车型说明书)。如不符合标准,应更换氧传感器。

2. 氧传感器反馈电压的测量

(1)用万用表检测氧传感器是否正常工作。将发动机热车至正常工作温度且稳定运转后(氧传感器达到工作温度 350 ℃或启动后以 2 500 r/min 的转速运转),对氧传感器的输出电压进行测试,在接线正常情况下用万用表检测氧传感器信号(灰色或黑色)电压应在 0.1 ~ 0.9 V 快速波动(跳变周期为 3 s 左右)。

(2)用故障诊断仪检测。将发动机热车至正常工作温度,观察"氧传感器电压"项显示数值应在 0.1 ~ 0.9 V 快速波动(跳变周期为 3 s 左右)。

3. 检查氧传感器有无损坏

拔下氧传感器的线束插头,使氧传感器不再与电脑连接,反馈控制系统处于开环控制状态。将万用表电压挡的正表笔直接与氧传感器反馈电压输出接线柱连接,负表笔良好搭铁。在发动机运转中测量反馈电压,先脱开接在进气管上的曲轴箱强制通风管或其他真空软管,人为地形成稀混合气,同时观看电压表,其指针读数应下降。然后接上脱开的管路,再拔下水温传感器接头,用一个 4 ~ 8 kΩ 的电阻代替水温传感器,人为地形成浓混合气,同时观看电压表,其指针读数应上升。也可以用突然踩下或松开加速踏板的方法来改变混合气的浓度,在突然踩下加速踏板时,混合气变浓,反馈电压应上升;突然松开加速踏板时,混合气变稀,反馈电压应下降。如果氧传感器的反馈电压无上述变化,表明氧传感器已损坏。

另外,氧化钛式氧传感器在采用上述方法检测时,若是良好的氧传感器,输出端的电压应以2.5 V为中心上下波动。否则,可拆下传感器并暴露在空气中,冷却后测量其电阻值。若电阻值很大,说明传感器是好的,否则应更换传感器。

4.氧传感器外观颜色的检查

从排气管上拆下氧传感器,检查传感器外壳上的通气孔有无堵塞,陶瓷芯有无破损。如有破损,则应更换氧传感器。

通过观察氧传感器顶尖部位的颜色也可以判断故障:

(1)淡灰色顶尖:这是氧传感器的正常颜色;

(2)白色顶尖:由硅污染造成,此时必须更换氧传感器;

(3)棕色顶尖:由铅污染造成,如果严重,也必须更换氧传感器;

(4)黑色顶尖:由积炭造成,在排除发动机积炭故障后,一般可以自动清除氧传感器上的积炭。

单元三 三元催化转换器和空燃比反馈控制系统

一、三元催化转换器

(一)三元催化转换器的功能

三元催化转换器(TWC)俗称三元,能同时处理CO、HC和NO_x三种有害气体,安装在排气管中部,其功能是利用转换器中的三元催化剂,将发动机排出废气中的有害气体CO、HC和NO_x转变为无害气体CO_2、H_2O、N_2排出。

(二)三元催化转换器的结构

如图5-8所示,三元催化转换器也称为触媒转换器,简称触媒,是现代汽车普遍采用的排气净化装置,它主要由外壳、金属丝网、载体和催化剂等组成。

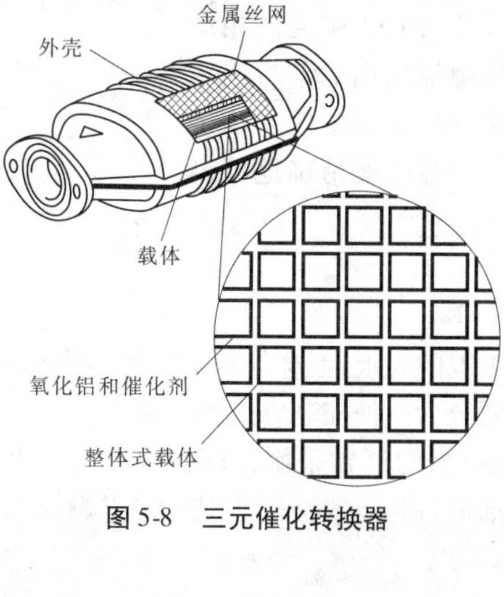

图5-8 三元催化转换器

(三)三元催化转换器的工作原理

如图5-9所示,三元催化剂是铂(或钯)和铑的混合物,它不仅能将HC和CO氧化变成CO_2和H_2O,而且能促使NO_x和CO发生反应而转变成CO_2和N_2。三元催化剂将有害气体转变成无害气体的效率受诸多因素影响,最主要的因素是排气中的氧气浓度(也即进入缸内的混合气的空燃比)和催化转换器温度。

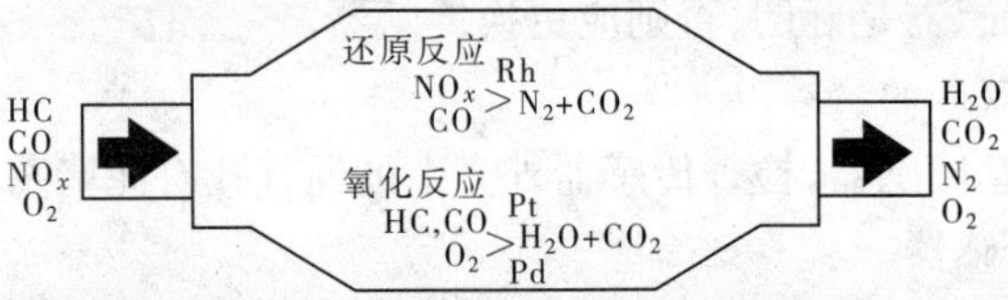

图5-9　三元催化转换器内部的化学反应过程

另外,铅和硫等元素对三元催化转换器会造成非常负面的影响,因为铅和硫等会与催化活性物质作用形成新的结晶体结构或沉积在催化物质上面,从而破坏催化物质的表面活性,这就是所谓的催化器中毒,是影响催化器寿命的最为严重的物理现象。因此,使用三元催化转换器的前提是汽油的无铅化。

二、空燃比反馈控制系统

图5-10所示为三元催化转换器转化效率与空燃比的关系曲线。从图中可以看出,只有当发动机在理论空燃比14.7∶1运转时,三元催化转换器的转化效率最佳,因此必须对空燃比进行精确的控制,使其保持在理论值附近很窄的范围内。在发动机开环控制过程中,ECU是根据转速、进气量、进气压力、进气温度等信号确定喷油量,从而控制混合气空燃比的。因为系统是开环的,所以它的控制不可能很精确,很难将实际空燃比控制在14.7∶1附近很窄的范围内。为了将实际空燃比精确地控制在14.7∶1附近,发动机控制系统中现已普遍采用了由氧传感器构成的空燃比反馈控制方式,即闭环控制方式。在三元催化转换器前面的排气歧管或排气管内装设氧传感器,检测排气中的氧气含量,向ECU反馈相应的电压信号;ECU根据氧传感器反馈的信号确定实际空燃比与理论空燃比的偏差;根据偏差确定喷油量增加或减少,使实际空燃比被精确地控制在设定值。

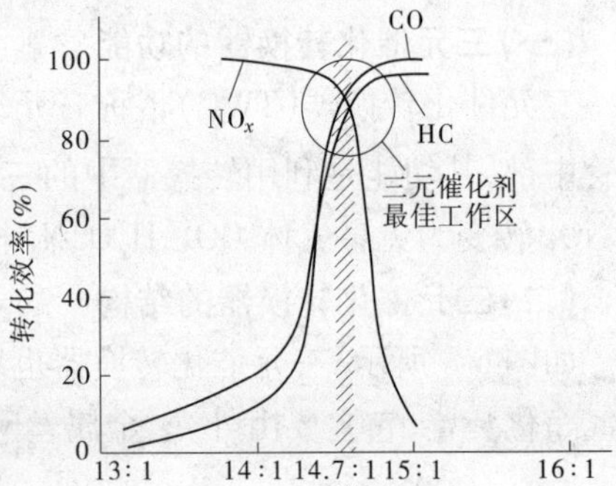

图5-10　三元催化转换器的转化效率与空燃比的关系

三、空燃比控制策略

为了满足发动机各种工况的要求,混合气的空燃比不能都采用闭环控制,而是采用闭环和开环相结合的策略。主要分为三种控制方式:

(1)冷启动和冷却水温度低时通常采用开环控制方式。由于启动转速低、冷却水温度低、燃油挥发性差,需对燃油进行一定的补偿。混合气空燃比与冷却水温度有关,随着温度的增加，空燃比逐渐变大。

（2）部分负荷和怠速运行时可分为两种情况：①若为了获得最佳经济性，可采用开环控制方式，将空燃比控制在比化学计量比大的稀混合气状态下工作。②为了获得低的排放，并有较好的燃油经济性，必须采用电控汽油喷射系统加三元催化转换器，进行空燃比闭环控制。

（3）节气门全开（WOT）时：为了获得最大的发动机功率和防止发动机过热，采用开环控制方式，将混合气空燃比控制在12.5∶1～13.5∶1范围内。此时发动机内混合气燃烧速度最快，燃烧压力最高，因而输出功率也就最大。

四、三元催化转换器常见故障及检测方法

（一）三元催化转换器常见故障

三元催化转换器常见的故障有以下几种。

（1）延期服役。国产轿车上的三元催化转换器的使用寿命一般在里程10万千米左右，非正常使用和特殊损坏，它的使用寿命会更短。应按规定维护保养和及时更换。

（2）高温烧结变形，有效涂层损坏或消失。混合气过浓，或者燃油直接进入催化转换器内，会造成催化转换器高温烧结变形，损坏有效涂层。如怠速过长，单缸断火等。

（3）化学中毒失效。造成三元中毒失效的原因很多，也很复杂，若排除暂时性的不确定因素影响，那么造成三元中毒失效的根本原因就是使用含铅的汽油和润滑油。

汽油中含有一定量的硫及金属灰分，如铁、锰、铅等，汽油在储运过程中也会混入大量金属灰分；还有就是机油中含有大量的硫、磷及金属灰分，含量虽大，但因其渗入燃烧室参与燃烧的量极少，危害性小于汽油，但已经变质的机油情况就不同了。

汽车燃烧后排出的废气通过三元催化转换器，部分硫、磷吸附在氧传感器及三元催化转换器表面，形成化学络合物薄膜，在氧、一氧化碳、金属灰分、水共存的状况下（这种共存是必然的），硫、磷极易与它们发生反应生成相应的化学络合物，这些络合物会对贵金属催化剂产生屏蔽，严重影响催化剂的活性，大大降低净化功能，造成三元中毒失效。

（4）三元催化转换器堵塞。三元催化转换器堵塞物主要成分是大量的铁锈（FeO、Fe_2O_3、Fe_3O_4）、少量碳垢及锰、铅等的氧化物和硫、磷的化学络合物，其主要来源有两个方面：一是汽油（汽油在储运中混入的锈渍），二是腐蚀生锈的排气支管中的锈垢（特别是排气管有过高温的车辆）。这些堵塞物如同一个个、一片片封了孔的马蜂窝，堵塞在三元催化转换器蜂窝状陶瓷体的入口处。当有效通孔截面面积总和接近排气管截面面积时，会造成排气不畅、背压上升、功率下降、油耗增加、温度上升等不良状况；当有效通孔截面面积总和小于排气管截面面积时，排气背压急速上升，会引发严重事故，如排气管放炮、气门及凸轮轴损坏、排气支管烧红、发动机温度快速上升、熄火、引擎损坏等。

（二）三元催化转换器检测前的准备工作

三元催化转换器的任务是降低排放中的CO、HC和NO_x的含量，但如果车辆的状况很差，例如排出的CO值高于1%，再有效的TWC也无能为力。所以，在检查TWC性能之前必须先用尾气分析仪测量汽车尾气中的CO、HC和O_2的含量，以判断混合气的浓度是否合适，如果合适才能进行TWC的性能检测。在测量尾气时，先脱开TWC进气口，使发动机运转至正常温度，将测量管插入排气管中至少400 mm，按照怠速法进行测量（注意：该项测试

应该在 3 min 内完成)。若测量值不正常,应该先检修发动机工作性能,直至数值在规定范围之内。待数值正常后,装复 TWC 进气口,在发动机温度正常时检测 TWC 的工作性能。

(三)三元催化转换器的性能检测方法

1. 简单人工检查

通过人工检查可以从一开始就判断 TWC 是否损坏。用橡皮槌轻轻敲打 TWC,听有无"咔啦"声,是否伴随有散碎物体落下。如果有此异响,则说明 TWC 内部催化物质剥落或蜂窝陶瓷载体破碎,那么必须更换整个转换器。如果没有上述异响,应该检查 TWC 是否堵塞。TWC 芯子堵塞是比较常见的故障,可以用下面两种方法进行检测。

第一种方法是检测进气歧管真空度法。将废气再循环(EGR)阀上的真空管取下,将管口塞住,避免产生虚假真空管泄漏现象。将真空管接到进气歧管上,让发动机缓慢加速到 2 500 r/min。若真空表读数瞬间又回到原有水平(47.5 ~ 74.5 kPa)并能维持 15 s,则说明 TWC 没有堵塞。否则,则怀疑是 TWC 或排气管堵塞。

第二种方法是检测排气背压法。从二次空气喷射管路上脱开空气泵止回阀的接头,再在二次空气喷射管路中接一个压力表。在发动机转速为 2 500 r/min 时观察压力表的读数,此时读数应该小于 17.24 kPa,如果排气背压大于或等于 20.70 kPa,则表明排气系统堵塞。若观察 TWC、消声器及排气管没有外伤,则可将 TWC 出口和消声器脱开后观察压力表读数是否有变化。若压力表显示排气背压仍然较高,则为 TWC 损坏;若压力表显示排气背压陡然下降,则说明堵塞发生在 TWC 出气口后面的部件。

2. 怠速试验法检查

让发动机怠速运转,使用尾气分析仪测量此时的 CO 值,当发动机正常工作(空燃比为 14.7∶1)时,CO 典型值为 0.5% ~1%,使用二次空气喷射和 TWC 技术可以使怠速时的 CO 值接近于 0,最大不应超过 0.3%,否则说明 TWC 损坏。另外,据经验分析,怠速时 NO_x 的排放量也能给我们一些帮助,通常怠速时的 NO_x 数值应不高于 100 ppm,而在稳定的工况下,NO_x 的数值应该不高于 1 000 pmm,在发动机一切正常的情况下,NO_x 过高就可以怀疑是 TWC 故障。

3. 快怠速试验法测量

让发动机处于快怠速运转状态,并用转速表测量快怠速是否符合规定值。用尾气分析仪测量发动机处于快怠速状态下尾气中的 CO 和 HC 含量。如果发动机性能良好,则 CO 值应该在 1.0% 以下,HC 应该在 10 ppm 以下,若两种数值都超标,则可临时拔下空气泵的出气软管,此时若 CO 和 HC 值不变,则可以判定 TWC 损坏。若读数上升,而重新接上软管后又下降,则说明燃油喷射系统故障或是点火系统故障。

4. 稳定工况试验法

在完成基本怠速试验后进行该项试验,按照厂家规定接好汽车专用数字式转速表,使发动机缓慢加速,同时应观察尾气分析仪上的 CO 和 HC 值。当转速加到 2 500 r/min 并稳定后,CO 和 HC 数值应缓慢下降,并且稳定在低于或接近于怠速时的排放水平,否则说明 TWC 损坏。这种方法不但能够对 TWC 是否有故障做出判断,还能有效地综合分析 TWC 在车辆行驶中的实际效能。这是因为 TWC 性能评价指标中有一项"空速特性检验",它表示了反应气体在催化剂中的停留时间。性能差的 TWC 尽管在低空速(如怠速)时表现出较高的转化效率,但是在高空速(如实际行驶)时的转化效率是很低的,因而不能仅凭借怠速工况评价催化剂的活性是否正常。此外,在具体检测中,还需要注意 TWC 的空燃比特性。TWC 在过量空气系数为 1 附近时,转化效率最高,实际使用中就需要闭环电子控制燃油供给系统和氧传感器的配合,开环时由于无法给予精确的空燃比,转化效率仅有 60% 左右,而闭环时平均转化效率可达 95%,因此在对 TWC 性能怀疑的同时也应该对电控系统和氧传感器进行相应检测。

5. 红外温度计测量法

红外温度计测量法是一种比较简单的测量方法。TWC 在实际使用过程中,其出口管道温度比进口管道温度至少高出 38 ℃。在怠速时,其温度也相差 10 ℃。若出口与入口处的温度没有差别或出口温度低于入口温度,则说明 TWC 没有氧化反应,此时应该检查二次空气喷射泵是否有故障,若没有故障,说明 TWC 已经损坏。

6. 利用双氧传感器信号电压波形分析

目前,许多发动机燃油反馈控制系统中,都安装两个氧传感器,分别装在 TWC 的反应前、后两端,这种结构在装有 OBD－Ⅱ系统的汽车上,可有效地检测 TWC 的性能。OBD－Ⅱ诊断系统改进了 TWC 的随车监视系统,安装在 TWC 后端的氧传感器电压波动要比安装在 TWC 前端的氧传感器电压波动小得多,这是因为运行正常的 TWC 转化 CO 和 HC 时消耗 O_2。当 TWC 损坏时,其转化效率基本丧失,使前、后端的氧气值接近。此时,氧传感器的电压波形和波动范围均趋于一致。因此,需要更换 TWC。

为防止汽车维修检测期间过量的排放物或燃油蒸气到达催化转换器内并引起高温,应遵守下列原则:

(1)检查发动机各缸工作情况时,最好用示波器而不用短路法或从运转着的发动机上卸下火花塞导线的办法来脱离缺火汽缸。如无示波器,用卸下火花塞导线或短路法检查可疑汽缸时,发动机运转切勿超过 30 s。

(2)目前催化转换器的品牌较多,对其维修应根据具体的品牌而定。如通用汽车公司(GM)和美国汽车公司(AMC)所使用的颗粒式催化转换器不再减少 HC 和 CO 排放量,可以重新加催化剂,但福特公司(Ford)和克莱斯勒公司(Hysler)所用的整体式催化转换器是不可维修的,必须更换。

单元四　废气再循环控制系统

一、废气再循环控制系统的作用及工作原理

废气再循环(EGR)系统用于降低废气中的氮氧化物(NO_x)排出量。汽车废气是一种不可燃烧气体,在燃烧室内不参与燃烧。它通过吸收燃烧产生的部分热量来降低燃烧温度和压力,以减少氧化氮生成量。

当发动机在负荷下运转时,EGR 阀开启,使少量的废气进入进气管,如图 5-11 所示。在进气歧管内,废气与新鲜空气混合,取代了一部分新鲜空气,进入到燃烧室内的新鲜空气减少。因再循环的废气是惰性的,不参与燃烧过程,最终结果就是降低燃烧的最高温度,减少了氮氧化物的生成。

二、废气再循环控制系统主要组成

各种车型的废气再循环系统的具体组成和控制程序虽然有所不同，但基本原理是相通的，主要由 EGR 控制阀、EGR 电磁阀、各种传感器和 ECU 组成。

（一）EGR 控制阀

EGR 控制阀通常装在进排气管交叉的位置上，便于废气引入，膜片下方通大气，膜片上方为真空室（见图 5-12）。当节气门打开时，由于在发动机进气行程中，活塞下行形成了真空度，通过 EGR 控制阀结构真空管传递到真空室。一般当真空度超过 10 kPa 时就能克服弹簧弹力，将膜片提起，打开与膜片杆联动的阀门，来自排气管的废气通过阀门与混合气一起进入燃烧室，进行废气再循环工作。当膜片上部失去真空度时，膜片在弹簧力作用下向下复位而使阀关闭，阻断废气再循环。真空室真空度的大小决定了废气再循环量。

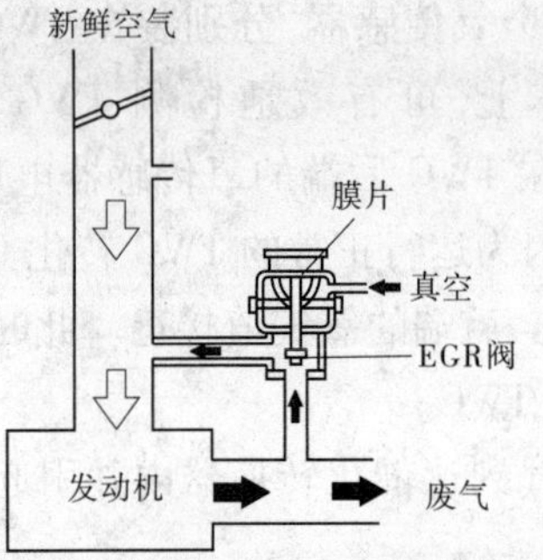

图 5-11　废气再循环（EGR）系统

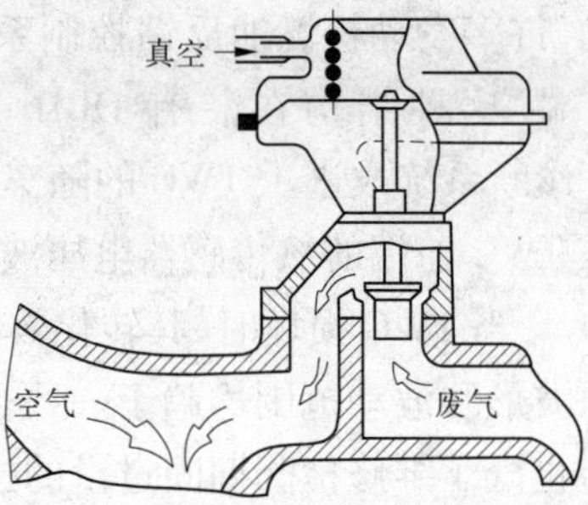

图 5-12　EGR 控制阀结构

（二）EGR 电磁阀

EGR 电磁阀有三个通气口，不通电时，弹簧将阀体向上压紧，通大气阀口被关闭。这时 EGR 电磁阀使进气歧管与 EGR 阀真空室相通，进行废气再循环工作；当 EGR 电磁阀线圈通电时，产生的电磁力使阀体下移，阀体下端将通进气歧管的真空通道关闭，而上端的通大气阀口打开，于是就使 EGR 阀的真空室与大气相通，废气再循环工作停止。EGR 电磁阀的通电时间通过下列转化程序最终决定废气再循环量的大小：

EGR 电磁阀的通电时间（长短）→进气歧管与 EGR 阀真空室相通时间（长短）→EGR 阀真空度（大小）→EGR 阀开度（大小）→废气再循环流量（多少）。

（三）控制原理

ECU 根据各传感器的信号判断发动机的工况与状态，并查找储存在 ECU 中的各工况的废气再循环量，计算出相应的脉冲信号，从而控制 EGR 阀以确定是否需要废气再循环及废气再循环流量的大小。控制原理图如图 5-13 所示。

三、废气再循环率和废气再循环的实施原则

废气回流能够稀释混合气中氮的浓度并降低温度，从而减少 NO_x 排放。但是当废气回流量太大时，会导致混合气的着火性下降，致使发动机油耗上升、动力性降低，HC 排放量上升。通过对日本 3R 发动机进行试验，得到相关数据如图 5-14 所示。

当废气再循环率从 20% 升高到 40% 时，虽然废气中 NO 的含量从 665 ppm 下降到 86

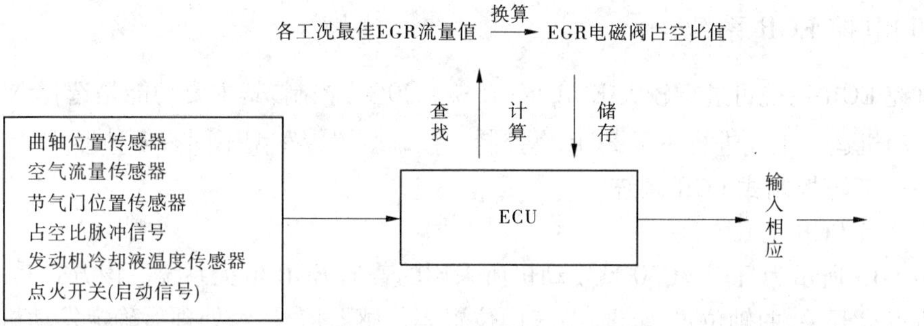

占空比脉冲信号减少→EGR 电磁阀的通电时间减少→进气歧管与 EGR 阀真空室相通时间增大→EGR 阀真空度增大→EGR 阀开度增大→废气再循环流量增大

占空比脉冲信号增加→EGR 电磁阀的通电时间增加→进气歧管与 EGR 阀真空室相通时间减少→EGR 阀真空度减小→EGR 阀开度减小→废气再循环流量减小

占空比脉冲信号 100%(持续高电平)→EGR 电磁阀持续通电→EGR 阀真空室与大气常通→EGR 阀关闭→废气再循环停止

图 5-13　控制原理图

ppm,但发动机平均有效压力从 417 kPa 下降到 140 kPa,有效汽油消耗率则从 408 g/kWh 上升到 620 g/kWh。因此,必须控制废气引入量。

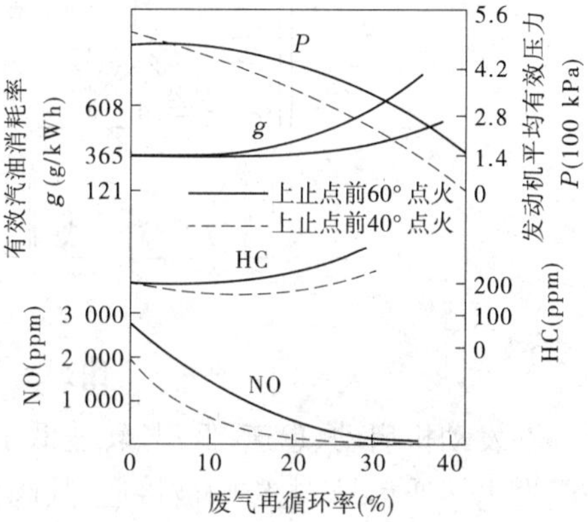

图 5-14　废气再循环率

废气再循环中废气的引入量即 EGR 率必须适当。EGR 率定义为

$$\text{EGR 率} = \frac{\text{EGR 气体流量}}{\text{吸入空气量} + \text{EGR 气体流量}} \times 100\%$$

EGR 率与发动机的动力性、经济性和排放性能有关。EGR 率过大时,燃烧速度太慢,燃烧变得不稳定,失火率增加,使 HC 含量也会增加;EGR 率过小,NO_x 排放达不到规定要求,易产生爆震、发动机过热等现象。EGR 率在 10% ~20% 较适宜,增加 EGR 率可以使 NO_x 排出物降低,但同时 HC 排出物和燃油消耗增加。因此,在各种工况下采用的 EGR 率必须出于对动力性、经济性和排放性能的综合考虑。

汽车运行时由于车况多变,发动机有相应的启动、怠速、中小负荷、大负荷、加速等多种工况,各种工况下,由于混合气燃烧情况不同,对废气再循环的具体要求也就不一样。通过对各种工况的分析,得出以下四种情况下废气不能通过 EGR 阀进入进气歧管(即 EGR 系统在此情况下不工作):

(1)发动机温度低时。

(2)减速过程时(节气门全关)。

(3)发动机怠速或小负荷工况时(进气量很小)。

(4)发动机需要发出最大功率和扭矩时(转速 >4 000 r/min)。

正常情况下随着负荷的增加,燃烧加剧,NO_x 增加,随着废气的引入,EGR 率也应相对增加至允许限度。

四、电控 EGR 系统

电控 EGR 系统可进行较大 EGR 率(15% ~20%)控制,其主要功能是选择 NO_x 排放量大的发动机运行工况进行适量 EGR 率控制。控制装置因车型不同有多种形式。

(一)开环控制式 EGR 系统

1. 普通 EGR 电控系统

图 5-15 所示为日产 VG30 型发动机所采用的普通 EGR 电控系统。该方式是 ECU 根据发动机点火开关、曲轴位置、水温、节气门位置等传感器信号,经处理后确定发动机运行工况并发出指令,控制电磁阀的导通与截止,同时利用进气歧管真空控制 EGR 控制阀的开启或闭合,使 EGR 系统工作或停止。

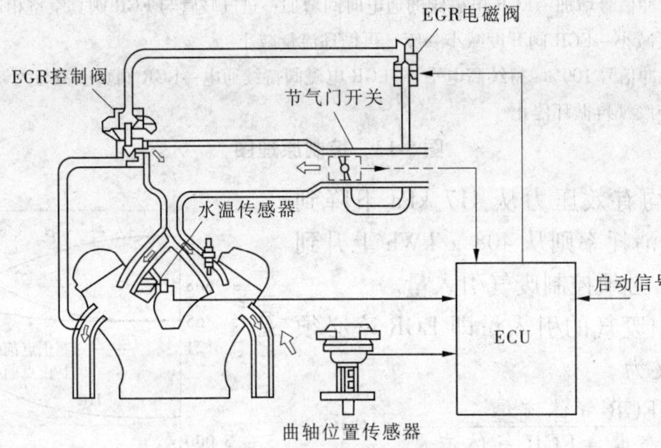

图 5-15　普通 EGR 电控系统

在发动机启动、怠速、低温、转速低于 900 r/min 或高于 3 200 r/min 时,ECU 向 EGR 电磁阀发出接通信号,电磁阀被接通,其阀门关闭,切断控制 EGR 控制阀膜片室的真空通道,使 EGR 系统不起作用;反之,当电磁阀处于 OFF 位置时,其阀门打开,通往控制 EGR 控制阀膜片室的真空通道打开,EGR 系统再次起作用。普通 EGR 电控系统的控制特点是 EGR 控制阀工作时,其 EGR 率是不可调节的。

2. 可变 EGR 率的 EGR 电控系统

可变 EGR 率的 EGR 电控系统如图 5-16 所示。该方式是 ECU 根据发动机转速、负荷、温度、进气流量等工况信号,结合预先标定的 EGR 流量值,计算出符合当时工况的最佳 EGR 率,并驱动一个控制精度较高的脉冲控制(PWM)型真空电磁阀,再由真空控制阀间接控制 EGR 阀膜片室的真空度,进而改变 EGR 阀的开启度,调节 EGR 率。占空比越大,则电磁线圈通电相对时间越长,膜片室的真空度越小,EGR 阀开启度越小,进入汽缸中的废气越少,EGR 率越低。因此,ECU 只要控制施加在真空控制阀电磁线圈上脉冲电压的占空比,就可实现对 EGR 率的可变控制。

以上两种形式的 EGR 控制系统由于没有 EGR 针阀位置的反馈信息,系统始终处于开环状态。EGR 率只能预先设定,不能检测并控制发动机各种工况下的实际 EGR 率。另外,真空管路也存在滞后效应,这是开环控制方式的缺点。

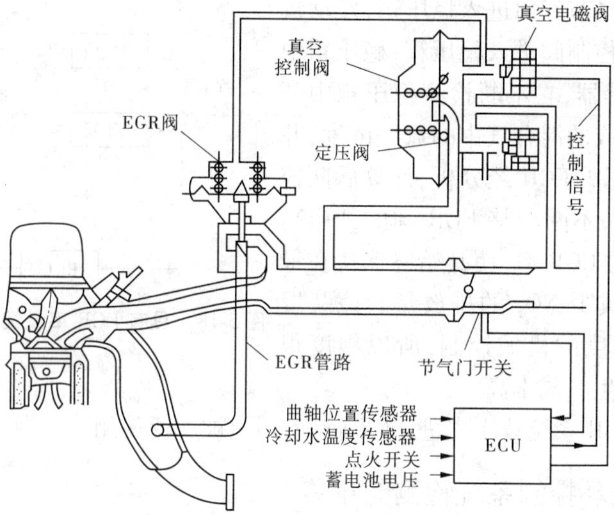

图 5-16　可变 EGR 率的 EGR 电控系统的原理与结构

(二)闭环控制式 EGR 系统

现在汽车发动机的 EGR 系统是在电控开环的基础上,设置 EGR 温度传感器或 EGR 针阀位置传感器,自动将实际 EGR 率反馈给 ECU,供 ECU 对输出的控制信号进行修正,使实际的 EGR 率与控制目标更逼近。这种具有反馈监控功能的闭环控制系统实现了对 EGR 率的精确控制。当 EGR 系统发生故障时,会点亮发动机故障灯报警。

1. EGR 阀开度反馈控制

具有 EGR 阀开度反馈信号的闭环控制系统如图 5-17 所示。与普通 EGR 系统相比,该系统在 EGR 阀上增加了一个用于检测其开启高度的电位计式 EGR 位置传感器。该传感器可将 EGR 阀开启高度转换为相应的电压信号反馈给 ECU,ECU 根据反馈信号控制真空电磁阀的动作,进而调节 EGR 阀膜片室的真空度,改变 EGR 率。

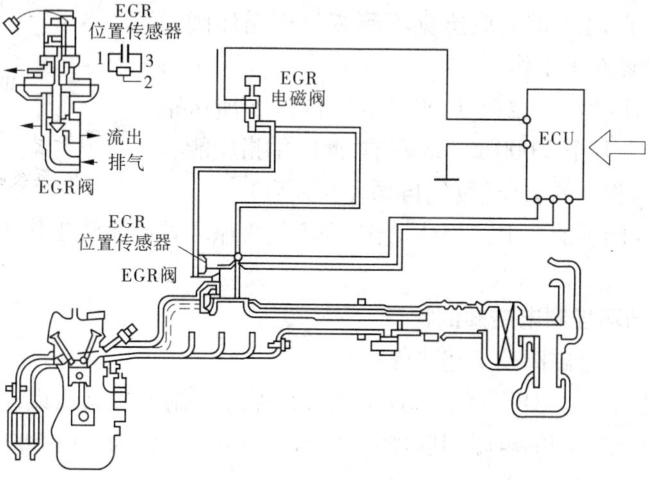

图 5-17　具有 EGR 阀开度反馈信号的闭环控制系统

2. EGR 率反馈控制

图 5-18 所示为日本三菱汽车公司开发的可直接用 EGR 率作为反馈信号的 EGR 闭环控

制系统。新鲜空气经节气门进入稳压箱，发动机中的一部分废气经控制阀进入稳压箱；稳压箱中设置有 EGR 率传感器，它不断检测稳压箱中新鲜空气与废气所形成的混合气中的氧气浓度，并将检测结果输入 ECU；ECU 经分析、计算后向控制阀输出控制信息，不断调整 EGR 阀的开启高度，控制混合气中的 EGR 率，使其始终保持在最佳状态，从而有效减少 NO_x 的排放量。该装置取消了进气管真空度的机械控制，所以精度很高，响应迅速，但其生产成本高。

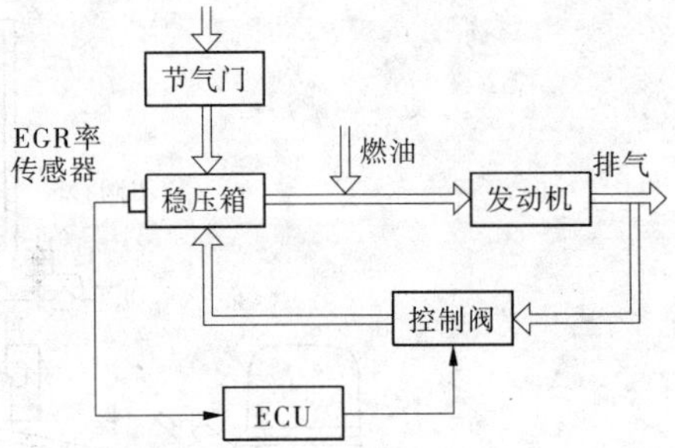

图 5-18　具有 EGR 率反馈信号的闭环控制系统

闭环控制式 EGR 系统技术先进，效果较好，因此被广泛使用。

五、废气再循环控制系统检测与维修

废气再循环控制系统工作不良会造成发动机排气污染增加、功率下降、怠速运转不稳定，甚至熄火。

（一）废气再循环控制系统的初步检查

对于废气再循环控制系统，应首先检查其真空软管有无破损，接头处有无松动、漏气等；若无，再作进一步检查。

（二）废气再循环控制系统的就车检查

废气再循环控制系统的就车检查可按下列步骤进行：

（1）启动发动机，使发动机怠速运转。

（2）将手指按在废气再循环阀上，如图 5-19 所示，检查废气再循环阀有无动作。

（3）在冷车状态下踩下加速踏板，使发动机转速上升至 2 000 r/min 左右，此时手指上应感觉不到废气再循环阀膜片动作（废气再循环阀不工作）。

（4）在发动机热车（水温高于 50 ℃）后再踩下加速踏板，使发动机转速上升至 2 000 r/min 左右，此时手指应能感觉到废气再循环阀膜片的动作（废气再循环阀开启）。

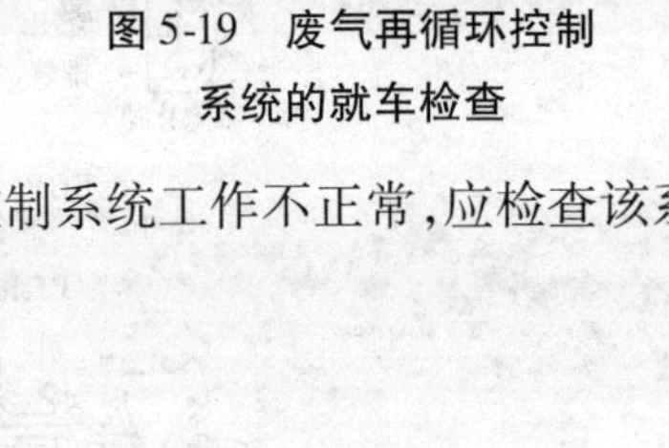
图 5-19　废气再循环控制系统的就车检查

若废气再循环阀不能按上述规律动作，则废气再循环控制系统工作不正常，应检查该系统的各零部件。

（三）废气再循环控制电磁阀的检查

废气再循环控制电磁阀按下述步骤检查：

（1）将点火开关置于“OFF”位置，拔下废气再循环控制电磁阀线束连接器，用万用表欧姆挡测量电磁阀电磁线圈的电阻，其电阻值应符合规定（一般为 20 ~ 500 Ω）；否则，应更换废气再循环控制电磁阀。

（2）拔下与废气再循环控制电磁阀相连的各真空软管，从发动机上拆下废气再循环控制电磁阀。

（3）在废气再循环控制电磁阀的电磁线圈不接电源时检查各管口之间是否通气。此时,电磁阀上的管接口 A 与 B、A 与 C 之间应不通气,但管接口 B 与 C 之间应通气(如图 5-20(a)所示);否则,废气再循环控制电磁阀损坏,应更换。

(4)给废气再循环控制电磁阀线圈接上电源,如图 5-20(b)所示。此时,电磁阀管接口 A 与 B 之间应通气,而管接口 A 与 C、B 与 C 之间应不通气;否则,废气再循环控制电磁阀损坏,应更换。

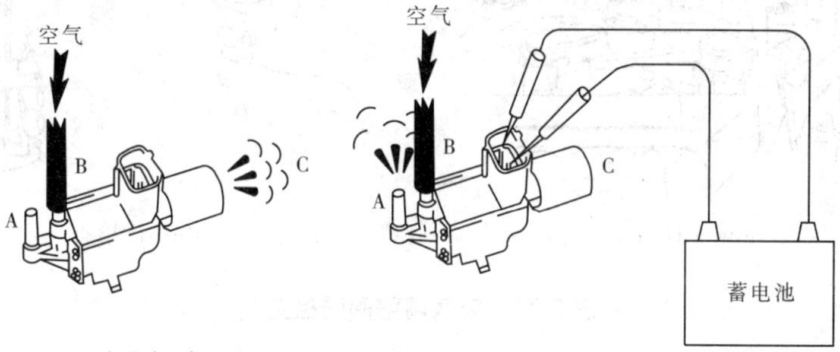

(a)不通电时　　(b)通电时

图 5-20　废气再循环控制电磁阀的检查

(四)废气再循环阀的检查

废气再循环阀的检查步骤为:

(1)启动发动机,使发动机怠速运转。

(2)拔下连接废气再循环阀与废气调整阀的真空软管。

(3)用手动真空泵对废气再循环阀真空室施加 19.95 kPa 的真空度(见图 5-21)。若此时发动机怠速运转情况变坏甚至熄火,说明废气再循环阀工作正常;若发动机运转情况无变化,则废气再循环阀损坏,应更换。

(4)对设有位置传感器的废气再循环阀,可在发动机停机情况下拔下废气再循环阀位置传感器的导线连接器,用万用表欧姆挡测量连接器端子 B 与 C 间的电阻,其电阻值应符合规定。然后,拔下连接废气再循环阀与废气调整阀的真空软管,并在用手动真空泵对废气再循环阀真空室施加真空的同时,用万用表欧姆挡测量废气再循环阀位置传感器连接器端子 A 与 C 之间的电阻值。电阻值应随着真空度的增大而连续增大,不允许有间断现象(电阻值突然变为∞后又回落);否则,废气再循环阀损坏,应更换。

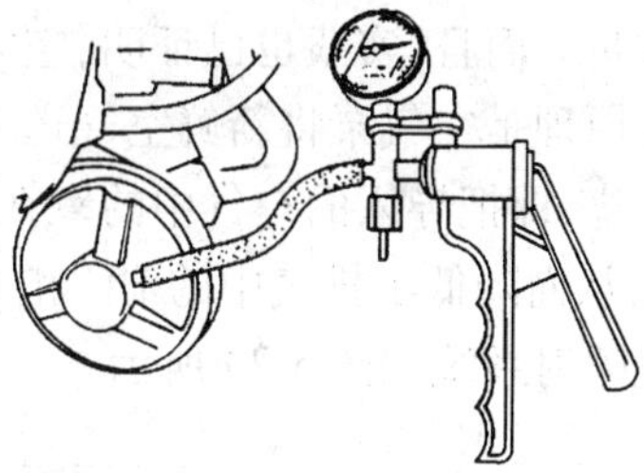

图 5-21　废气再循环阀的检查

(五)废气调整阀的检查

废气调整阀的检查步骤为:

(1)启动发动机,并将其预热至正常工作温度。

(2)拔下连接废气调整阀与废气再循环阀的真空软管,用手指按住真空管接口(如图 5-22(a)所示),然后检查管接口内是否有真空吸力。在发动机怠速运转时,管接口内应无真空吸力;当踩下加速踏板使发动机转速上升至 2 000 r/min 左右时,管接口内应有真空吸力。如废气调整阀的状态与上述情况不符,则为废气调整阀工作不正常,应拆下该阀作进一步检查。

(3)拆下废气调整阀,在连接废气再循环控制电磁阀的接口处接上手动真空泵,再用手指堵住连接废气再循环阀真空管的接口(如图5-22(b)所示)。

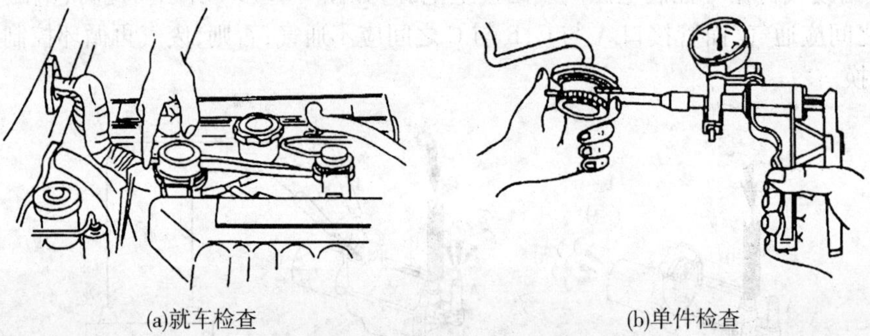

(a)就车检查　　(b)单件检查

图 5-22　废气调整阀的检查

(4)向连接排气管的管接口内泵入空气,与此同时,用手动真空泵向废气再循环控制电磁阀的接口内抽真空。此时,在连接废气再循环阀真空管的管接口处应能感到有真空吸力;在停止抽真空后,真空吸力应能保持住,无明显下降;释放连接排气管的管接口内的压力后,真空吸力也应随之消失。如废气调整阀的状态与所述情况不符,应更换。

单元五　二次空气喷射系统

自从世界上第一个车辆排气污染控制标准实施以来,二次空气喷射系统已经被广泛地应用在汽车上,它实际上就是一种尾气排放控制实用技术,用以减少排气中的 HC 和 CO 的排放量。而且,实践也已证明,空气喷射系统在汽、柴油汽车上都能取得良好的效果。它的工作原理是空气泵将新鲜空气送入发动机排气管内,从而使排气中的 HC 和 CO 进一步氧化和燃烧,即把导入的空气中的氧在排气管内与排气中的 HC 和 CO 进一步化合形成 H_2O 和 CO_2,从而降低了排气中的 HC 和 CO 的排放量,提高了三元催化转换器的转化效率。二次空气喷射系统如图 5-23 所示。

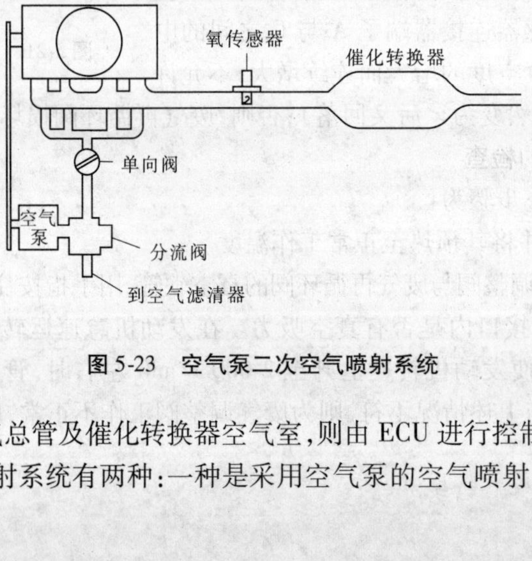

图 5-23　空气泵二次空气喷射系统

空气何时进入排气总管及催化转换器空气室,则由 ECU 进行控制。按空气供给动力源进行分类,二次空气喷射系统有两种:一种是采用空气泵的空气喷射系统,另一种是利用排气压力将空气导入的脉冲式空气喷射系统。

一、二次空气喷射系统作用及工作原理

(一)空气泵二次空气喷射系统

空气泵通常由发动机驱动,产生的低压空气称作二次空气。ECU 操纵各种电磁阀的动作,来控制空气泵输出空气的流向。空气泵输送系统有两种类型:带驱动型空气泵和电动机驱动型空气泵。所有空气泵二次空气喷射系统中都有一个单向阀,让空气流进排气歧管,阻止热排气倒流入控制泵。

当发动机处于冷态时,空气泵直接输出空气到排气歧管中,有助于让更多的 O_2 与 HC、CO 进行氧化反应,生成 H_2O 和 CO_2,如图 5-24(a)所示。当发动机暖机并处于闭环控制状态时,ECU 控制分流电磁阀,让空气泵直接向催化转换器输送空气,如图 5-24(b)所示。当进气歧管真空度快速增加,已超过怠速时的正常水平时,如在急减速期间,ECU 控制分流电磁阀,使空气泵的空气直接输出到空气滤清器,抑制空气脉动,降低进气噪声,同时也有效地阻止了减速期间的排放回火。当催化式排气净化器过热时,加入的空气对催化式排气净化器中的催化剂造成污染,在这种情况下,电控单元控制分流电磁阀,将空气送往空气滤清器。

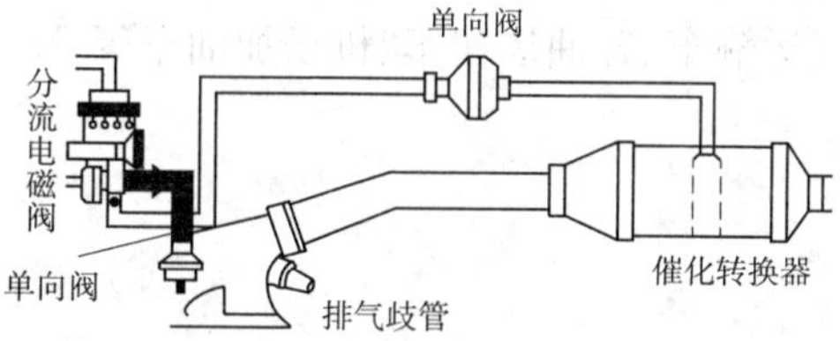

(a)发动机冷机，二次空气直接泵入排气歧管

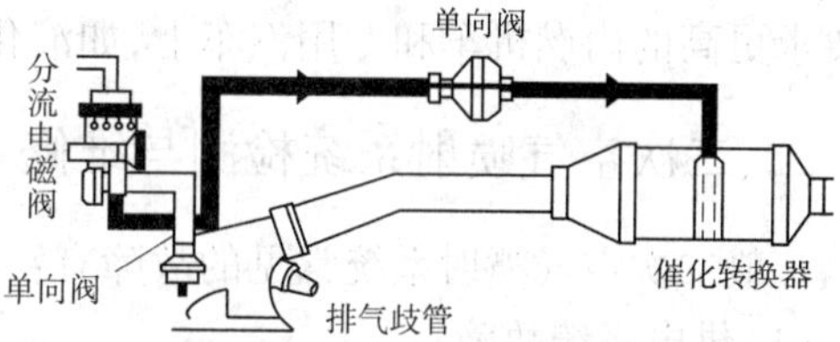

(b)发动机暖机、进入闭环控制后，二次空气直接泵入催化转换器

图 5-24　二次空气喷射系统原理

带驱动型空气泵使用离心式空气滤清器,当空气泵旋转时,从其下部吸入空气,空气被轻微压缩。电动机驱动型空气泵通常只在发动机冷态时使用。

(二)脉冲式二次空气喷射系统

脉冲式二次空气喷射系统也称吸气型二次空气喷射系统,该系统不是应用空气泵泵送空气进入排气歧管,而是应用排气压力的脉冲将新鲜空气吸入排气系统。其工作原理如图 5-25 所示,空气来自空气滤清器,由 ECU 控制真空电磁阀的打开和关闭,真空电磁阀与单向阀相连,排气中的压力是正负交替的脉冲压力波。当真空电磁阀开启时,进气歧管真空吸起脉冲空气喷射阀的膜片,使阀开启。此时由于排气负压,来自空气滤清器的新鲜空气经脉冲空气喷射阀导入排气管内,加大了三元催化转换器的还原功能。当排气压力为正时,脉冲空气喷射阀内的单向阀关闭,排气不会返回到进气歧管。

在遇到下列情况时,ECU 不给二次空气电磁阀通电。

(1)电控燃油喷射系统进入闭环控制;

(2)冷却水温度超过规定范围;

(3)发动机转速和负荷超过规定值。

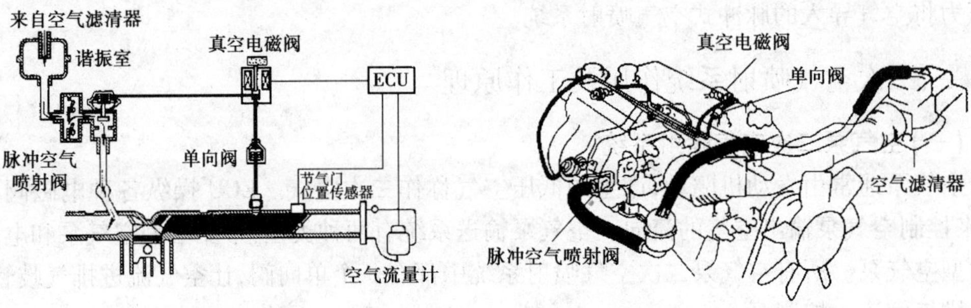

图 5-25　脉冲式二次空气喷射系统

(4)ECU 有故障。

二次空气喷射系统也常被称为补燃系统或后燃系统。其原因是可燃混合气在汽缸内进行第一次燃烧后,其中那些未完全燃烧的部分由于人为地引入新鲜空气而使其在排气过程中进行了补燃,因而经消声器排入大气时的尾气很少有或者完全没有火星。而排气内有火星是在有可燃气体存在的情况下引发火灾的一大原因。因此,二次空气喷射系统也是防止内燃机尾气引起火灾的一项重要技术和设施。除在轿车上应用外,它还广泛应用于安全性能要求更高的内燃机车和专用汽车上,如液化气运输车、轻油运输车、机场加油车等。

二、二次空气喷射系统检测与维修

一般二次空气喷射系统常见的故障有:

(1)供电系统故障;

(2)管路泄漏;

(3)二次空气泵本身故障。

如果排放系统检测不出问题,就应观察空气泵输送系统。仔细观察二次空气喷射系统所有的管道接头,如有任何的孔洞而导致漏空气或尾气,就应将其更换掉。当空气泵工作不良时,应检查单向阀的情况,看是否有尾气倒流现象,以防止损坏空气泵。二次空气吸入阀损坏(常通)等会导致怠速不稳,加速无力。对于带驱动型空气泵,应检查驱动带是否磨损,以及是否有足够的张力。

二次空气喷射系统的主动测试方法有以下两种:

(1)通过性测试。检查二次空气是否充足,方法是关闭闭环控制,使发动机进入开环控制(让发动机在浓混合气下运转),同时二次空气泵被接通,新鲜空气被引入排气歧管,从而提高了废气中的氧含量。此时应能检测到较稀的混合气,说明二次空气已经足够,以此来判断二次空气喷射系统正常。

(2)密封性测试。密封性测试的目的是检测分流阀的关闭是否良好。检测方法:当发动机在正常工作温度怠速时,二次空气泵被接通,但让分流阀处于关闭状态。二次空气泵接通,发动机控制单元就开始检测空燃比传感器或氧传感器信号。如果密封良好,新鲜空气就不能到达排气歧管,空燃比传感器或氧传感器信号无明显变化;如果系统漏气,闭环控制调节会使混合气浓度明显变大,空燃比传感器或氧传感器会识别出此变化过程。

单元六　燃油蒸发控制系统

一、燃油蒸发控制系统工作原理

（一）燃油蒸发控制系统结构组成

燃油蒸发控制系统(EVAP)的功能是收集汽油箱的汽油蒸气，并将汽油蒸气导入汽缸参加燃烧，从而防止汽油蒸气直接排出大气，而造成污染。同时，根据发动机工况，控制导入汽缸参加燃烧的汽油蒸气量。

为了控制燃油箱逸出的燃油蒸气，电控发动机普遍采用了炭罐，油箱中的燃油蒸气在发动机不运转时被炭罐中的活性炭所吸附，当发动机运转时，依靠进气管中的真空度将燃油蒸气吸入发动机中。ECU 根据发动机的工况，通过电磁阀的通或断达到控制燃油蒸气的目的。为了防止燃油箱向大气排放燃油蒸气而产生污染，在发动机控制系统中普遍采用了由 ECU 控制的活性炭罐汽油蒸气排放控制系统。图 5-26 所示为活性炭罐汽油蒸发污染控制装置，该系统主要由燃油箱盖、活性炭罐、真空控制阀、电磁阀和相应的连接软管等组成。汽油箱的汽油蒸气通过止回阀进入活性炭罐的上部，空气从炭罐的下部进入，清洗活性炭。在炭罐的右上方有一个定量排放小孔及受真空控制的排放控制阀，排放控制阀上部的真空度由炭罐电磁阀控制，而炭罐电磁阀受 ECU 控制。

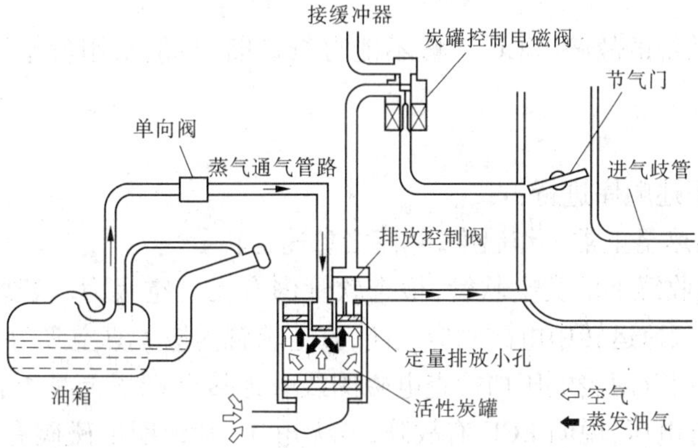

图 5-26　活性炭罐汽油蒸发污染控制装置

（二）燃油蒸发控制系统的工作原理

发动机工作时，ECU 根据发动机转速、温度、空气流量等信号，通过控制炭罐电磁阀的开闭来控制真空控制阀上部的真空度，从而控制真空控制阀的开度。当真空控制阀打开时，燃油蒸气通过真空控制阀被吸入进气歧管。发动机怠速或温度较低时，ECU 使电磁阀断电，关闭吸气通道，活性炭罐内的燃油蒸气不能被吸入进气歧管。

进入进气歧管的回收燃油蒸气量必须加以控制，以防破坏正常的混合气成分。这一控制过程由 ECU 根据发动机的水温、转速、节气门开度等运行参数，通过操纵控制电磁阀的开、闭来实现。在发动机停机或怠速运转时，ECU 使电磁阀关闭，从油箱中逸出的燃油蒸气被蒸气回收罐中的活性炭吸收。当发动机以中高速运转时，ECU 使电磁阀开启，储存在蒸气回收罐内的汽油蒸气经过真空软管后被吸入发动机。此时，因为发动机的进气量较大，少量的燃油蒸气不会影响混合气的成分。

部分 EVAP 控制系统中，活性炭罐上也有不设真空控制阀的，而是将受 ECU 控制的电磁阀直接装在活性炭罐与进气歧管之间的吸气管中。如图 5-27 所示为现代轿车装用的 EVAP 系统，电脑根据节气门位置传感器、水温传感器和进气温度传感器信号控制炭罐电磁阀通电或断电，炭罐电磁阀控制活性炭罐与进气歧管之间的吸气通道。当发动机怠速或温度较低时，ECU 使炭罐电磁阀断电，关闭吸气通道，活性炭罐内的燃油蒸气不能被吸入进气歧管。

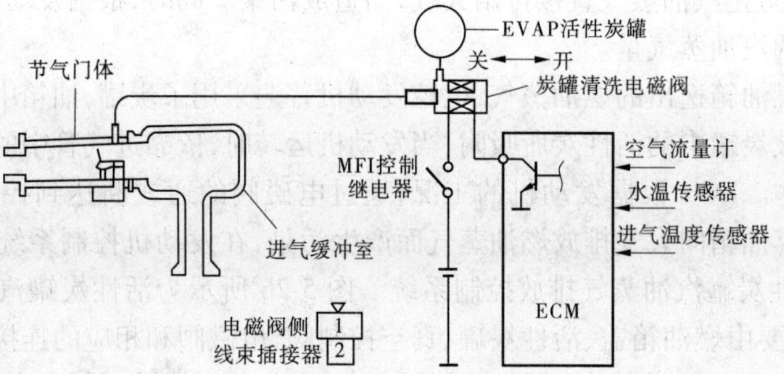

图 5-27　现代轿车 EVAP 系统

二、燃油蒸发控制系统的检测

燃油蒸发控制系统的故障，ECU 一般不能自行诊断，只能采用就车检测和单件检测方法来查找。

（一）就车检测

就车检测可按下述顺序进行：

（1）将发动机预热至正常工作温度，并使之怠速运转。

（2）拔下蒸气回收罐上的真空软管，检查软管内有无真空吸力。若燃油蒸发控制系统工作正常，在发动机怠速运转中电磁阀应关闭，真空软管内应无真空吸力。如果此时真空软管内有真空吸力，则用万用表电压挡检查电磁阀线束连接器端子上是否有电压。若电磁阀线束连接器端子上有电压，说明 ECU 有故障；若无电压，则说明电磁阀有故障（卡死在开启位置）。

（3）踩下加速踏板，当发动机转速大于 2 000 r/min 时，检查上述真空软管内有无真空吸力。若真空软管内有真空吸力，则说明该系统工作正常；若真空软管内无真空吸力，则用万用表电压挡检查电磁阀线束连接器端子上是否有电压。若电压正常，说明电磁阀有故障；若电压异常，则说明微机或控制线路有故障。

（二）电磁阀的单件检测

（1）检查电磁阀电磁线圈的电阻值。拔下电磁阀线束连接器，用万用表欧姆挡测量电磁阀电磁线圈的电阻值。电阻值应符合规定，否则应更换电磁阀。

（2）检查电磁阀的工作。拆下电磁阀，首先向电磁阀内吹气，电磁阀应不通气；然后将蓄电池电压加到电磁阀连接器的两端子上，并同时向电磁阀内吹气，此时电磁阀应通气。如电磁阀的状态与上述情况不符，则电磁阀有故障，应更换。

小 结

随着汽车的保有量不断增加,汽车排放污染对人类环境的危害已日趋严重。汽车的主要排放污染物是一氧化碳(CO)、碳氢化合物(HC)和氮氧化物(NO_x)。针对汽车污染源和各种污染物的产生原理,各种排放控制系统应运而生。三元催化转换器安装在排气管中部,其功能是利用转换器中的三元催化剂,将发动机排出废气中的有害气体CO、HC和NO_x转变为无害气体H_2O、CO_2和N_2。废气再循环(EGR)系统用于降低废气中的NO_x的排出量。汽车废气是一种不可燃气体(不含燃料和氧化剂),在燃烧室内不参与燃烧。它通过吸收燃烧产生的部分热量来降低燃烧温度和压力,以减少氮氧化物生成量。废气再循环的结果就是降低燃烧的最高温度,减少氮氧化物的生成。二次空气喷射系统(AIR)利用空气泵将新鲜空气经空气喷管喷入排气管或催化转化器,使排气中的CO和HC进一步氧化或燃烧成为CO_2和H_2O,降低排气中的有害排放物,并提高三元催化转换器的转化效率。

思考与练习

一、选择题

1. 废气再循环的作用是抑制______的产生。
   A. HC　　B. CO　　C. NO_x　　D. 有害气体
2. 进入进气歧管的废气量一般控制在______范围内。
   A. 1% ~2%　　B. 2% ~5%　　C. 5% ~10%　　D. 6% ~13%
3. 在______时废气再循环控制系统不工作。
   A. 行驶　　B. 怠速　　C. 高转速　　D. 热车
4. 采用三元催化转换器必须安装______。
   A. 前氧传感器　　B. 后氧传感器　　C. 前、后氧传感器
5. 如果三元催化转换器良好,后氧传感器信号波动______。
   A. 频率高　　B. 增加　　C. 没有　　D. 缓慢
6. 氧化锆只有在______以上时才能正常工作。
   A. 90 ℃　　B. 40 ℃　　C. 815 ℃　　D. 500 ℃
7. 氧化钛式氧传感器工作时,当废气中的氧浓度高时,二氧化钛的电阻值______。
   A. 增大　　B. 减小　　C. 不变

二、判断题

1. 韩国大宇轿车上的EVAP轿车系统采用的是ECU控制。 (　　)
2. 在所有的EVAP系统中,活性炭罐上都设有真空控制阀。 (　　)
3. 汽缸内的温度越高,排出的NO_x量越多。 (　　)
4. 在冷启动后,立即拆下EGR阀上的真空软管,发动机转速应无变化。 (　　)
5. 三元催化转换器一般为整体不可拆卸式。 (　　)

6. 氧化锆式氧传感器的输出特性是在空燃比14.7:1附近有突变。 ( )

7. 一般氧传感器安装在排气管处,三元催化装置前面。 ( )

8. 只有当发动机在标准的理论空燃比下运转时,三元催化转换器的转换效率才最佳。 ( )

9. 三元催化转换器必须定期进行维护,延长其使用寿命。 ( )

10. 催化转换器发生破裂、失效时也会造成发动机动力性下降。 ( )

11. 三元催化转换器的工作正常与否可以用废气分析仪来测试。 ( )

12. 燃烧的温度越低,氮氧化物排出的就越多。 ( )

13. EGR 系统会对发动机的性能造成一定的影响。 ( )

14. 诊断二次空气喷射系统,首先要检查该系统上所有真空软管和电路连接。 ( )

15. 在使用三元催化转换器来降低排放污染的发动机上,氧传感器是必不可少的。 ( )

16. 氧传感器失效时会导致混合气过稀,不会导致混合气过浓。 ( )

17. 非加热型的氧传感器一般5万~8万km应更换一次。 ( )

18. 怠速时,CO的排放量最多,NO_x 最少。 ( )

19. 加速时,HC排放量最少,NO_x 增加最显著。 ( )

20. 废气再循环的作用是减少HC、CO和 NO_x 的排放量。 ( )

项目六　电控汽油发动机的辅助控制

【任务介绍】

设置本项目的目的一方面是学习可变进气控制系统的类型、结构、工作原理等知识；另一方面是掌握正确检测可变进气控制系统的方法，学会对可变进气系统进行规范的维护保养作业。

【任务分析】

引导学生完成可变进气控制系统的类型、结构、工作原理等相关知识的学习，然后实施可变进气系统的检测任务。

学习后应能够达到：

1. 掌握动力阀控制系统的组成、功用及工作原理。
2. 掌握谐波进气增压系统的组成、功用及工作原理。
3. 掌握可变配气相位控制系统的类型及工作原理。
4. 掌握废气涡轮增压系统的类型及工作原理。
5. 掌握电控节气门系统的控制原理及检测方法。

【相关知识】

为了提高进气量，改善发动机动力性能，可变技术在车用内燃机上得到了广泛的应用。在解决较大转速范围内动力性和经济性的矛盾方面，可变技术显示出独特的优势。可变技术使内燃机在各种工况下，综合性能指标得到大幅度的提高，而且避免了不正常燃烧及超负荷现象的产生。

单元一　可变配气相位控制系统

一般发动机在任何转速与负荷时，进气门和排气门都是在固定位置开闭，这种固定不变的正时很难兼顾到发动机不同转速的工作需求。为了满足发动机不同转速的工作需求，可变气门正时技术应运而生。

一、可变配气机构的作用

可变配气机构的作用是使配气相位能随工况相应变化，发动机的低速转矩得到改善。可以使用较低的曲轴转速来减小摩擦损失，从而提高燃油经济性。此外，如果进气门迟闭角能在足够大的范围内变化，则可以通过调节进气门迟闭角，取代常规的节流调节负荷，这能在一定程度上消除与进气节流相关的泵气损失，降低发动机的燃油消耗率，减少 NO_x 和 HC 的排放。

二、可变气门正时

(一)可变气门正时的类型

可变气门正时可简单分为:①连续可变气门正时和不连续可变气门正时;②进气可变气门正时和进排气双可变气门正时。

ECU 根据发动机转速和负荷等传感器信号来控制凸轮轴调整机构的机油压力,从而改变进、排气门的开启和关闭时刻,这样的系统也称为智能可变气门正时(VVT-i),如图 6-1所示。

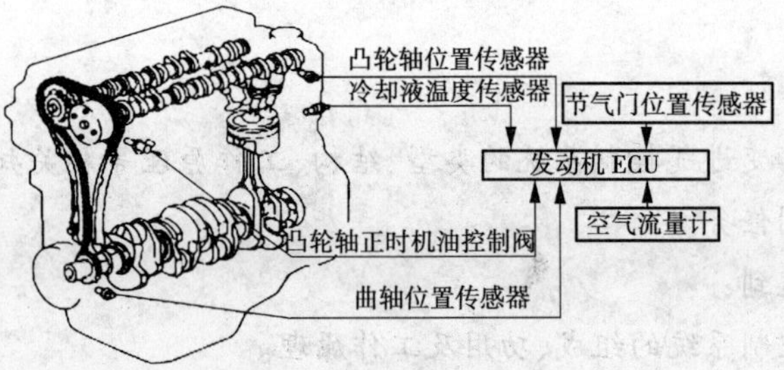

图 6-1　智能可变气门正时系统结构

(二)智能可变气门正时系统的组成及功用

智能可变气门正时系统(VVT-i 系统)主要包括 VVT-i 控制器、凸轮轴正时机油控制阀、凸轮轴位置传感器(VVT 传感器)、曲轴位置传感器。

1. 凸轮轴/曲轴位置传感器

VVT-i 系统利用曲轴位置传感器和 VVT 传感器(凸轮轴位置传感器)来感知凸轮轴转动变化量,从而获知凸轮轴转动方向及转动量。

2. VVT-i 控制器

1)叶片式 VVT-i 控制器

叶片式 VVT-i 控制器由定时链条驱动的外壳和固定在凸轮轴上的叶片等组成,如图 6-2所示。

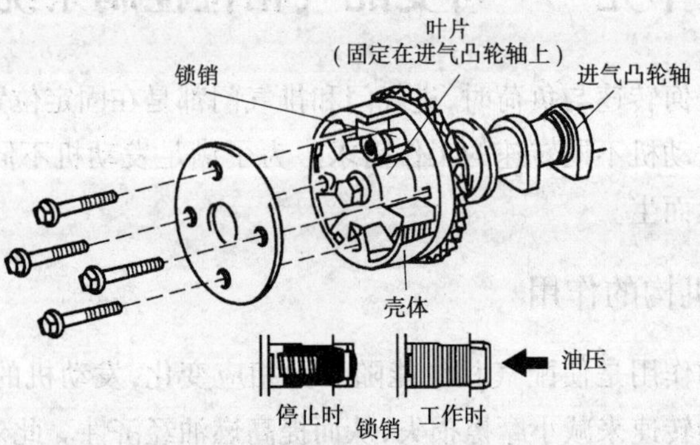

图 6-2　叶片式 VVT-i 控制器的结构

当发动机由低速向高速转换时,ECU 控制凸轮轴正时机油控制阀将机油压向 VVT-i 控制器,油压使得 VVT-i 控制器的叶片沿圆周方向旋转一定的角度,使凸轮轴在 25°范围内向前或向后旋转，从而改变进气门开启的时刻，达到连续调节气门正时的目的。叶片式VVT－i控制器是目前使用最广泛的控制器。

2）螺旋齿轮式VVT－i控制器

螺旋齿轮式VVT－i控制器由螺旋齿轮、直齿轮（内齿为螺旋齿）、活塞、回位弹簧、齿毂（外壳）组成，螺旋齿轮与凸轮轴固连，如图6-3所示。

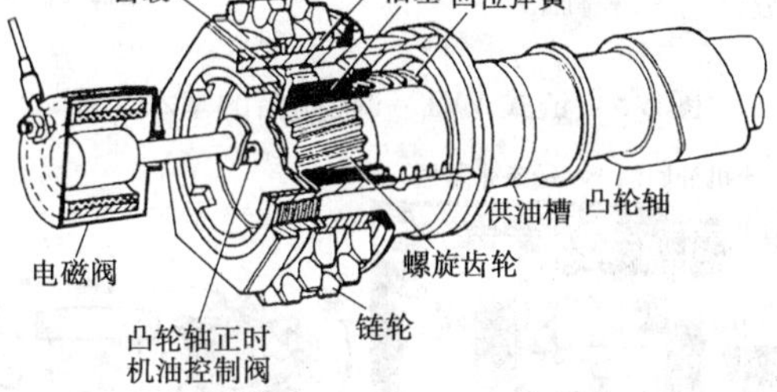

图6-3 螺旋齿轮式VVT－i控制器的结构

当机油压力作用在活塞上，克服弹簧力推动直齿轮轴向运动时，与之内啮合的螺旋齿轮则会旋转，同时带动凸轮轴转动一定角度，改变了凸轮轴的位置。

3）链式VVT－i控制器

链式VVT－i控制器是在进、排气凸轮轴之间安装的一个链式传动机构，见图6-4。排气凸轮轴由曲轴通过皮带直接驱动，进气凸轮轴通过链轮和链条由排气凸轮轴驱动。机油压力作用在活塞上推动链条张紧器上下移动时，改变进气凸轮轴的转动角度。这种调整结构只改变进气凸轮轴的正时，上海帕萨特B5和一汽奥迪A6汽车的VVT－i系统采用此类型的控制器。

其工作原理如图6-5、图6-6所示。

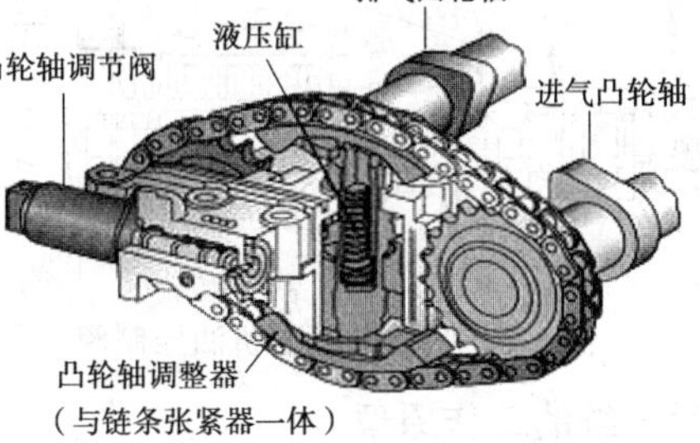

图6-4 链式VVT－i控制器结构

发动机怠速运转时，电磁阀无电流通过，控制管A打开，机油压力会将链条张紧器压至功率调整位置（基本位置）。

当发动机转速超过1 300 r/min时，控制管B打开，链条张紧器被向下压至转矩调整状态，链条引导点改变了位置，此时进气凸轮轴可提前打开及关闭气门。当发动机转速超过3 700 r/min时，又切换回功率调整状态。

3. 凸轮轴正时机油控制阀

凸轮轴正时机油控制阀根据ECU提供的控制信号进行占空比控制。控制阀线圈通电

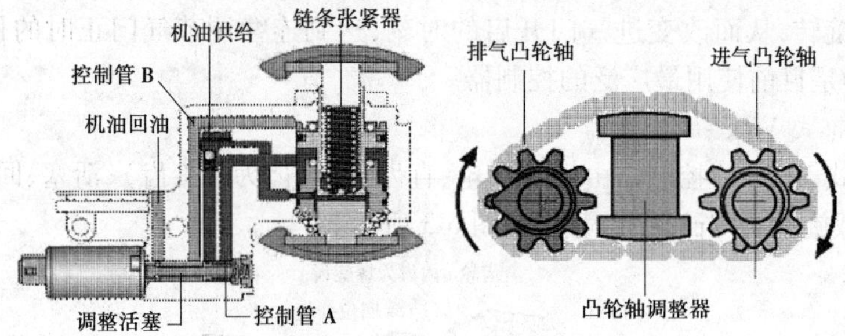

图 6-5 链式 VVT - i 控制器的基本位置

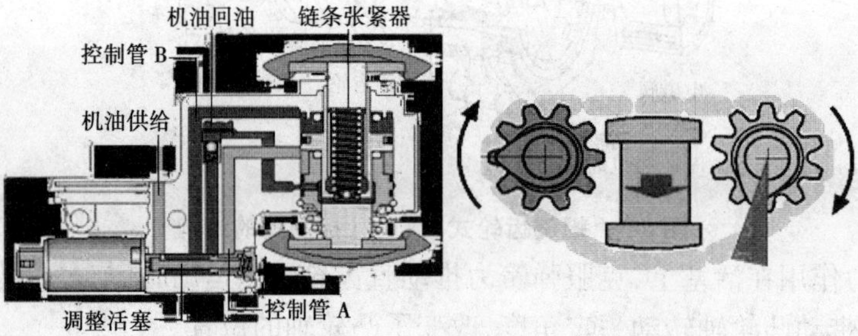

图 6-6 链式 VVT - i 控制器的工作位置

产生磁场,在磁场的作用下,铁芯顶着滑芯向磁场强的方向移动;当磁场强度变弱时,弹簧反方向推动滑芯移动,用于控制滑阀位置和分配 VVT - i 控制器流到提前侧或滞后侧的油压。发动机停止时,进气门正时处于最大延迟角度位置。凸轮轴正时机油控制阀的结构如图 6-7所示。

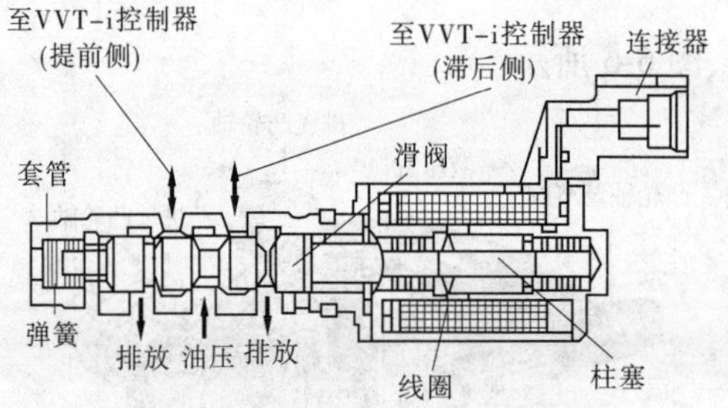

图 6-7 凸轮轴正时机油控制阀

(三)智能可变气门正时系统的工作原理

以丰田进气门智能可变气门正时系统(VVT - i 系统)为例,说明智能可变气门正时系统的控制原理,如图 6-8 所示。

ECU 根据发动机转速、进气压力、节气门位置和冷却液温度计算出最佳气门正时,向凸轮轴正时机油控制阀发出控制指令,凸轮轴正时机油控制阀根据 ECU 的控制指令选择 VVT - i控制器的油路以提前、滞后或保持这三个不同的状态工作。正时提前,ECU 发送给凸轮轴正时机油控制阀的占空比变大,油压作用于气门正时提前侧的叶片室,使进气凸轮轴向提前方向旋转;正时滞后,ECU 发送给凸轮轴正时机油控制阀的占空比变小,油压作用于滞后侧的叶片室,使进气凸轮轴向推迟方向旋转;正时保持,达到目标以后,凸轮轴正时机油控制阀关闭油道来保持油压。

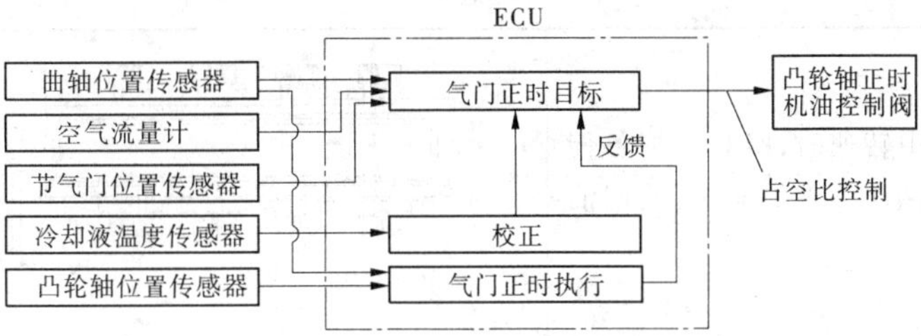

图 6-8 丰田进气门智能可变气门正时系统控制原理

三、可变气门升程

(一)可变气门升程系统概述

发动机的气门升程是受凸轮轴转角长度控制的。在普通的发动机上,凸轮轴的转角长度固定,气门升程也是固定不变的。可变气门升程技术可以在发动机不同转速下匹配合适的气门升程,在高转速时,采用较大的气门升程来提高进气效率,让发动机的呼吸更顺畅,进而提升高转速时的功率输出;低转速时系统使用较小的气门升程,能产生更大的进气负压及更多的涡流,这样有利于增加缸内紊流让空气和燃油充分混合,提高燃烧速度,增加发动机低速输出扭矩,因而提高低转速时的扭力输出。

VVTL－i 采用凸轮转换机构,发动机在不同的工况下由不同的凸轮控制,及时调整进、排气门的升程和开启持续时间。可变气门升程系统为更好地提高发动机转速和获得更高的输出,对气门开启和关闭时刻进行了优化,大大提升了燃油经济性。发动机低、中转速时,凸轮轴上的低－中速凸轮驱动摇臂,进、排气门动作;高转速运行时,来自传感器的信号使 ECU 控制机油控制阀动作,调节摇臂活塞液压系统,使高速凸轮工作,进、排气门的升程和开启持续时间增加,发动机的充气效率得以提高。

(二)可变气门升程系统组成及控制过程

VVTL－i 系统的组成与 VVT－i 相似,控制系统也包括曲轴/凸轮轴位置传感器、节气门位置传感器、冷却液温度传感器和空气流量计,而驱动部件则包括机油控制阀(OCV)、特殊的凸轮轴和摇臂组件等。

VVTL－i 系统的工作过程如表 6-1 所示。

表 6-1 VVTL－i 系统的工作过程

发动机低、中速运转时,由低－中速凸轮推动摇臂滚柱,使两个气门动作,此时高速凸轮也会推动摇臂衬垫,但由于摇臂衬垫处于自由状态,不会影响摇臂和两个气门动作	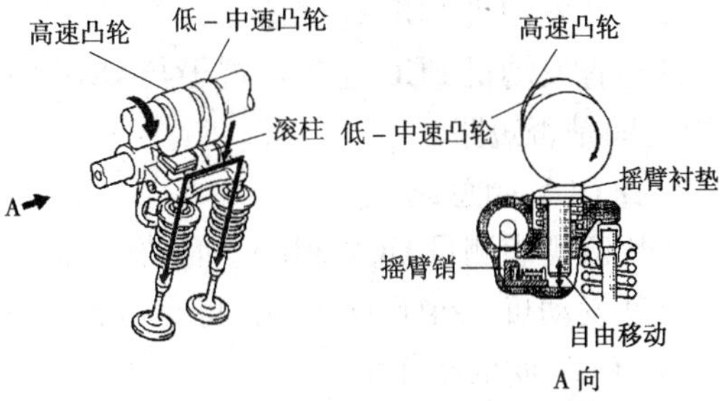

续表 6-1

发动机处于低、中转速时,ECU 读取各传感器信号,控制机油压力控制阀关闭,回油侧开启,机油回流	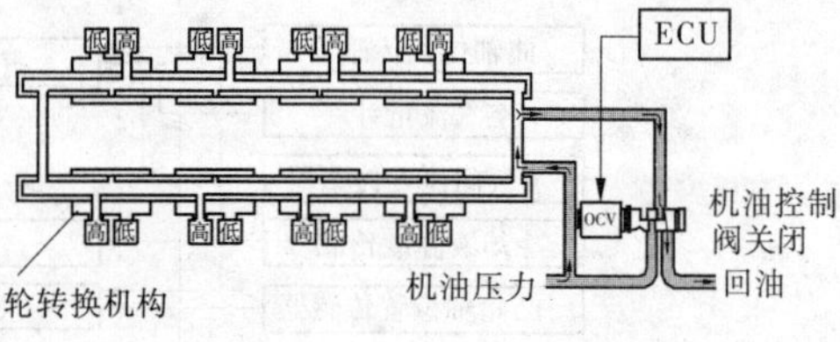
发动机高速运转时,机油压力推动摇臂销,摇臂销插拴在摇臂衬垫下,使摇臂衬垫锁住。由于高速凸轮轮廓比低速凸轮大,高速凸轮推动摇臂衬垫,此时由高速凸轮驱动两个气门,气门的升程和开启持续时间得以延长	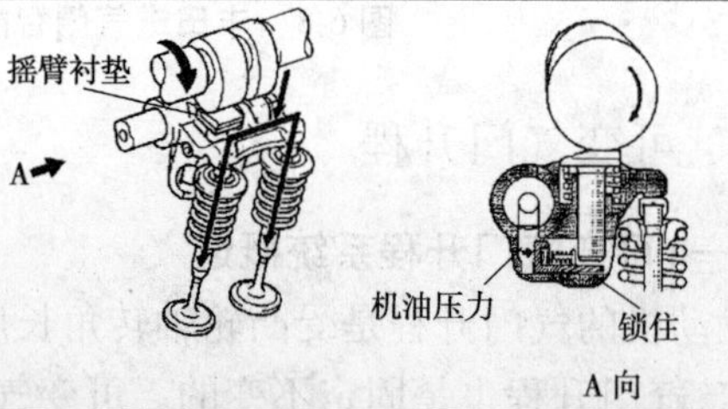
发动机高速运转时,机油压力控制阀开启,机油直接通往凸轮转换机构,使高速凸轮起作用	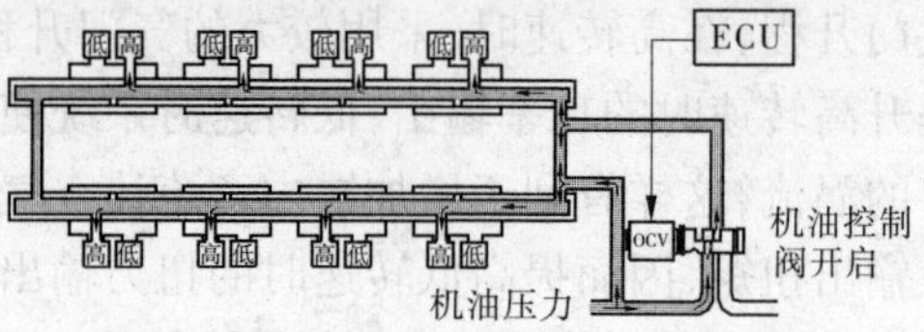

机油压力控制阀中的伺服阀是由 ECU 进行占空比控制的。当发动机高速运转时,机油压力控制阀开启,机油直接通往凸轮转换机构,使高速凸轮起作用。

四、VVT－i 检修

(1)检查凸轮轴正时机油控制阀(OCV 阀)及其电路。

OCV 阀的动作测试:

①发动机暖机。

②用手持式汽车诊断电脑运行 OCV 阀(如果没有该设备,也可通过断开 OCV 阀连接器和直接供给 OCV 阀蓄电池电压的方法来实现对 OCV 阀的控制),检查发动机怠速转速。

检查 ECU 与 OCV 之间的线束及连接器:

①断开 OCV 阀连接器。

②断开发动机 ECU 连接器。

③检查发动机 ECU 连接器端子与 OCV 阀连接器端子之间的导通性,以及与搭铁端子(E2)之间是否短路。

检查 OCV 阀总成:

①用欧姆表测量 OCV 阀端子间的电阻。

②从发动机上拆下 OCV 阀,将蓄电池正极(＋)与端子 1 连接,负极(－)与端子 2 连接,观察 OCV 阀的动作情况。

(2)试检查凸轮轴正时齿轮(VVT－i 控制器)的工作情况。

①将 150 kPa 的气压同时施加在提前侧和滞后侧,如 6-9(a)所示。

②逐步减小滞后侧的气压,如图 6-9(b)所示,观察凸轮轴正时齿轮总成是否转动,它的

转动方向如何,且转动是否正常。

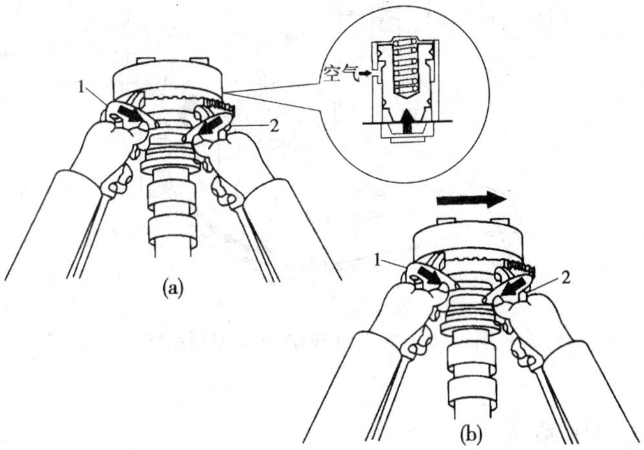

图 6-9　检查凸轮轴正时齿轮

③当凸轮轴正时齿轮达到最提前的位置时,断开正时滞后侧空气压力,然后再断开正时提前侧空气压力。

④用手转动凸轮轴正时齿轮。观察正时齿轮未转到最大延迟位置时,转动是否平滑,是否正常。

⑤将正时齿轮转到最大延迟位置,观察齿轮是否被锁定。

(3)检查油压控制阀滤清器是否堵塞。

单元二　进气增压控制系统

一、动力阀控制系统

动力阀控制系统的功能是控制发动机进气道的空气流通截面面积的大小,以适应发动机不同转速和负荷时对进气量的要求,从而改善发动机的动力性。

控制进气道空气流通截面面积大小的动力阀安装在粗短的副进气歧管上,动力阀的开闭由真空控制阀控制动作,ECU 根据各传感器信号通过真空电磁阀(VSV)控制真空室和真空控制阀的真空通道。

当发动机以低、中转速,小负荷运转时,进气量较少,ECU 断开真空电磁阀,真空室中的真空不能进入真空控制阀,动力阀处于关闭状态,进气通道面积变小,空气从较细长的主进气歧管进入汽缸。当发动机大负荷运转时,进气量较多,ECU 接通真空电磁阀搭铁回路,真空罐中的真空进入真空控制阀,控制动力阀开启,进气通道面积变大,空气从主、副进气歧管进入汽缸。ECU 控制的动力阀控制系统工作原理如图 6-10 所示。

在检修时,应主要检测真空罐、进气室和真空管路有无漏气,真空电磁阀电路有无断路或短路,真空电磁阀电阻是否符合标准。

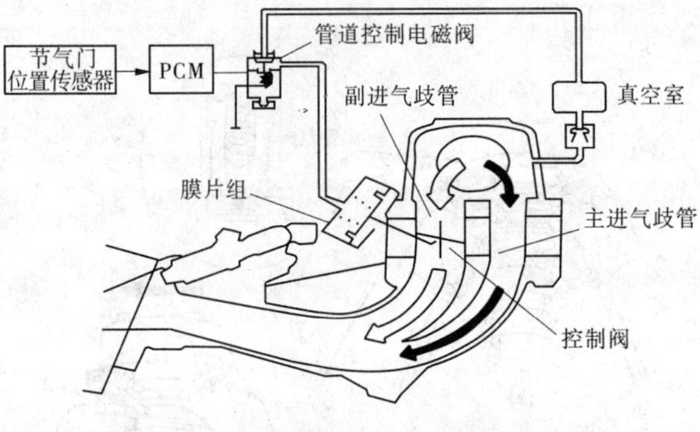

图 6-10　本田汽车动力阀控制系统

二、谐波进气增压系统

(一)谐波进气增压系统的功能

谐波进气增压系统(ACIS)的功能就是根据发动机转速的变化,改变进气管内压力波的传播距离,提高发动机的充气效率,改善发动机功率、转矩和性能。一些中高级汽车的进气常采用谐波增压系统。

(二)谐波进气增压系统的工作原理

当气体高速流向进气门时,如进气门突然关闭,进气门附近气流流动突然停止,但由于惯性,进气管仍在进气,于是将进气门附近气体压缩,压力上升。当气体的惯性过后,被压缩的气体开始膨胀,向进气气流相反方向流动,压力下降。当反流的膨胀气体传到进气管口时又被反射回来,如此反复进行就形成了压力波。

如果使上述进气脉动压力波与进气门开闭相配合,使反射的压力波集中于要打开的进气门附近,那么在进气门打开时就会形成增压进气的效果。当进气管长时,形成的压力波波长就长,这种情况适用于发动机在中低速区域,因为此时进气频率小,波长长的波频率小,所以可提高充气效率从而提高功率。当进气管短时,压力波波长就短,适应高转速情况,此时发动机进气门开闭频率高,波长较短的压力波与之相适应亦能提高充气效率,从而有利于发动机高速范围内输出功率的增加。

一般进气管的长度是不能改变的。因此,可以在发动机的进气管中部加设一个大容量的真空气室和电控真空阀,实现压力波传播路线长度的改变,从而兼顾低速和高速的进气增压效果,如图 6-11 所示。

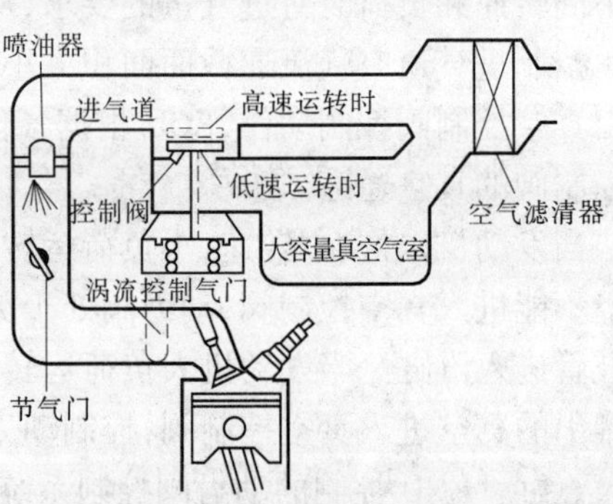

图 6-11　ACIS 工作原理

发动机低速运转时,ACIS 电磁阀开启,真空罐内的真空通过 ACIS 电磁阀进入真空驱动器的膜片气室内,进气控制阀关闭,进气歧管的通道变长。它适宜发动机在中低转速区域形成气体动力增压效果,如图 6-12 所示。

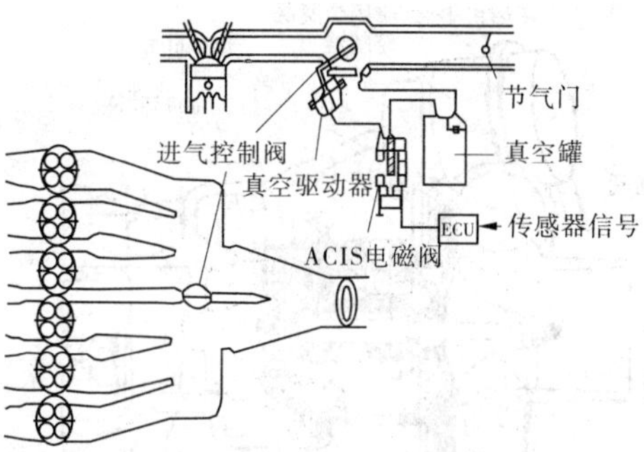

图 6-12　ACIS 控制原理

当 ECU 接收到高转速信号时，便发出信号驱动 ACIS 电磁阀关闭，真空罐内的真空不能通过 ACIS 电磁阀进入真空驱动器的膜片气室内，真空驱动器膜片在回位弹簧的作用下产生移动，打开进气控制阀，此时压力波在最短距离内传递，使发动机在高速区也能得到较好的气动增压效果。

三、废气涡轮增压系统

(一)废气涡轮增压系统功能

废气涡轮增压系统是利用发动机排出的废气作为动力来推动涡轮增压机内的涡轮（位于排气道内）的，涡轮又带动同轴的压缩轮（位于进气道内），将空气滤清器管道送来的新鲜空气进行预压缩，然后再供入汽缸，见图 6-13、图 6-14。它通过提高进气的密度来增加进气量，从而可以使发动机的功率增加。实践证明，在小型汽车发动机上采用增压技术后，不仅可以获得良好的动力性，燃油经济性也有所提高。废气涡轮增压器结构如图 6-15 所示。

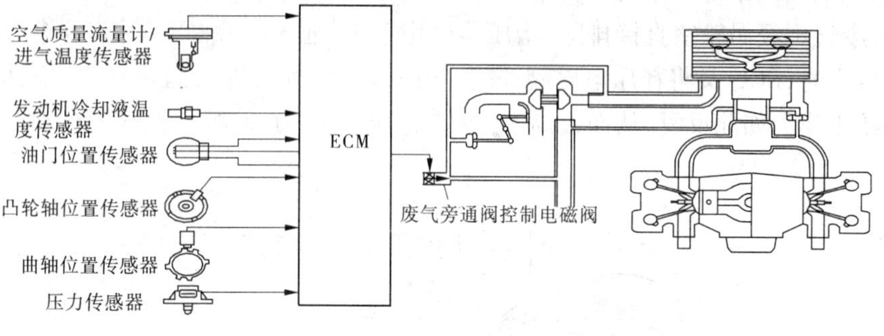

图 6-13　废气涡轮增压系统

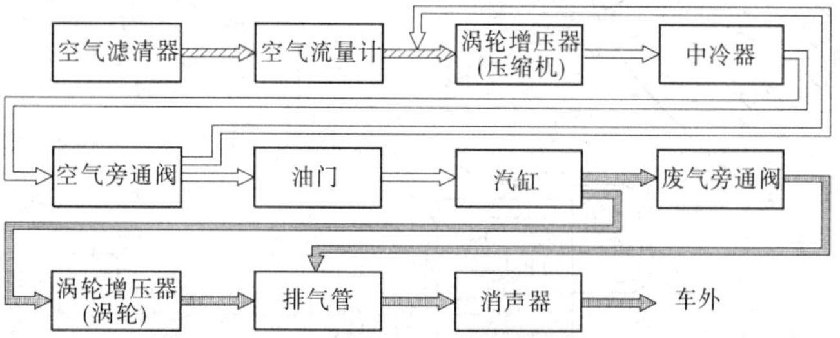

图 6-14　废气涡轮增压系统空气流程

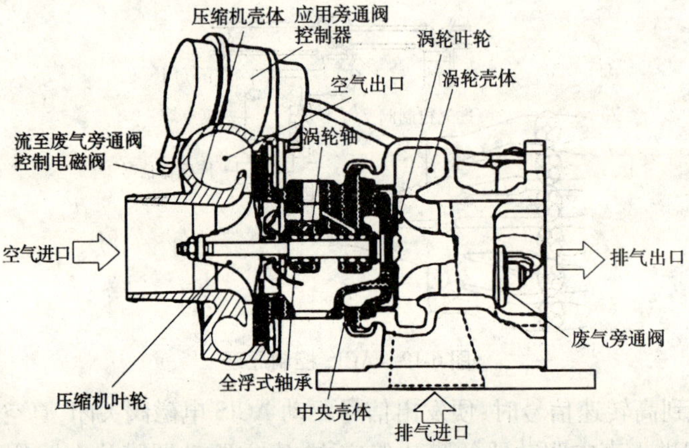

图 6-15　废气涡轮增压器结构

(二)废气涡轮增压系统工作原理

涡轮增压的最大优点是它可在不增加发动机排量的基础上,大幅度提高发动机的功率。

废气涡轮增压系统工作原理如图 6-16 所示。控制废气流动路线的切换阀受驱动气室的控制,在涡轮增压器出口与驱动气室之间的管路上装有受 ECU 控制的释压电磁阀。释压电磁阀控制进入驱动气室的气体压力,当 ECU 检测到进气压力在 0.1 MPa 以下时,受 ECU 控制的释压电磁阀的搭铁回路切断,释压电磁阀关闭。此时,由涡轮增压器出口引入的进气压力,经释压电磁阀进入驱动气室,克服气室弹簧的压力推动切换阀将废气进入涡轮室的通道打开,同时将旁路通道关闭,废气流经涡轮室使进气增压。当 ECU 检测到进气压力高于 0.1 MPa 时,ECU 将释压电磁阀搭铁回路接通,释压电磁阀打开,通往驱动气室的压力空气被切断,在气室弹簧张力的作用下,驱动切换阀关闭废气进入涡轮室的通道。同时将排气通道口打开,废气不经涡轮室直接排除,增压器停止工作,进气压力将下降,直到进气压力降低到规定的压力时,ECU 又将释压电磁阀关闭,切换阀又将废气进入涡轮室的通道口打开,增压器又开始工作。如此反复,从而提高了发动机的进气压力,使其动力性能得到了有效的改善。

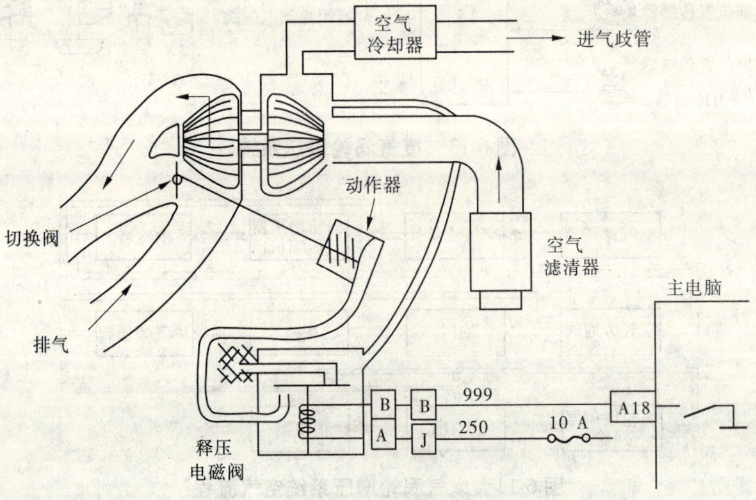

图 6-16　废气涡轮增压系统工作原理

四、谐波进气增压系统的检修

ACIS 的检修主要包括真空部件和电控部件工作情况的检查，下面介绍 ACIS 的电磁阀、真空罐和真空马达的检修。

（一）电磁阀的检修

（1）检查电磁阀线圈。在常温下两端子间的电阻测量如图 6-17 所示。当测得两端子间电阻是 38.5～44.5 Ω，同时两端子与电磁阀壳体也不导通时，表示正常；否则，应予以更换。

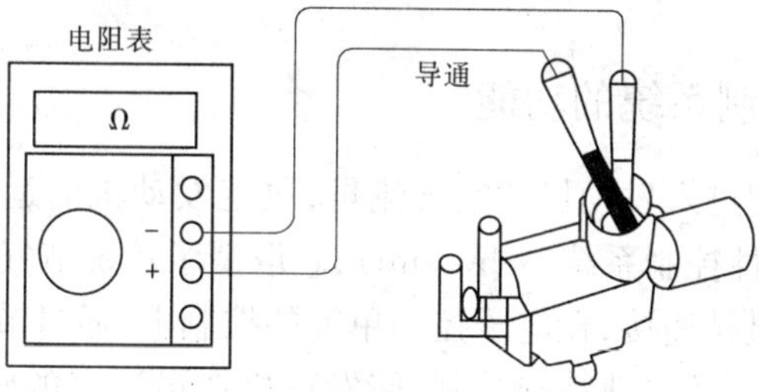

图 6-17 电磁阀线圈的检修

（2）检查电磁阀。如图 6-18 所示，电磁阀未通电时，空气应能从通道 E 进入，然后从空气滤清器中排出。当在电磁阀的两端子上施加 12 V 电压时，空气应能从通道 E 进入，然后从 F 口排出。否则，应予以更换。

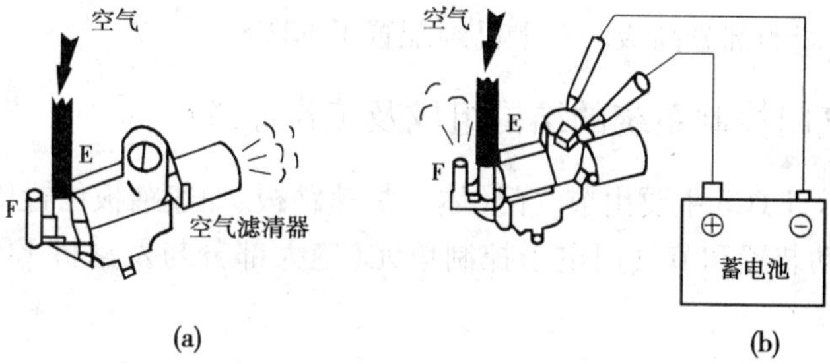

图 6-18 电磁阀的检修

（二）真空罐的检查

如图 6-19（a）所示，由 A 向 B 吹气时应当导通；而由 B 向 A 吹气时应当截止，如图 6-19（b）所示。用手指按住 B 口（见图 6-19（c）），施加 53.3 kPa 的真空，观察 1 min，表头真空度应无变化。

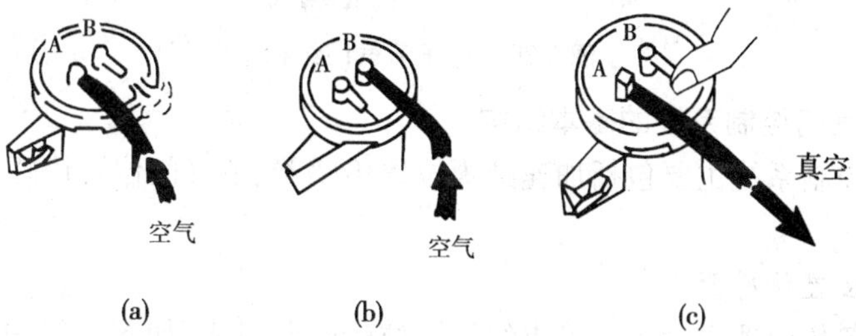

图 6-19 真空罐的检查

如不符合上述要求，应更换真空罐。

（三）真空马达的检修

当施加 53.3 kPa（399.8 mmHg）的真空度时，检查真空室阀杆有无移动。当真空施加 1 min 后，泄放真空，观察阀杆是否回位。如果上述操作后发现阀杆不动或不回位，先旋转其调整螺钉来调节，如仍无反应则予以更换。

单元三　电子节气门控制系统

一、电子节气门控制系统的功能

节气门的作用是控制进入发动机的空气流量，决定发动机的运行工况。电子节气门控制系统（ETCS）是一种柔性控制系统（x-by-wire），它取消了传统节气门与加速踏板之间采用拉索或杠杆机构的直接机械连接，在电子控制单元的控制下，通过节气门体上的电动机驱动节气门，可实现节气门开度的快速精确控制，使发动机在最适当的状态下工作，从而提高了汽车的动力性、安全性及舒适性以及降低排放污染。目前，ETCS 被广泛地运用于汽车的怠速控制（ISC）、巡航控制（CCS）、驱动防滑控制（ASR）及车辆稳定性控制（VSC）等汽车动力控制系统中，为集中控制和简化结构提供了基础，并逐渐成为标准配置。目前，一汽大众奥迪 A6、上海大众 PASSATB5 1.8T 和 2.8L、1998 款皇冠 3.0 和凌志 LS400，以及上海通用和广州本田等公司生产的部分高级轿车上已经配置了 ETCS。

二、电子节气门控制系统的结构组成及工作原理

如图 6-20 所示，ETCS 主要由节气门（体）、加速踏板、加速踏板位置传感器、节气门位置传感器、节气门驱动装置和节气门电子控制单元（绝大部分与发动机 ECU 集成为一体）等组成。

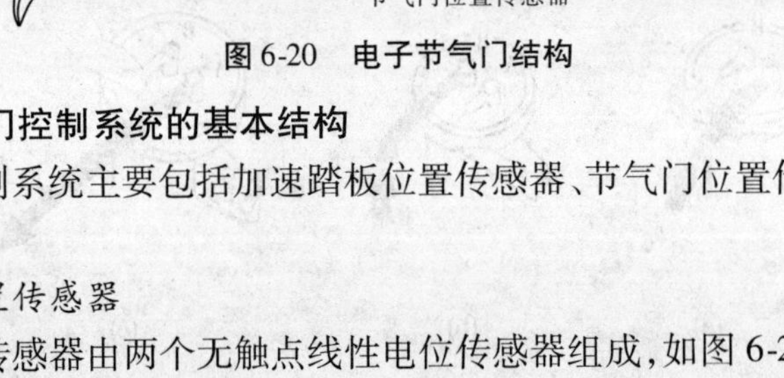

图 6-20　电子节气门结构

（一）电子节气门控制系统的基本结构

电子节气门控制系统主要包括加速踏板位置传感器、节气门位置传感器、节气门控制电动机和控制单元。

1. 加速踏板位置传感器

加速踏板位置传感器由两个无触点线性电位传感器组成，如图 6-21 所示。两个电位传感器在同一基准电压下工作，基准电压由 ECU 提供。随着加速踏板位置的改变，电位器阻

值也发生线性的变化，由此产生反映加速踏板下踏量大小和变化速率的电压信号输入ECU，如图6-22所示。

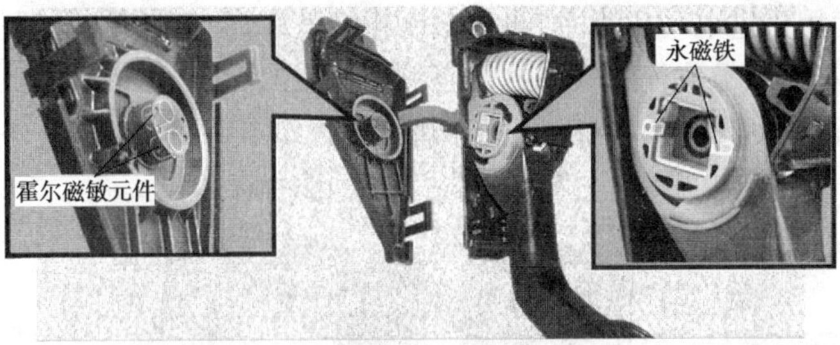

图6-21 加速踏板位置传感器

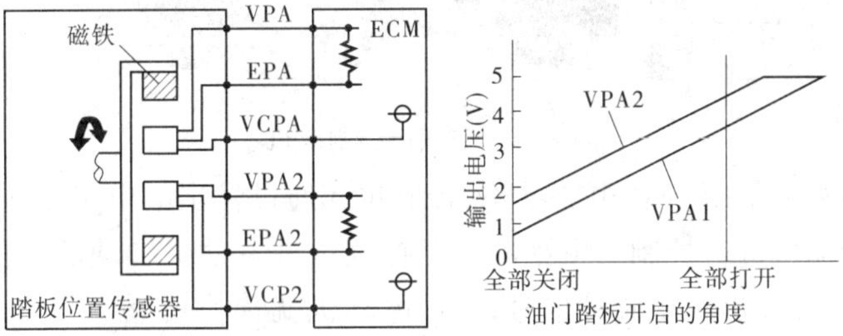

图6-22 加速踏板位置传感器电路图与输出信号

2. 节气门位置传感器

和踏板位置传感器类似，节气门位置传感器也是由两个无触点线性电位传感器组成的，如图6-23所示，且由ECU提供相同的基准电压。当节气门位置发生变化时，电位器阻值也随之线性地改变，由此产生相应的电压信号输入ECU，该电压信号反映节气门开度大小和变化速率，如图6-24所示。

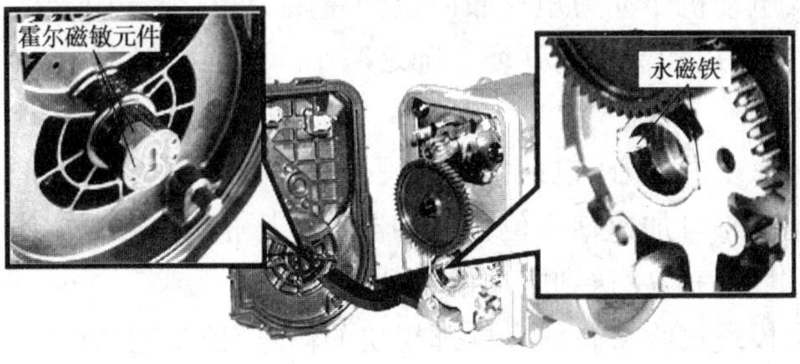

图6-23 节气门位置传感器

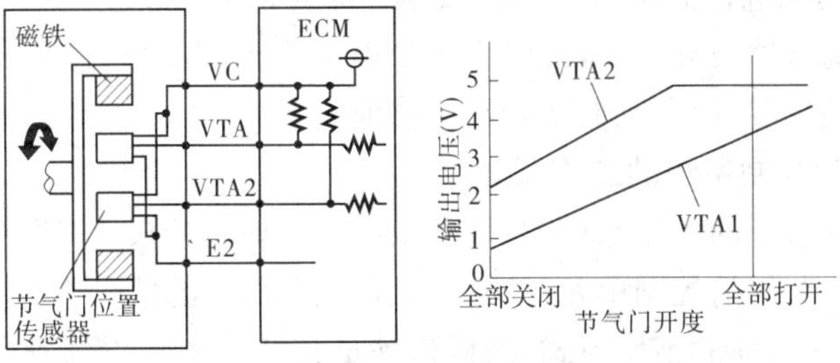

图6-24 节气门位置传感器电路图与输出信号

3. 节气门控制电动机

节气门控制电动机一般选用步进电动机或直流电动机，经过两级齿轮减速来调节节气门开度。早期以使用步进电动机为主，步进电动机精度较高、能耗低、位置保持特性较好，但其高速性能较差，不能满足节气门较高的动态响应性能的要求，所以现在比较多地采用直流电动机，直流电动机精度高、反应灵敏、便于伺服控制，如图 6-25 所示。

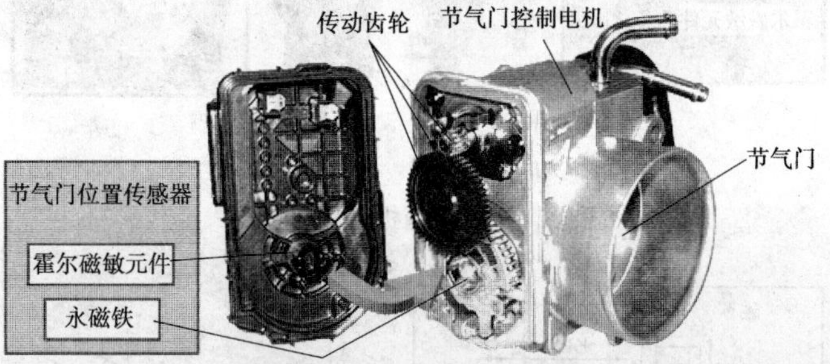

图 6-25 节气门控制电机

驱动步进电动机常采用 H 桥电路结构，控制单元通过发出的电平高低、脉冲个数、频率控制电平对步进电动机进行控制。电平的高低控制步进电动机转动的方向；脉冲个数控制电动机转动的角度，即发出一个脉冲信号，步进电动机就转动一个步进角；脉冲频率控制电动机转速，转速与脉冲频率成正比。因此，通过对上述三个参数的调节可以实现电动机精确定位与调速。

控制直流电动机采用脉冲宽度调制（PWM）技术，其特点是频率高，效率高，功率密度高，可靠性高。控制单元通过调节脉宽调制信号的占空比来控制直流电动机转角的大小，电动机方向则是由和节气门相连的复位弹簧控制的。电动机输出转矩和脉宽调制信号的占空比成正比。当占空比一定，电动机输出转矩与回位弹簧阻力矩保持平衡时，节气门开度不变；当占空比增大时，电动机驱动力矩克服回位弹簧阻力矩，节气门开度增大；反之，当占空比减小时，电动机输出转矩和节气门开度也随之减小。

4. 控制单元（ECU）

控制单元是整个系统的核心，包括信息处理模块和电动机驱动电路模块两部分。

信息处理模块接收来自加速踏板位置传感器的电压信号，经过处理后得到节气门的最佳开度，并把相应的电压信号发送到电动机驱动电路模块。

电动机驱动电路模块接收来自信息处理模块的信号，控制电动机转动相应的角度，使节气门达到或保持相应的开度。电动机驱动电路应保证电动机能双向转动。

ECU 对系统的功能进行监控，如果发现故障，将点亮系统故障指示灯，提示驾驶员系统有故障。同时电磁离合器被分离，节气门不再受电动机控制。节气门在回位弹簧的作用下返回到一个小开度的位置，使车辆慢速开到维修地点。

（二）电子节气门控制系统的工作原理

电子节气门控制系统的工作原理如下：驾驶员操纵加速踏板，加速踏板位置传感器产生相应的电压信号输入节气门控制单元，控制单元首先对输入的信号进行滤波，以消除环境电磁波的影响，然后根据当前的工作模式、踏板移动量和变化率解析驾驶员意图，计算出对发动机转矩的基本需求，得到相应的节气门转角的基本期望值。然后再经过 CAN 总线和整车控制单元进行通信，获取其他工况信息以及各种传感器信号，如发动机转速、挡位、节气门位置、空调能耗等，由此计算出整车所需求的全部转矩，通过对节气门转角期望值进行补偿，得到节气门的最佳开度，并把相应的电压信号发送到驱动电路模块，驱动控制电动机使节气门达到最佳的开度位置。节气门位置传感器则把节气门的开度信号反馈给节气门控制单元，形成闭环的位置控制。

三、电子节气门控制系统常见故障分析

电子节气门是新型电控发动机的关键部件之一，对发动机的怠速性能、动力性能影响较大，在汽车使用中故障率较高。一般情况下，电子节气门体的电气性故障均可激发 ECU 记忆相应的故障信息。

（一）节气门位置传感器故障

节气门位置传感器的主要作用是输出怠速、部分负荷、大负荷及加速负荷信号，ECU 根据节气门位置传感器信号完成怠速调节、喷油脉宽和加速异步窄。当节气门信号不良或出现短路、断路故障时，发动机一般表现为怠速不稳、加速不良或回火、尾气排放异常等。

（二）节气门体漏气

节气门体的真空管或接合部位漏气，会引起真空作用力失常，有关的真空执行元件不能正常动作。部分空气通过节气门体的漏气部位进入汽缸内，由于这部分气体未经过空气流量传感器计量或未经节气门控制，会导致怠速失速、开空调或起步时（自动变速器车型）发动机怠速过低或熄火、发动机冷启动困难（空气量过多）、滑行时发动机熄火、冷车怠速转速过低等故障现象。

（三）自适应功能设定故障

对节气门进行清洁或更换新的节气门或者 ECU 后，必须进行节气门的自适应设定。自适应设定时，ECU 会驱动节气门动作，同时采集相应信号并储存起来，以修正节气门的位置。如果不进行初始设定，ECU 将不能正常驱动节气门电动机控制怠速，会出现怠速过高、怠速不稳及车辆滑行熄火等故障现象。

（四）自适应能力超出范围

当节气门体长期处于脏污状态时，ECU 将驱动节气门逐渐开大，当节气门开度大于一定角度（一般为 8°）时，会出现自适应能力超出范围故障。此时，应清洗节气门并进行自适应设定，若无法完成初始设定，应更换节气门体。

（五）节气门轴转动阻力过大或节气门驱动电动机磨损

节气门轴转动阻力过大或节气门驱动电动机磨损，会造成发动机转速下降。此时，应清洁节气门体，润滑节气门轴，检查蓄电池电压（应大于 11 V）并进行重新设定。

小　结

可变配气机构是使配气相位能随工况相应变化，发动机的低速转矩得到改善。可以使用较低的曲轴转速来减小摩擦损失，从而提高燃油经济性和排放性；进气增压控制系统就是根据发动机转速的变化，提高了发动机的充气效率，改善了发动机功率、转矩和性能。电子节气门控制系统（ETCS）是一种柔性控制系统（x - by - wire），它取消了传统节气门与加速

踏板之间采用拉索或杠杆机构的直接机械连接，在电子控制单元的控制下，通过节气门体上的电动机驱动节气门，可实现节气门开度的快速精确控制，使发动机在最适当的状态下工作，从而提高了汽车的动力性、安全性及舒适性以及降低排放污染。

思考与练习

一、选择题

1. 参与智能可变气门正时控制的传感器不包括__________。

A. 节气门位置传感器　B. 空气流量计　C. 发动机转速传感器　D. 车速传感器

2. 一旦发动机高转速运行时，进、排气门的开启持续时间__________。

A. 不变　B. 增加　C. 减少　D. 都有可能

3. 进气惯性增压系统通过改变__________达到进气增压效果。

A. 进气通道截面面积　B. 压力波传播路线长度

C. 废气流动路线　D. 进气管长度

二、判断题

1. 智能可变气门正时系统无需发动机负荷信号。（　）

2. 电控废气涡轮增压的控制对象就是进气侧的增压压力，以调节排气侧的压力。（　）

3. 涡轮增压器内的动力涡轮和增压涡轮安装在同一根轴上。（　）

4. 在可变配气相位控制系统中，凸轮轴沿工作方向转过一个角度，如气门提前开启角增大，则迟后关闭角也增大。（　）

5. VTEC 系统中电磁阀接通后，通过水温传感器给电脑提供一个反馈信号，以便监控系统工作。（　）

三、简答题

1. 什么是可变气门正时？

2. 可变气门正时系统有哪些类型？

项目七　电控发动机故障常用仪器与诊断方法

【任务介绍】

主要掌握发动机控制系统综合故障诊断方法及所用的检修工具。

【任务分析】

引导学生完成发动机电控系统各常用仪器等相关知识的学习，然后实施发动机电控系统综合故障诊断的检查任务。

学习后应能够达到：

1. 掌握发动机综合故障诊断方法。

2. 正确使用发动机电控系统常用仪器。

【相关知识】

随着电子技术的发展，ECU 在汽车电子控制中得到越来越广泛的应用。然而，由于汽车控制的电子化，给汽车的诊断维修工作带来很大的困难，为维修人员迅速、准确地确定故障的性质和部位，有针对性地检查有关元件、线路，排除故障，现代汽车电子控制系统中设有故障自诊断系统。当出现故障时，ECU 把这一故障以代码的形式存入内部随机存储器，同时点亮仪表板上的故障指示灯，提醒驾驶员。维修人员利用仪器读出的故障码，很容易判断故障的部位。

单元一　随车自诊断系统简介

一、概　述

OBD 是一个复杂的自诊断系统，用于监测影响汽车排放的零部件和系统的故障，是尾气排放超标报警装置。自 20 世纪 80 年代开始，世界各汽车制造厂就在车辆上配备全功能的控制和诊断系统。这些系统在车辆发生故障时可以警示驾驶员，并且在维修时维修人员可经由特定的方式读取故障代码，根据故障码的提示，迅速准确地确定故障的性质和部位，有针对性地检查有关部位、元件和线路，将故障排除。

由于世界各主要汽车厂的 OBD 系统随其发动机管理系统不同而发展的诊断系统、检修流程、专用工具等各不相同，另外也没有统一的 OBD 连接器插口、故障代码、通信协议等，这给非特约维修站的维修工作带来许多问题。更重要的是，OBD 对自身的工作状态是否达到原厂技术要求无法自测，使得维修后的汽车常常不符合原厂技术要求。这类 OBD 系统被称为 OBD－Ⅰ(第一代车载诊断系统)。

OBD－Ⅱ系统复杂，除诊断与排放有关部件的完全失效外，还要对由于部件老化、部分失效引起的排放超标进行诊断。因此，OBD－Ⅱ系统才是真正意义上的实现对在用车整个使用寿命范围内的排放监控，使用统一的标准，只要用一台仪器即可对各种车辆进行诊断。因为美国和欧洲采用了两种不同的排放法规体系，所以第二代车载诊断系统有 OBD－Ⅱ和

EOBD 两种形式。美国实施 OBD－Ⅱ，而欧洲采用欧洲排放法规标准实施 EOBD；美国实施的 OBD－Ⅱ标准更严格。

二、第二代车载诊断系统（OBD－Ⅱ）

自 1996 年开始，各主要汽车生产厂家都开始装配统一的第二代车载诊断系统，以弥补 OBD－Ⅰ的不足。OBD－Ⅰ的功能主要是诊断与排放有关的零部件的完全失效，OBD－Ⅱ可在发动机的运行状况中持续不断地监控汽车尾气，一旦发现尾气超标，就会马上发出警报。当系统出现故障时，故障灯（MIL）或检查发动机（CHECK ENGINE）警告灯亮，同时发动机电脑将故障信息存入存储器，通过程序可以将故障代码从发动机电脑中读出。根据故障码的提示，维修人员就能迅速准确地确定故障的性质和部位。OBD－Ⅱ系统的控制领域如图 7-1 所示。

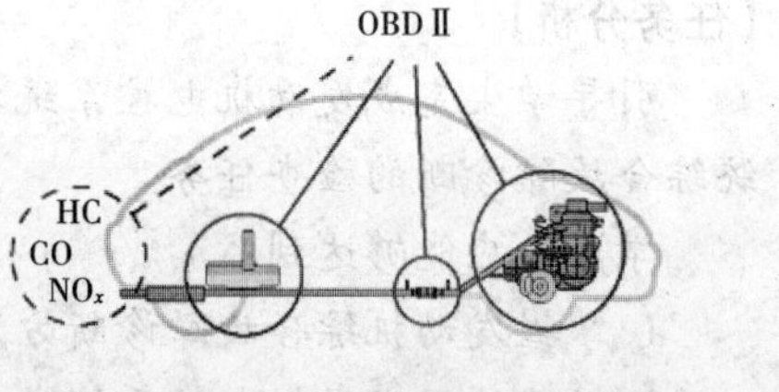

图 7-1　OBD－Ⅱ系统的控制领域

（一）组成

OBD 系统在功能上由软件和硬件共同实现。

1. 软件方面

故障诊断控制策略代码和标定与发动机系统控制部分一起构成整个发动机控制系统的软件包。在一个典型的发动机控制系统软件包中，OBD 部分的代码占整个软件内容的一半，有超过 150 个可能的故障代码，典型的 EOBD 软件包括 6 万个标定代码和 1.5 万个标定。

2. 硬件方面

硬件主要由各传感器、ECU、OBD 连接器插口、故障指示灯、执行器、线路等与发动机废气控制相关的子系统组成。

（二）OBD 系统原理

汽车在正常运转时，汽车的电子部件控制系统输入信号和输出信号（电流或电压）会在一定的范围内以一定的规律变化，当电子控制系统的信号出现异常且超出了正常的变化范围，并且这一现象在一定时间（3 个连续行程）内不会消失时，则 ECU 判断为这一部分出现故障，故障指示灯点亮。同时，监测器把这一故障以代码的形式存入内部的故障存储器中，被存储的故障代码在检修的时候可以通过故障指示灯或 OBD 检测仪读取。如果故障不再存在，监控器连续 3 次未收到相关信号后，将指令故障指示灯熄灭，故障指示灯熄灭后发动机暖机循环约 40 次后故障代码会自动被清除。

（三）OBD－Ⅱ系统的特点

（1）能检测出与排放相关的元器件的工作情况，提示驾驶员将与排放相关的系统进行维护、维修。OBD－Ⅱ有两种检测过程：连续监测和非连续监测。连续监测包括检查发动机间歇不点火、燃油修正和全面元件监视；非连续监测包括催化转换器监测、氧传感器监测、废气再循环系统监测、燃油蒸发排放监测等。

（2）采用统一的故障码及意义，能使用统一通信协议的检测工具、标准化的 16 针诊断插座（DLC）进行检测（诊断插座如图 7-2 所示，安装位置如图 7-3 所示，针脚用途如表 7-1 所示）。

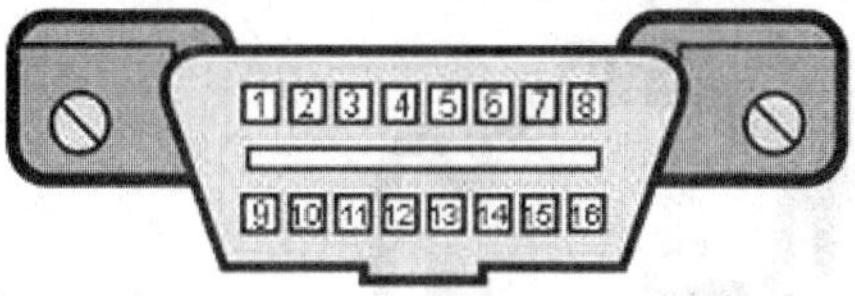

图 7-2　OBD－Ⅱ数据传输诊断插座

图 7-3　OBD－Ⅱ数据传输诊断插座安装位置

表 7-1　OBD－Ⅱ诊断插座针脚的用途

针脚	分配定义
1	厂家定义
2	SAE J1850 总线正
3	厂家定义
4	车身地
5	信号地
6	ISO 15765—4 定义的 CAN 高
7	ISO 9141—2 和 ISO 14230—4 定义的 K 线
8	厂家定义
9	厂家定义
10	SAE J1850 总线负
11	厂家定义
12	厂家定义
13	厂家定义
14	ISO 15765—4 定义的 CAN 低
15	ISO 9141—2 和 ISO 14230—4 定义的 L 线
16	永久正电压

(3)诊断信息多样化。OBD－Ⅱ可以提供更多的数据被外部设备读取。这些数据包括故障码、一些重要信号或指标的实时数据,以及冻结帧信息等。

(四)故障灯与故障码

发动机故障指示灯(MIL)常见标示为淡黄色的灯,如图7-4所示。

图7-4　发动机故障指示灯

1. 发动机故障灯的功能

1)故障报警

发动机运行时,当ECU检测出控制系统出现故障时,立即输出控制信号,接通故障指示灯电路,使"检查"灯点亮,向驾驶员发出警报,通知驾驶员发动机已发生故障。故障排除,发动机控制系统恢复正常工作时,灯才熄灭。

在发动机尚未发动前,驾驶员将点火开关打开(ON)时,当发动机未转动且正常情况下,"检查"灯应点亮。如果灯不亮,一般说明故障指示灯电路有故障。

发动机启动后(发动机转速一般高于500 r/min时),发动机工作正常情况下,"检查"灯应自动熄灭。如果灯继续亮,说明自诊断系统已检测到发动机控制系统有故障或故障指示灯电路出现异常。

2)显示故障代码

通过一定的模式,可将内存的故障代码调出,由发动机故障指示灯以不同闪亮频率进行显示。

3)发动机定期维修养护提示作用

在汽车行驶规定的里程后,微机控制该灯点亮,提示发动机的某些系统或部件应进行维护或更换。

2. 故障码的类型

劣质的汽油也会引起故障指示灯点亮。当对车辆进行诊断时,可以发现随机缺火故障码,这通常是由以下原因造成的:真空泄漏、燃油压力低、喷油嘴脏或点火问题等。OBD-Ⅱ自诊断系统能跟踪缺火直至个别缸,缺火率在2%以下为正常。但若汽油中有水或其他原因造成的汽油品质下降,会导致缺火率超过限值而触发故障码。

为了减少MIL点亮的机会,OBD-Ⅱ系统设计规定如下,某一类故障需要在相同的行驶工况下探测到两次,MIL才能点亮。而另一类(那些能立即引起排放明显增加的)故障,则只需探测到一次,MIL立即点亮。所以,在进行故障诊断时,应分清故障码类型。OBD-Ⅱ将故障码分为A、B、C、D四种类型。

A类故障码是最严重的一类,只发生一次,就触发MIL。为了诊断方便,当A类故障码被设置时,OBD-Ⅱ系统同时还储存了一个历史故障码、失效记录和一帧现场数据。

B类故障码是次严重的一类。在MIL点亮之前,这类故障应在两次连续的行驶过程中至少发生一次。若在一次行驶过程中发生,而在下一次行驶过程中没有发生,则该故障的码还未“成熟”,MIL 不点亮。当 MIL 点亮的条件满足时,所储存的历史故障码、失效记录和一帧现场数据与触发 A 类故障码时完全相同。

一旦 A 类或 B 类故障码已设置,只有在通过了三次连续的行驶过程的 OBD－Ⅱ系统自诊断后,MIL 才会熄灭。如果故障涉及 P0330 随机缺火或燃油平衡问题,那么只有当 OBD－Ⅱ系统通过与触发故障码时相同的工况(允许误差:发动机转速 =375 r/min,负荷 =10%)下的自诊断后,MIL 才会熄灭。如果问题仍然存在,用人为的方式,如用解码器或给 PCM 断电,清除故障码,MIL 还会重新点亮。

若将一个传感器有意断开,MIL 不一定会点亮,这取决于这个传感器影响排放的程度(优先级)和 OBD－Ⅱ自诊断所需的行驶循环数。

C 类和 D 类故障码与排放问题无明显关系。C 类故障码点亮 MIL(或其他报警灯),但 D 类故障码不点亮 MIL。

(五)故障码的结构

故障码由 5 个字符组成,如 P0133,每个字符具有不同的含义,下面是对从左至右各个字符的解释。

第一个字符:故障所属的系统。

P = Powertrain 动力传输系统;B = Body 车身;C = Chassis 底盘;U = Network 网络。

第二个字符:故障类型。

0:由 ISO/SAE 标准定义的故障码;1:由车辆制造厂定义的故障码。

第三个字符:子系统。

P0100——燃油或进气系统故障;

P0200——燃油喷射系统故障;

P0300——点火系统或发动机间歇不点火故障;

P0400——排放控制系统故障;

P0500——怠速控制、车速传感器故障;

P0600——计数机输出电路(继电器、执行器)故障;

P0700——变速器、差速器故障;

P0000——整个系统故障。

第四和第五个字符即故障码的最后两个字符代表了具体的故障对象和类型。

(六)故障码的读取和消除方法

故障信息的显示方法大致有以下几种:

(1)由“检查发动机”(CHECK ENGINE)警示灯闪烁故障码,或由 ECU 上的指示灯指示。

(2)在组合仪表的信息显示屏上出现故障码。

(3)通过诊断座上的故障诊断输出端子输出故障信息资料,并跨接显示灯闪烁读出故障码,或跨接检测仪器如电脑检测仪等直接读取故障信息资料。

几种常见车型故障码的读取方法如下:

(1)通用车系:跨接 OBD－Ⅱ诊断座的 6 号、5 号端子,由“CHECK ENGINE”灯闪烁读码。

(2)福特车系:跨接 16 针诊断座的 13 号、15 号端子,由“CHECK ENGINE”灯读取故障码。

(3)克莱斯勒车系:将点火开关打开5~10 s后,由“CHECK ENGINE”灯读取故障码。

(4)丰田车系:将OBD-Ⅱ 16针诊断座的5号与6号端子跨接或将TE1与E1端子跨接,由仪表板上的“CHECK ENGINE”灯闪烁读出。

故障码的清除方法如下:

(1)用故障诊断仪清除故障码。

(2)把汽车蓄电池负极电缆或通往发动机电控系统的电源线或熔丝拔掉约30 s,清除掉ECU中存储的故障代码。

注意,使用拔掉蓄电池负极电缆的方法清除故障码,将会使汽车上石英钟和音响等装置内存中的内容一起清除。

在清除故障码后,应启动发动机,看“CHECK ENGINE”灯是否又闪亮。若又闪亮,说明系统仍存在故障,需进一步诊断。

现在汽车电子控制系统中,一般都设有故障自诊断系统。故障自诊断系统主要由ECU中的部分软件和故障指示灯等组成,不需要专门的传感器。电控系统工作时,自诊断系统对电控系统各种输入、输出信号进行监测,并运用程序进行推理、判断,将结果迅速反馈到主控系统,改变控制状态。此外,自诊断系统还根据自诊断结果控制故障指示灯工作。

故障自诊断系统的功能如下:

(1)通过自诊断测试判断电控系统有无故障,当出现故障时,点亮故障指示灯发出报警信号,并将诊断结果以代码(故障码)的形式进行存储。特别是机械装置、真空装置等,自诊断系统无法对其进行监测,对这些装置的故障还应采取传统检测诊断方法。

(2)在维修时,通过一定的操作程序可将故障码调出,以便维修人员迅速、准确地确定故障的性质和部位,有针对性地检查有关元件、线路,排除故障。故障排除后,还应能将存储的故障码清除,以便于自诊断系统进行新的自诊断测试;如不将旧的故障码清除掉,可能会给下一次维修带来麻烦。

三、失效保护和备用系统

失效保护功能主要有:

(1)空气流量计或进气压力传感器断路或短路时,ECU按节气门位置传感器的信号,以三种固定的喷油量控制喷油。当节气门位置传感器内的怠速开关闭合时,以固定的怠速喷油量喷油;当怠速开关断开而节气门尚未全开时,以固定的小负荷喷油量喷油;当节气门大开或接近全开时,以固定的大负荷喷油量喷油。

(2)水温传感器断路或短路时,ECU按水温为80 ℃的状态控制喷油。

(3)进气温度传感器断路或短路时,ECU按进气温度为20 ℃的状态控制喷油。

(4)当线性输出式节气门位置传感器产生断路或短路故障时,ECU将检测到节气门处于全开或完全关闭状态信号,此时安全保险功能将采用正常运转值(标准值),通常按节气门开度为0或25°控制发动机工作。

(5)大气压力传感器断路或短路时,ECU按101.13 kPa控制喷油或进入备用系统工作状态。

(6)氧传感器输出电压保持不变或变化过于缓慢时,ECU将取消反馈控制,并以开环控制方式控制喷油。

(7)由于G信号用于识别汽缸和确定曲轴基准角,当出现开路或短路时,发动机无法控制,将造成发动机不能启动或失速。曲轴位置传感器(G_1 和 G_2)信号电路故障,仍能收到 G_1 或 G_2 信号,则曲轴在基准角还能由保留的G信号判别。

(8)如果点火系统中产生故障造成不能点火,ECU检测不到由点火控制器返回的点火认定信号。此时,ECU安全保险功能立即停止燃油喷射,以防止大量燃油进入汽缸而不能点火工作。

(9)当爆震传感器信号电路开路或短路,或ECU内爆震控制系统出现故障时,无论是否产生爆震,点火提前角都将无法由爆震控制系统控制执行,这将导致发动机损坏,此时安全保险功能将点火提前角固定在一适当值。

当电控系统发生某些故障时,将无法控制发动机运转,此时ECU中的备用系统会接通备用集成电路(IC),用固定的信号控制燃油喷射和点火正时,控制发动机进入强制运转,使发动机仍能维持运转,以便驾驶员能将车辆开到修理厂进行检修。

当遇到下列情况之一时,ECU自动接至备用系统工作状态:

(1)微处理器停止输出点火正时控制信号(IG_t)。

(2)进气压力传感器信号电路出现开路或短路(只适于D型EFI系统)。

(3)曲轴位置传感器信号电路开路或短路。

(4)ECU中的中央处理器(CPU)、输入/输出(I/O)接口和存储器发生故障。

单元二　电控系统常用仪器

发动机集中控制系统是高度智能化的电子控制系统。近年来,随着汽车电子技术的飞速发展,该系统的组成更加复杂,控制内容不断增加,仅凭维修人员的工作经验已很难进行准确的故障诊断和检修。维修人员只有采用先进的故障诊断分析仪器设备,才能快速、准确地进行诊断和检修。发动机电控系统故障诊断与检修中常用的仪器主要有万用表、解码器、汽车专用示波器、信号模拟检验仪、发动机性能分析仪等。

一、万用表

常用的万用表有指针式和数字式两种。汽车专用万用表是数字式的,在这里只介绍数字式万用表。

(一)数字式万用表的结构

数字式万用表的面板主要由液晶显示器、电源开关、功能(量程)选择开关、表笔插孔等组成,如图7-5所示。

液晶显示器采用FE型大字号LCD显示器,最大显示值 为1999或 -1999,当电池的电压低于7 V时,显示屏的左上方显示低电压指示符号"LO BAT",超量程时显示"1"或" -1",小数点由量程开关进行同步控制,使其左移或右移。

电源开关右侧注有"OFF"和"ON"字样,将开关按下接通电源,即可使用仪表,测量完毕再按开关,使其恢复到原位,以免空耗电池。

功能(量程)选择开关分为30个基本挡和两个附加挡,其中蜂鸣器和二极管测量为公用挡。

压电陶瓷蜂鸣器片装在电池盒下面，当被检查的线路接通时，能同时发出声、光指示，面板上的二极管发出红光。

表笔插孔共有 4 个，分别标有“A”、“μmA/TEMP”、“COM”、V/Ω/Hz，“V/Ω/Hz”与“COM”之间标有“750V AC MAX”、“1 kV MAX”字样，表示从这两个孔输入的交流电压不得超过 750 V，直流电压不得超过 1 000 V，即测量电压、电阻时表笔插入此两孔。测电阻时插入“V/Ω/Hz”插孔的表笔为电源高压端，插入“COM”插孔的表笔为电源负端。测直流电压时，当由“V/Ω/Hz”插孔引出的红表笔接被测端高电位时，显示测量数字为正，反之为负。另外，在“μmA/TEMP”与“COM”之间标有“2A MAX”，表示输入的交、直流电流最大不超过 2 A，若超过 2 A 小于 10 A，可用“A”与“COM”插孔。

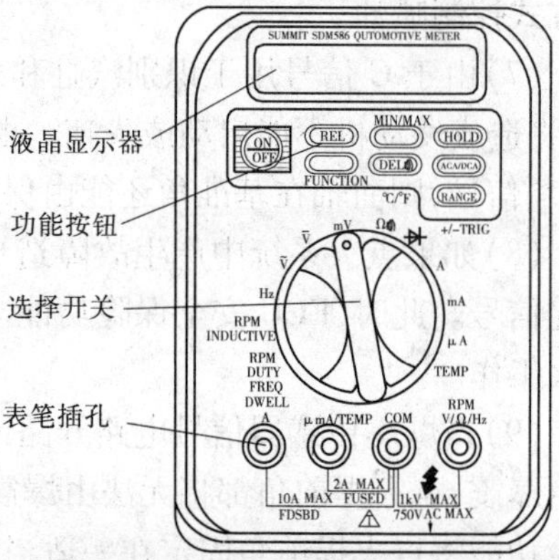

图 7-5　数字式万用表

仪表板背面有电池盒盖板，可按指定方向拉出活动扣板，即可更换电池。为检查方便，表内装有 0.2 A 快速熔断器。

汽车专用万用表结构和数字式万用表基本相同。汽车专用万用表技术参数见表 7-2。

表 7-2　汽车专用万用表技术参数

主要功能	技术参数
直流电压	400 mV ~ 400 V(±0.5%),1 000 V(±1%)
直流电流	400 mA(±1%),20 A(±2%)
交流电压	400 mV ~ 400 V(±1.2%),1 000 V(±1.5%)
交流电流	400 mA(±1.5%),20 A(±2.5%)
电阻	400 Ω(±1%),4 kΩ ~ 4 MΩ(±1%),40 MΩ(±2%)
频率	4 kHz ~ 4 MHz(±0.05%),最小输入频率 10 Hz
音频	电路通、断音频信号测试
二极管的检测	(±1% dgt + 3dgt)
温度的检测	−18 ~ 300 ℃(±3%),301 ~ 1 110 ℃(±3%)
转速	150 ~ 3 999 r/min(±0.3%),4 000 ~ 10 000 r/min(±0.6%)
闭合角	±0.5°
频宽比	±0.2%

(二)汽车专用万用表的使用方法

现代电控汽车在进行检测与诊断时，需要测量的参数很多，现将一些特殊参数的测量方法介绍如下：

(1)信号频率检测：将功能选择开关转至频率挡(FREQ)，公用接地插孔(COM)的测试线接地，“V/Ω/Hz”插孔的测试线接被测的信号线，此时在显示器上即可读取被测信号的频率。

(2)温度的检测:将功能选择开关置于温度挡(TEMP),把温度探针插入温度检测插孔,按动测量温度选择钮“℃/℉”,再把温度探针接触被测物体的表面,显示器即显示出所测的温度。

(3)闭合角检测:将功能选择开关转至相应发动机汽缸的闭合角测量位置(DWELL),公用接地插孔(COM)的测试线接地,“V/Ω/Hz”插孔的测试线接点火线圈负极“-”接线柱,在发动机运转时显示器即能显示出点火线圈初级线圈导通的时间(导通角)。

(4)占空比检测:将功能选择开关转至占空比测量位置(DUTY),公用接地插孔(COM)的测试线接地,“V/Ω/Hz”插孔的测试线接被测的信号线,显示屏即显示出被测电路一个工作循环中脉冲信号所保持的时间的相对百分数(即占空比),如图7-6所示。

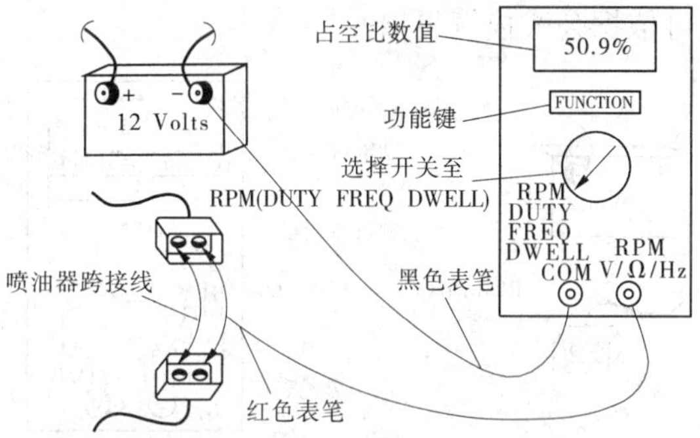

图7-6 占空比的测量方法

(5)转速的测量:将功能选择开关转至转速挡(RPM),将测量转速的专用插头插入公用接地插孔(COM)和“V/Ω/Hz”插孔,再将感应式转速传感器的夹子夹在一缸的高压分缸线上,在发动机工作时显示器即显示出发动机的转速,如图7-7所示。

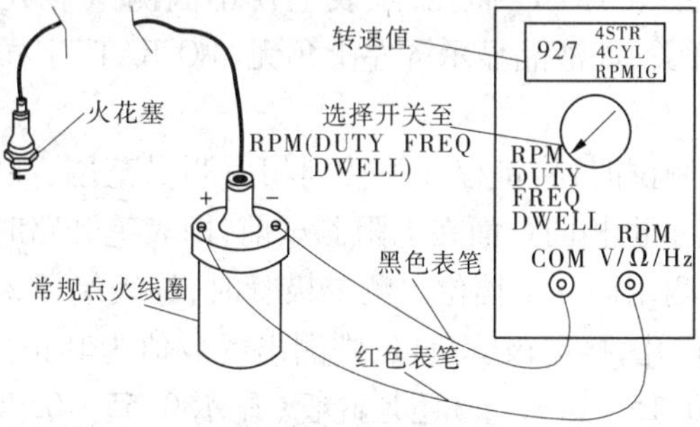

图7-7 转速的测量方法

(6)氧传感器的检测:首先拆下氧传感器线束,用一跨接线将此线束与氧传感器相接。然后将功能选择开关置于$\overline{V}$挡,按动DC/AC按钮并置于DC状态,再按“MIN/MAX”按钮,使“COM”插孔的测试线接地,“V/Ω/Hz”插孔的测试线与氧传感器的跨接线相连,如图7-8所示。让发动机运转至快怠速(约2 000 r/min),此时氧传感器的工作温度可达到360 ℃以上。混合气浓时,氧传感器的输出电压约为0.8 V;混合气稀时,输出电压为0.1~0.2 V。注意,氧传感器的工作温度低于标准温度时,将影响其输出信号。

(7)喷油器喷油脉宽的测量:将功能选择开关转至占空比测量位置(DUTY),测量出喷

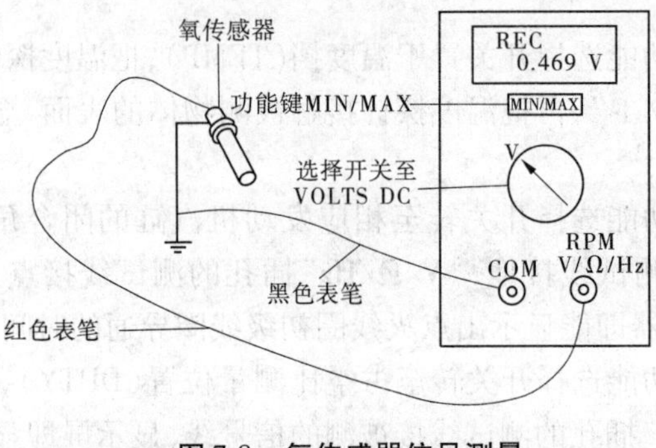

图 7-8　氧传感器信号测量

油器喷油的占空比后，再将功能选择开关置于频率挡（FREQ），测量出喷油器的工作频率，如图 7-9 所示（喷油时间可依据公式换算得出）。

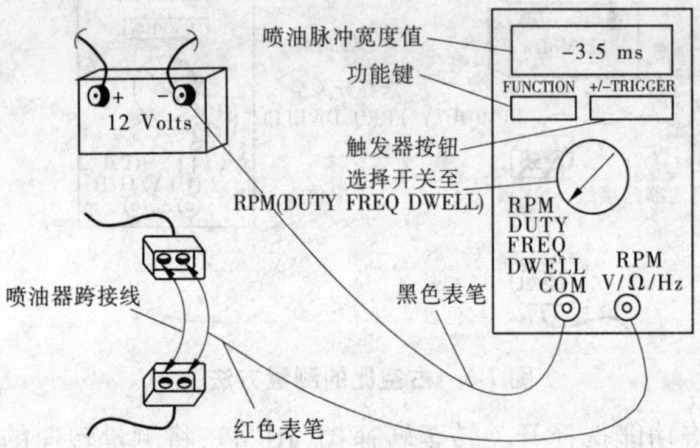

图 7-9　喷油脉宽测量

（三）数字式万用表使用的注意事项

使用时，将黑色表笔插入"COM"插孔，红表笔视不同测量参数，可插入"V/Ω/Hz"或"A"插孔，按下 ON/OFF 开关，如液晶显示屏左上角无"LO BAT"字样，则意味着电池电压正常，可进行测试。

直流电压及交流电压测试时，将量程开关转到相应测量范围，在没有测量时，显示屏显示"000"，电流挡测试前显示也相同。而在电阻测试前，即表笔开路时，液晶屏显示"1"。

二极管及线路通断检测用同一个挡位。测二极管时，红表笔插入"V/Ω/Hz"孔，接二极管正极，黑表笔插入"COM"孔，接二极管负极，则测出的数值为其正向压降。据此压降值可确定二极管为锗管（显示 0.15 ~ 0.30 V）还是硅管（显示 0.55 ~ 0.70 V），并确定管脚的极性。当用来测线路通断时，若被测两点间电阻小于 30 Ω，则声、光同时警示。

二、解码器

汽车在行使过程中，一旦电控系统出现故障，电控单元将利用自身的自诊断功能将故障检测出来，并以故障码的形式储存在存储器中，同时点亮仪表板上的故障指示灯，提醒驾驶员。维修人员则可利用读出的故障码，很容易知道故障的部位。解码器的作用是将故障代码从电控单元中读出，为检修人员提供参考。除此之外，解码器还具有其他的一些特殊测试功能。

解码器分为专用型和通用型两种。专用型解码器只能检测特定的车型,它是各汽车制造商为自己生产的各种车型设计的解码器,例如德国大众公司的专用 V. A. G1552、美国通用公司的 TECH－2、日本本田公司的 HHT 等。其特点是适用车型单一,测试功能较强,是各车型特约维修站配置的检测设备。图 7-10 所示为克莱斯勒车系与福特车系专用型解码器。

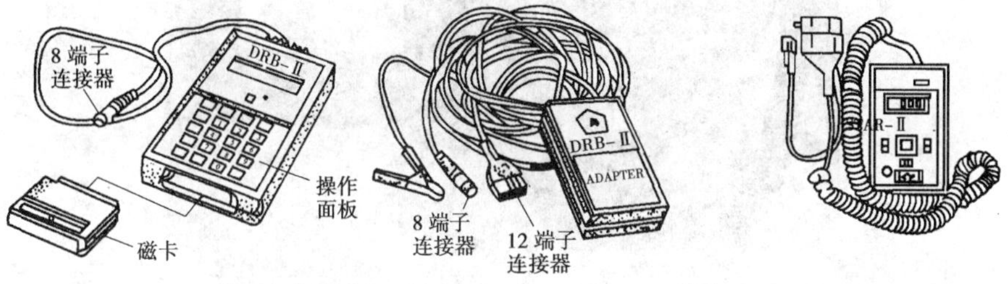

(a) 克莱斯勒车系 DRB－Ⅱ　　(b) 福特车系 STAR－Ⅱ

图 7-10　专用型解码器

通用型解码器适用车型广,可涵盖美国、欧洲、亚洲车型,其功能与专用型解码器相近,能够满足用户的基本需要。这类仪器种类很多,国产代表产品有 X－431 电眼睛(见图 7-11)、金德 K81(见图 7-12)、HY－222B修车王等,进口的有美国 OTC 诊断仪和 Scanner 诊断仪(俗称红盒子)、德国 Bosch FS560 诊断仪、瑞典 BMuliti-Test Plus 诊断仪和 OB91 欧洲车辆解码器等,下面以金德 K81 为例介绍解码器的结构、主要功能和使用方法。

图 7-11　X－431

(一)解码器结构

专用型和通用型解码器的结构组成基本相同,主要由主机、电源、测试接头、软件测试卡和测试线等组成,如图 7-13 所示。

主机:主机上布置有 0～9 个数字键和若干个功能按键,用户可以通过按键操作来实现人机对话,测试结果显示在主机屏幕上。[ENTER]键的功能主要是进入菜单、确认所选项目。四个方向键可以对项目进行选择。[EXIT]键的功能主要是返回上级菜单、退出。[F_1]、[F_2]是辅助键。

图 7-12　金德 K81/KT300 智能诊断仪

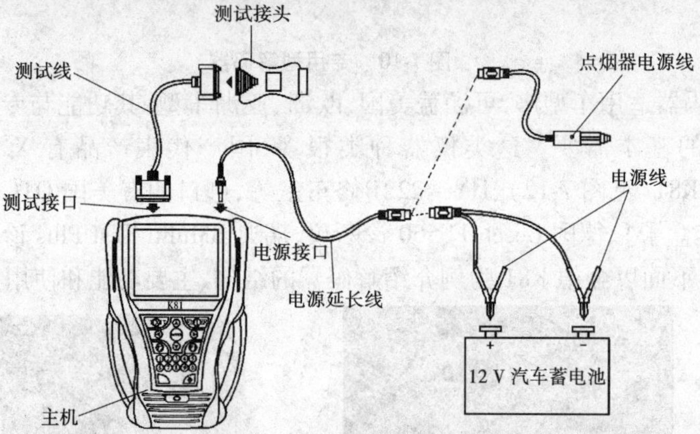

图 7-13　解码器结构

电源:为主机提供能量支持,国内产品一般采用汽车电源作为供电设备(直接连接电瓶或通过点烟器连接电源),国外部分产品采用内装式锂电池。

软件测试卡:软件测试卡内存有被测车系的故障测试程序、故障说明及维修提示资料。通常情况下,一块测试卡只能测试一种车系。软件测试卡备有多块,并且可以升级换代。

测试接头:每种车系都可能有不同的自诊断插座,所以在测试不同的车系前,必须选用对应的测试接头。

测试线:连接测试接头和主机的连接线。

(二)解码器的功能

解码器的功能可分为基本测试功能和特殊测试功能,基本测试功能是读取和清除故障码;特殊测试功能包括动态数据流测试、静态数据流测试、执行元件测试、基本设定和控制单元编码等。

不同型号的解码器,其使用方法也不尽相同,下面以国产金德 K81 为例介绍解码器的使用方法。

1. 读取故障码

解码器可以读出存储在电子控制单元中的故障码,并在显示屏上显示出来,故障码的含义也可以通过按键的操作将其从解码器中调出，在未清除故障码之前，可以重新阅读故障码。

故障码读取的方法：

(1)根据被测车型和该测试车的诊断座形式选择合适的测试接头，用测试线将解码器、测试接头和测试车诊断座连接；若诊断座不提供电源(OBD－Ⅱ除外)，则选择点烟器或者电瓶对设备提供电源支持。

(2)按[POWER]键，解码器将进行自检，自检结束后按[ENTER]键，若用户未对仪器进行注册，仪器的使用次数是有限制的，此时屏幕会显示提示信息，提示用户及时注册并显示该仪器还能使用的次数，按[ENTER]键进入开机等待画面，等待 20 s，或者直接按[ENTER]键进入主菜单界面，可选项有汽车检测、示波器、辅助功能和升级系统。

(3)选择汽车检测功能，按[ENTER]键进入，显示屏显示故障测试、设备自检、测试演示、音响解码。

(4)选择故障测试功能，按[ENTER]键进入车型选择菜单。

(5)选择中国车系，按[ENTER]键进入检测项目选择菜单。

(6)在中国车系界面上选择被测车辆的车型，按[ENTER]键进入检测项目选择菜单。

(7)在检测项目选择菜单上选择发动机，按[ENTER]键进入。仔细阅读，确认测试接头选择和设备连接无误。

(8)确认设备连接无误后，按[ENTER]键进入系统功能选择菜单。

(9)选择读取故障码功能，按[ENTER]键诊断，屏幕即显示故障码测试结果。如果测试时发动机电控系统元件或电路有故障，或者存储器中以前存储的故障码还没有清除，则屏幕会很快将这些故障代码以及相应的故障说明显示出来。

(10)按[EXIT]键返回上一级菜单。

2. 清除故障码

车辆的故障排除后，必须清除掉存储在电子控制单元中的故障码。利用故障码清除功能可清除发动机 ECU 存储器中存储的故障代码以及相应的故障说明，一般在维修项目结束时，重新读取一次故障代码，然后再清除故障代码，试车确定故障代码不再出现则维修项目完成。

故障码的清除方法为：在系统功能菜单中，选择清除故障码功能，按[ENTER]键确认。

3. 数据流的读取

利用数据流的读取功能可读取汽车运行过程中的某些实时数据，可帮助用户进行故障检测，便于疑难故障诊断。

数据流的读取方法：在系统功能选择菜单中，选择数据流功能，按[ENTER]键读取。

4. 静态数据流的测试

在车辆停驶、发动机运转状态下，使用解码器同样可以将电子控制单元检测到的电控系统中的各项参数记录下来，以供检修人员查阅，例如发动机温度、水温、节气门位置、进气压力(或进气量)、氧传感器信号和点火提前角、喷油脉冲和占空比等。

5. 执行元件测试

此项功能可以检查终端执行元件的工作状态。如通过解码器可以检查燃油泵继电器、喷油器、废气再循环装置、怠速控制阀、空调离合器、A/T 电磁阀等执行元件是否工作。

6. 基本设定

此项功能可以对汽车上的电控系统进行基本设定。当电控系统某些部件维修后,或更换电子控制单元后,由于电控系统中的初始值发生变化,所以必须进行重新设定,例如点火正时的设定、节气门控制部件与电子控制单元的匹配、发动机的开闭环控制等。

7. 控制单元的编码

如果控制单元编码没有显示或更换了控制单元之后,必须对控制单元进行编码。若电子控制单元编码错误,将导致油耗增大、变速箱寿命缩短,直至发动机无法运行。

8. 音响解码功能

应用此功能可以方便快捷地查看常见车型的音响密码输入方法和汽车音响常用知识及应用技巧。

解码器功能随车型、车系不同而异。而对于同一车型、车系的测试,不同型号解码器的功能也不尽相同。对于车辆的测试范围,不同型号的解码器也各不相同。有的只能检测一个系统,有的则可以检测多个系统,包括发动机、A/T、ABS、SRS、防盗系统、巡航、A/C、悬挂、仪表、TCS 等。

(三)解码器使用注意事项

(1)使用解码器前,要仔细阅读使用说明书。

(2)应在通风良好的条件下使用。

(3)严禁在检测过程中抽烟、有明火。

(4)操作中应避免电瓶液与皮肤直接接触,特别注意不能溅入眼睛。

(5)发动机运转时温度较高,应避免直接接触散热器和排气管等高温部件。

(6)启动发动机之前,将变速器置于 P 挡(手动变速器置于空挡),且拉起驻车制动器。

(7)若以蓄电池作电源,须用红色鳄鱼夹接蓄电池正极,黑色鳄鱼夹接蓄电池负极。

(8)当在发动机舱内使用仪器时,所用电源线缆、表笔和工具应远离传动带和其他运动器件,不戴手表、戒指,也不要穿宽大的衣服。

(四)解码器使用的有关技巧

解码器大都随机带有使用手册,按照说明极易操作。一般来说,大体上有以下几步:①在车上找到诊断座;②选用相应的诊断接头;③弄清车型,进入相应车型的诊断系统;④进入要诊断的模块;⑤读取故障码,诊断,清除故障码。但是维修人员在使用中还需注意以下几点:

(1)自诊断系统只能监视电控系统电路。这包含两点:一是如果故障不属于电路,检测仪不能检测,因此要分清是机械故障还是电路故障;二是不属于电控系统的电路故障,检测仪不能检测。

(2)自诊断系统一般只能监视信号的变化范围,不能监视传感器特性的变化。因而如果只是信号的特性发生了变化,并不能产生故障码。维修人员不应因为无故障码,就认为无故障,以免走弯路。一般自诊断系统所诊断出的为电路短路、开路、接触不良、串线等故障。

(3)自诊断系统监视的往往是某一电路,而非某一元件,如某传感器相应线路故障、某电磁阀相应线路故障。所以,如果检测仪显示的是“进气温度传感器故障”,实际上指该传感器相应电路故障,包括进气温度传感器、进气温度传感器与微电脑 ECU 间的连线(含插头和插座)、进气温度传感器的接地以及微电脑 ECU 和其供电、接地情况。一些维修人员对故障码所揭示的故障范围不甚清楚,以致只按所提示的故障码的字面含义来检修,必然会走弯路。

(4)有故障码并不一定有相应电路故障。如历史性故障,指故障已经消失,但尚未清除掉的故障码。所以,一般不急于按故障码来检修,而是清除故障码、运行、再测试,第二次读出的故障码才真正说明有无故障。当然,第一次消码前别忘了记下故障码,因为这些故障码的产生情况难以再现,因此第二次读出的故障码或许会漏掉一些故障迹象。

故障码反映了系统存在故障,但实际上并非相应电路的故障。例如,故障码显示"氧传感器故障",可能并非氧传感器的电路有故障,而可能是油气供给系统有故障,使混合气太浓(稀),导致氧传感器信号超出了正常的电压范围,使自诊断系统记下了故障码;又如"进气压力传感器故障"可能反映的是进气气路的故障,而非其电路的故障。所以,从这点上看,根据故障码检查,也不可局限于电路,必要时还要考虑机械、气路等部分。

(5)要善于运用仪器的动态测试功能。有些情况故障码不一定能反映出来,但有经验的维修人员可以通过动态数据流来发现。例如,动态测试中有的可以用曲线反映节气门的开度情况,缓缓匀速地踩下节气门时,应该有近似直线的图形显示,否则与节气门相关的方面可能有问题;动态测试中往往有点火提前角的显示,点火提前角应该随着节气门的开度或发动机转速的变化而增大或减小等。

(6)如果故障灯亮,却读不出故障码,则可检查故障灯电路有无搭铁。一般地,自诊断系统发现故障时,通常是 ECU 内部搭铁有问题。当然,诊断座与 ECU 之间的通信也可能有问题,也不排除仪器存在问题。

总之,使用电脑检测仪,维修人员可以快速、方便、准确地定位故障,从而顺利地排除故障。但是仪器的功能再强大,利用的如何还是要靠维修人员的能动性。有些维修人员在碰到读出很多故障码、故障灯亮却无故障码、有故障却没有产生相应故障码、有故障码却查不出相应故障时,往往会感到困惑和无从下手,进而开始抱怨仪器质量或性能有问题。实际上,维修人员只有在对电控系统的原理、自诊断系统的原理、解码器的原理有透彻的理解后,才能有效地使用仪器。

三、汽车专用示波器

在发动机电控系统中,电控单元不断接收到各种传感器的输入信号,经判断处理后再向各执行器发出控制指令使执行器动作。电控系统出现故障时,虽然可以通过读取故障码来显示故障的大致部位,却无法知道引起故障的原因是传感器本身还是配线故障或电脑故障,因此在现代电控发动机维修中,汽车专用示波器是必不可少的。汽车专用示波器如图 7-14 所示,其实物如图 7-15 所示。

电控单元的输入与输出信号基本可以分为两类:模拟信号和数字信号。

目前汽车电控系统中大约有 80% 的信号是模拟信号,而数字信号约占 20% 。示波器可分为模拟式和数字式示波器两种,现在汽车使用的示波器多数都是数字示波器,可以通过对波形变化的分析来判断故障。

汽车专用示波器的种类较多,进口的主要有 OTC 系列、KAL 系列、Fluk98 等,国内代表产品是金德 W18。示波器除具有示波功能外,一般还具有数字万用表的功能,功能多、体积小,方便使用。

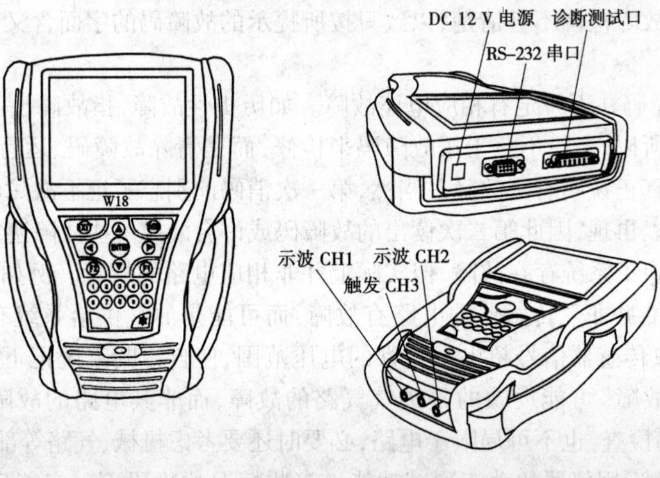

图 7-14　汽车专用示波器

图 7-15　示波器实物

下面以国产金德 W18 汽车专用示波器为例介绍其结构与功能。

(一)示波器结构

金德 W18 汽车专用示波器主要由液晶显示器、功能按键、主机接口和随机附件组成。液晶显示器的主要功能是显示测试信息,为人机对话提供平台。功能按键的作用和布置与金德 K81 基本相同,不再重复。主机接口位于主机头部和尾部。其诊断测试口无功能。随机附件包括示波测试连接线、电源线、自诊断插头。

(二)示波器的使用和功能

不同型号的示波器,功能和使用方法也不尽相同,下面以国产金德 W18 为例,介绍汽车专用示波器的功能和使用方法。

1. 示波器的使用

1)使用注意事项

(1)使用前应仔细阅读使用说明书;

(2)测量电容电阻时要切断电容电源并充分放电;

(3)当工作电压直流大于 60 V、峰值大于 42 V 时要小心,这些电压有电击的可能;

(4)使用测试探头时,不要用手指接触金属部分;

(5)从仪器上拆下测试线之前,必须先将测试线从测试点断开。

2)使用前的准备

(1)根据测量的项目,使被测试车辆达到所需的测试条件,如将发动机预热等。

(2)按所测试的项目说明连接好设备,并正确选择测试探头或感应夹。

(3)选择正确的车辆设置或者传感器类型。

2. 示波器的功能

汽车示波器多为双通道显示,甚至为四通道显示。示波器有多个通道接口,能够同时显示多个波形，以便于分析判断。示波器的附加功能是万用表功能和发动机性能测试功能。

1）示波功能

（1）测试电控系统中主要传感器与执行器的信号波形，如节气门位置传感器、进气压力传感器、空气流量传感器、温度传感器、凸轮轴/曲轴位置传感器、氧传感器、ABS 车速传感器；喷油器喷油脉宽、怠速控制阀、EGR 电磁阀和点火系统的初级与次级的电压波形。

（2）多通道显示：示波器至少为双通道显示，有的为四通道显示，W18 为三通道。即示波器含有多通道接口，测量时能够同时显示多组波形。例如，把示波器连接到车辆上三个不同的传感器与执行器，即能将三种信号波形同时显示出来，便于对比分析判断。

（3）信号波形锁定与存储功能：当需要对被测波形进行记录分析时，可以通过功能键操作对波形进行锁定与存储，以便对波形进行分析判断，另外也可以通过功能键的操作对存储的波形进行重新查看和删除。

（4）设定功能：通过设定信号电压的大小、改变扫描时间的长短，可以使所测波形的形状大小与屏幕坐标相配，使人们更加方便地观测与分析。同时也可以通过自动设定功能，使波形的显示自动与坐标相配，但是在多组波形同时显示的时候，使用自动设定功能会使各族波形的时间单位不一致。

（5）波形资料库：波形资料库收集有汽车各系统电子元件的标准波形，如传感器、执行器等的标准波形。可以通过实测波形与标准波形对比，使波形分析变得方便、明了。通常专用示波器中存储的波形有：点火系统以及常规点火系统的初级与次级电路电压、曲轴位置传感器信号、怠速步进电机信号、普通脉冲信号、二极管信号和电控点火正时的信号等，通过功能键即可调出这些标准波形。

2）万用表功能

为扩大示波器的功能，一般示波器附加有万用表功能。对于较为复杂的信号（例如点火波形与喷油波形），利用示波器显示，能看出信号的变化规律和变化范围，有利于分析信号；而对于一些简单的特定值测量的信号，利用万用表则更直接、易懂和方便。示波器附带的万用表功能较之汽车专用万用表功能要小许多。

（1）数字式示波器具有汽车万用表功能，可测试电压、电阻、闭合角、喷油脉冲、喷油脉宽、点火电压等。有的数字式示波器内部还存有汽车数据库和标准波形，使判断故障更为方便。

（2）数字式示波器具有对测试内容进行记录、回放的功能。

（3）能提供在线帮助，包括提供系统工作原理、测试连接方法、接线颜色等。

3）发动机的性能测试

该项功能也是专用示波器的附加功能。通过一些附加测试探头与车辆连接，主要测试发动机的启动电流、交流发电机的二极管、汽缸压力和功率平衡（只针对非电控发动机）等。发动机性能分析仪的功能远远强于示波器的该项功能，但作为发动机性能的单项测试，它不失为一个很好的选择。

3. 汽车专用示波器使用注意事项

（1）必须按示波器使用手册说明的方法和注意事项进行操作。

（2）移换存储卡时，必须先切断电源。

（3）使用示波器，所要检测的信号范围不能超出示波器测试范围，否则会损坏示波器。

(4)确定被测试车辆在 P 挡并且已拉上手刹。

(5)确定车轮在地面上被锁止。

(6)车辆在通风顺畅的地方。

(7)在切断测试接头之前,应先断开搭铁线接头。

(8)注意保护示波器免受液体浸入。

四、信号模拟检验仪

信号模拟检验仪可以模拟发动机控制系统各传感器信号,尤其对电控系统传感器及其线路故障的诊断,利用此类检验仪可简化分析过程、缩短诊断时间。例如在故障诊断时,按调取的故障码提示是某传感器信号不良,但究竟是传感器自身有故障,还是传感器控制电路有故障或是 ECU 有故障,需要进一步诊断。因此,只要利用信号模拟检验仪模拟该传感器信号通过控制电路输送给 ECU,如果发动机工作有变化,故障症状消失,即可判断是传感器有故障;若故障症状无变化,则可直接由 ECU 相应端子将信号输入,此时若故障症状消失,即可判定是传感器控制电路的故障;若故障症状仍不消失,即可判定是 ECU 有故障。

五、发动机性能分析仪

发动机性能分析仪集传感技术、动态采集技术和信号处理技术于一身,可对发动机点火、喷油、冷却、润滑、进排气、电控系统、传感元件、排放特性和动力性进行动态综合检测并进行故障分析,使发动机的各种运行参数准确无误地呈现在人们面前,为诊断故障原因、调试发动机参数、评定发动机性能提供科学的依据。由于它良好的不解体诊断测试性能,使用范围比较广泛,不仅应用于汽车维修企业,对科研教学和生产制造厂商也适用。

由于各国的生产厂家较多,发动机性能分析仪型号也很多。其中进口产品主要有美国 Bear - 200, SunMCS4000、Ferret63、Kal - Equip 9500,德国 Bosch560、600 和 350, Hermann HMS990 等,而国内代表产品有金德 K100、元征 EA1000 和济南无线电六厂 QFC - 5 等。进口产品价格昂贵,人机界面大多为英语,不适合国内基层汽修行业的基本情况,特别是其检测内容和方法与我国现行的汽车检测规范有一定的差距,给操作者在前期使用中带来一定的不适应。近年来,国产发动机性能分析仪性能日趋完善,如金德 K100,在数据流采集、数据处理、动态识读、程序设计等方面的水平已经有很大的提高,其性能已接近国际水平,并且克服了进口产品的一些不足。随着现代科技的快速发展,发动机性能分析仪将朝着智能化、多功能、小型化、与网络技术紧密结合的方向发展。下面以金德 K100 为例介绍发动机性能分析仪的结构、基本组成和功能。

(一)发动机性能分析仪的结构

发动机性能分析仪是以微处理器为核心的数据采集和处理系统,它通过各种传感器从发动机各系统中的电子元件处采集不同信号,这些信号经过放大处理后送往 PC 机,并在相应软件支持下,通过键盘操作完成对发动机各种参数的测量并自动分析判断发动机各系统的性能好坏。检测结果由显示器显示并能储存与打印。

金德 K100 发动机性能分析仪由信号提取装置、信号处理系统、预装软件的 PC 机及附件、选装设备和机柜五部分组成,如图 7-16 所示。

1. 信号提取装置

信号提取装置的任务在于拾取汽车被测点的参数值。鉴于被测点的机械结构和参数性质不同,信号提取装置必须具有多种形式以适应不同的测试部位。如电容性和电感性感应夹,其作用是拾取高压线电压信号和脉冲信号。

2. 信号处理系统

发动机上装配的传感器是发动机的控制输入信号来源,也常常是引起发动机故障的重要原因,但各种传感器的输出信号千差万别,不能被发动机性能分析仪的软件系统直接应用计算,必须经过信号处理转换成标准数字信号后送入计算机。图 7-17 所示为信号处理系统的原理框图。

3. PC 机及附件

发动机性能分析仪的软件系统一般应有良好的人机界面、丰富的帮助信息、可以扩展的汽车数据库,操作简单。PC 机配有打印机,可以打印测试报表。随着网络的发展,发动机性能分析仪通过网络与厂商进行数据交换、远程通信以及升级换代已成必然,因此现代发动机性能分析仪所配置的 PC 机应充分考虑这一点。

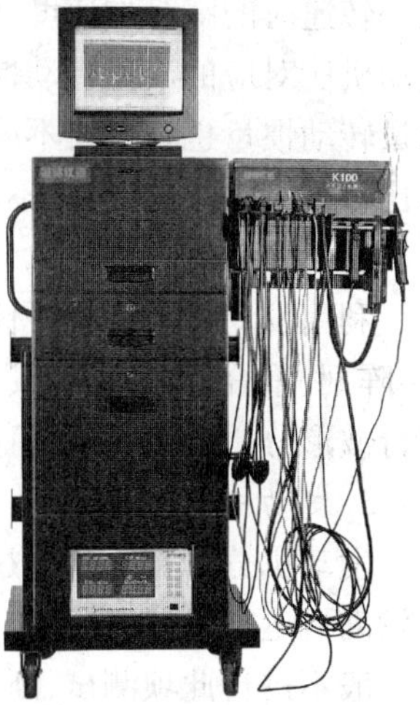

图 7-16　发动机性能分析仪

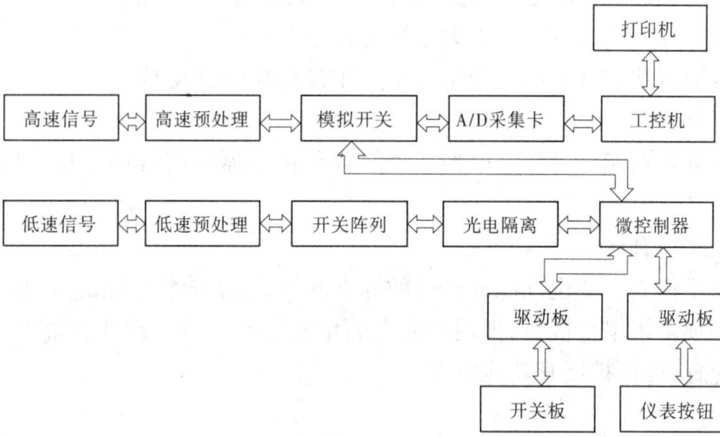

图 7-17　信号处理系统的原理框图

4. 选装设备

发动机性能分析仪可以选装废气分析仪和汽车故障诊断系统(具有汽车解码器功能)等。

5. 机柜

机柜是发动机性能分析仪的基本部件,用于安装发动机性能分析仪的各组件。

(二)发动机性能分析仪的功能

1. 无外载测功

无外载测功是基于动力学原理的一种测功方法。当发动机与传动系统脱开,并将发动机的节气门从怠速位置急速全开时,发动机将克服本身的惯性力矩,迅速加速到空载最大转速。如果转动惯量已知,只要测出发动机在指定转速范围内急加速时的平均加速度,或测量某一转速时的瞬时加速度，就可以确定发动机输出功率的大小。但实际上由于不同型号的发动机所对应的当量转动惯量不同，即使同一型号的发动机，也会因为使用环境的变化，其当量转动惯量也将有所不同。因此，无外载测功精确度较差，其结果只能作为参考数值，可以比较维修前后的效果，不能作为发动机的实际输出功率。

2. 点火系统分析

利用发动机性能分析仪对点火系统进行检测，可采集、显示、记忆点火波形，并处理成平行、阵列、重叠波，通过对发动机不同转速下的点火电压、火花电压、火花持续时间和闭合角进行波形分析，可对发动机点火系统的性能进行评价。

3. 发动机分析

发动机分析主要是通过对发动机的判缸测试、汽缸压力平衡测试、点火提前角测试等分析发动机运行状况，属于传统型测试，对无电控系统的发动机系统测试效果较好。电控发动机一般不进行此项测试，断高压测试则更不允许，只有在该电控系统提供断油断缸测试功能的前提下才可以进行断缸分析。

4. 启动机及发动机性能测试

测试发动机启动过程中的主要参数，包括发动机转速，启动电流、电压，点火电压，闭合角等，可根据测试结果对启动系统、点火系统进行综合分析。

利用发动机测试功能可测试发动机主要工作参数和电流波形。

5. 传感器分析

利用传感器分析功能可对汽车电控系统的各种传感器进行波形分析，进而判定传感器及其传输线的性能。

6. 电控系统故障自诊断

解码器一般不作为发动机性能分析仪的标准配置，属于选装功能部分，但发动机性能分析仪都为解码器预留了串行接口，视用户需求而增减。而有些发动机性能分析仪直接将解码器作为标准配置，以便扩展其功能范围。

7. 废气分析

废气分析属选装功能部分，可对发动机的排放进行分析，是发动机性能分析仪重要项目之一。由于发动机尾气分析仪本身的价格比较昂贵，一般情况下，发动机性能分析仪不把尾气分析仪作为其标准配置。带有尾气分析功能的发动机性能分析仪能对发动机在各种工况下所排放的 CO、CO_2、O_2 和 HC 的数值进行测定，从而确定空燃比，进而判断发动机在各工况下的开/闭环状态，这一点对电控发动机非常重要。

8. 数字万用表

数字万用表是发动机性能分析仪必备配置之一，但其测试范围没有汽车专用万用表广，一般只测试电控系统中一些电压、电阻、频率、占空比和连续性信号。

9. 柴油机性能检测功能

目前国产发动机性能分析仪对柴油机的性能检测还只限于传统柴油机，并不适用于各种高压共轨电控柴油机，可测试柴油机喷油压力、喷油提前角和烟度等。

10. 结果分析报告

这是发动机性能分析仪的一大特点。在对发动机进行全面、综合的性能测试后，分析仪会自动根据测试结果进行分析，指出发动机哪些系统存在问题，并根据所测数据、参数，确定造成这些问题的大致范围和可能原因。但要真正查出问题的症结所在，还必须由检修人员来完成。结果分析报告可以使检修人员少走弯路、节省时间。

11. 波形测试功能

发动机性能分析仪所出的结果报告列出的故障原因，只是大致范围，检修人员还必须使用万用表或示波器对可能出现故障的传感器、执行器作进一步检查，所以波形分析也是性能分析仪中必备的功能之一。

12. 存储与打印功能

该项功能可以很方便地查看所测车辆以往的记录，便于对比分析，使检修人员更准确地掌握车辆技术状况，快速诊断出故障原因。

（三）发动机性能分析仪的使用方法和注意事项

1. 使用方法

不同厂家、不同型号的发动机性能分析仪，其使用方法也不尽相同，下面以国产金德K100为例介绍发动机性能分析仪的使用方法。

接上电源打开计算机，设备自动进入发动机性能分析仪的操作界面，或在Windows 98桌面上出现一个发动机分析仪软件的运行图标，用鼠标双击即可打开应用程序进入“主菜单”。

1）发动机的设定

首先进入发动机测试主界面，在发动机性能分析仪主界面下选择发动机设定，对发动机类型、汽缸数、点火顺序、点火系统形式等进行设定。若设定与发动机实际不符，则与此相关的测试项目显示结果肯定不正确，会直接影响故障判断。

2）系统配置

系统配置是发动机性能分析仪的客户数据库，可以存储被测试车辆相关信息，如车主信息和车辆信息等，还包括一些计算机的设置和打印设备。

3）选择测试项目

一般发动机性能分析仪说明书都有详细的功能模块说明，如图7-18所示，根据图示说明可以立即知道需要测试项目的地址。

4）连接设备

选定测试项目后，按要求连接设备，在发动机性能分析仪的帮助信息里都有详细说明和连接图例。

下面以汽缸压力平衡测试为例，说明连接设备和操作方法。打开帮助文件，可以看到设备连接图示。

（1）正确设定发动机参数；

（2）连接F6探针至蓄电池负极；

（3）连接F9探针至点火线圈一次侧；

（4）连接感应传感器F3至一缸高压线。

5）运行测试程序

设备连接后，即可运行测试程序。各测试程序有一定的测试条件，一般在界面或者帮助文件中均有说明。以汽缸压力平衡测试为例，此项测试是检测各缸输出的功率对发动机总功率的贡献，测试原理是将各缸依次自动失火来强制发动机怠速状态下只用$N-1$个缸工

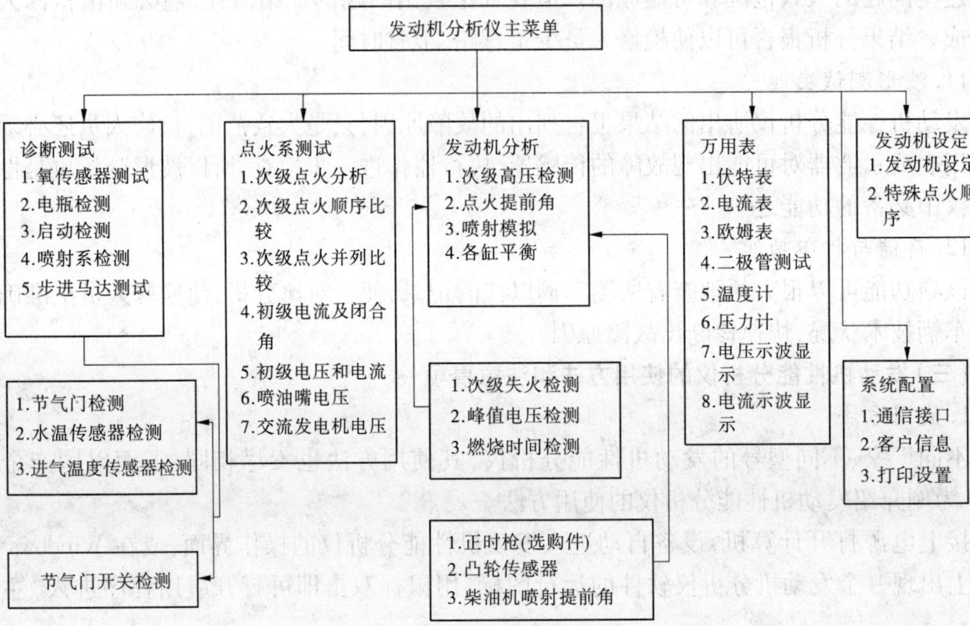

图 7-18　金德 K100 的程序功能模块说明

作,将会发现转速下降一定量(转速差)。该下降的转速相当于失火的缸对应发动机所作的贡献。若每个缸的转速差相似,则该发动机能保持平衡;否则,若有一缸的转速差明显低于其他缸,则表示该缸工况不佳。本测试过程一定要在怠速状态下进行,由于测试会导致未燃尽的可燃混合气进入尾气,断高压的测试方法不适合装有三元催化转换装置的发动机。

运行测试程序后,显示器会显示测试结果。

2. 注意事项

发动机性能分析仪使用时应注意以下事项:

(1)使用发动机性能分析仪前,仔细阅读使用说明书;

(2)使用发动机性能分析仪时应确保其电源系统可靠接地;

(3)发动机性能分析仪和发动机之间的连接,必须在发动机关闭的情况下进行;

(4)检测时请备好灭火器;

(5)启动发动机前应将测试线理顺,以防被运动部件卷入。

六、现代汽车维修人员必备知识和技能

由于现代汽车已发展成为一个复杂的综合性电控系统,是一个典型的机电一体化产品,因此仅靠传统的汽车机械知识,已远远不能满足正确使用与维修的需要,例如如何正确利用车辆上的警示灯(SRS 警示灯和 ABS 警示灯等)、故障指示灯(MIL)来判断车辆技术状况;如何在使用与维修中防止安全气囊误爆,以及安全气囊触爆后应如何办;如何正确设置和解除汽车及音响防盗系统;如何正确使用电子调节空气悬架的模式选择开关;以及电控系统一旦出现故障,如何正确地进行检查和维修等。要回答上述问题,现代汽车的驾驶员与维修工,必须掌握以下基本知识和技能:

(1)必须具备汽车微机系统的基本知识。

(2)掌握现代汽车电子仪表、开关、按钮、音响和安全装置的正确使用方法。

(3)掌握现代汽车电控系统的结构和工作原理。

(4)了解各型电控汽车的自诊断系统和各电控系统故障码的提取与清除方法。

(5)了解现代电控汽车各电控系统的使用特点和使用方法。

(6)掌握现代电控汽车各电控系统故障的检查、诊断和维修方法。

(7)掌握现代电控汽车专用和通用维修及检查工具的使用方法。

(8)掌握典型电控汽车维修必需的数据和电路图。

七、检修注意事项

现代汽车电子控制汽油喷射系统中,全部工况都在 ECU 监控下运行,因此它们的故障率较化油器式发动机少得多,特别是中途因发动机故障而停车的时间就更少。电控汽油喷射式发动机出现的故障多数是由于使用不当所造成的。

为减少故障发生,驾驶电控汽油喷射式发动机的汽车的驾驶员除熟读汽车使用说明书、掌握电控汽油喷射和电控点火的基础知识外,还必须注意以下内容。

(1)驾驶员应掌握电控系统各主要元件所在的位置,以便对其施行保护,尤其注意电子元件的防潮、防油污和防燃烧。

(2)驾驶员应掌握仪表盘上各开关、显示灯、仪表等的作用和功能,弄清仪表盘上英文缩写的含义。

(3)熟练掌握操作要领,避免误操作。

(4)在汽车投入使用后,另外加装音响等电器设备的天线时,应安装在远离 ECU 的地方,禁止加装大功率的无线电发射设备(如 10 W 以上的无线电对讲机)及仪器等。如需加装,需要采取防干扰措施或加装防干扰屏蔽设施。

(5)电控汽油喷射式发动机常见故障多数是接线不良引起的,在行驶中,应经常检查线束连接器是否有油污、潮湿、松动,要保持线束连接器清洁、连接可靠。

(6)蓄电池的极性不允许接反,禁止在无蓄电池(如蓄电池无电)的情况下,用外接电源启动发动机,以免因电压过高损坏电控系统元件。

(7)电控汽油喷射式发动机装有三元催化转换器和氧传感器等装置,对汽油的要求较高,必须使用无铅汽油,并按规定定期更换燃油滤清器。

(8)驾驶电控汽油喷射式发动机的汽车的驾驶员必须知道电控系统“故障指示灯”工作情况。打开点火开关后,“故障指示灯”点亮或均匀闪烁几秒钟后熄灭或发动机启动后熄灭为正常现象,在其他情况下“故障指示灯”点亮说明电控系统出现故障,应及时到专业维修企业去检修。

八、故障诊断的基本原则

电控发动机发生故障时检测诊断应按照先机械后电子、先一般后专项、先易后难的原则进行。由于当前对常规发动机的故障诊断和维修已有了丰富的经验,所以机械故障是比较易于解决的。

电控发动机的电子控制系统是一个精密而又复杂的系统,其故障的诊断也较为困难。而造成电控发动机不工作或工作不正常的原因可能是电子控制系统的问题,也可能是电子控制系统外的其他部分的问题。故障检查的难易程度不一样。如果能够遵循故障诊断的一些基本原则,就可以较为简单的方法准确而迅速地找出故障。

电控发动机故障诊断排除的基本原则可概括为以下几点:

(1)先外后内。发动机出现故障时,先对电子控制系统以外的可能故障部位予以检查。这样可避免本来是一个与电子控制系统无关的故障,却对系统的传感器、微机、执行器及线路等进行复杂且又费时费力的检查,即真正的故障可能是较容易查找到的却未能找到。

(2)先简后繁。能以简单方法检查的可能故障部位先予以检查。比如直观检查最为简单,可以用看(用眼睛观察线路是否有松脱、断裂,油路是否漏油,进气管路有无破损漏气等)、摸(用手摸一摸可疑线路连接处有无不正常的高温,以判断该处是否接触不良等)、听(用耳朵或借助于螺丝刀、听诊器等听一听有无漏气声、发动机有无异响、喷油器有无规律的"咔嗒"声等)等直观检查方法,将一些较为显露的故障迅速地找出来。直观检查未找出故障,需借助于仪器仪表或其他专用工具来进行检查时,也应对较容易检查的先予以检查,能就车检查的项目先进行检查。

(3)先熟后生。由于结构和使用环境等原因,发动机的某一故障现象可能以某些总成或部件的故障最为常见,应先对这些常见故障部位进行检查,若未找出故障,再对其他不常见的可能故障部位予以检查,这样做往往可以迅速地找到故障,省时省力。

(4)代码优先。电子控制系统一般都有故障自诊断功能,当电子控制系统出现某种故障时,故障自诊断系统就会立刻监测到故障并通过"检测发动机"等警告灯向驾驶员报警,与此同时以代码的方式储存该故障的信息。但是对于有些故障,故障自诊断系统检查前,应先按制造厂提供的方法,读取故障代码,并检查和排除代码所指的故障部位。待故障代码所指的故障消除后,如果发动机故障现象还未消除,或者开始就无故障代码输出,则再对发动机可能的故障部位进行检查。

(5)先思后行。对发动机的故障现象先进行故障分析,在了解了可能的故障原因的基础上再进行故障检查,这样可避免故障检查的盲目性:既不会对与故障现象无关的部位作无效的检查,又可避免对一些有关部位漏检而不能迅速排除故障。

(6)先备后用。电子控制系统的一些部件性能的好坏,电气线路正常与否,常以其电压或电阻等参数来判断。如果没有这些数据资料,系统的故障检判将会很困难,往往只能采取新件替换的方法,这些方法有时会造成维修费用猛增且费工费时。所谓先备后用是指在检修该型车辆时,应准备好维修车型的有关检修数据资料。除从维修手册、专业书刊上收集整理这些检修数据资料外,另一个有效的途径是利用无故障车辆对其系统的有关参数进行测量,并记录下来,作为日后检修同类型车辆的检测比较参数。如果平时注意做好这项工作,会给系统的故障检查带来方便。

总之,电控发动机故障远比普通发动机复杂得多,在诊断故障时需要掌握系统的检修步骤和方法。从原则上讲,在对电控发动机进行故障诊断时,首先需要系统全面地掌握电子控制系统的结构、原理和线路连接方法,明确电控系统中各部分可能产生的故障以及对整个系统的影响;运用科学的故障诊断方法对系统故障现象进行综合分析、判断,确定故障的性质和可能产生此类故障的原因和范围;制定合理的诊断程序进行深入诊断和检查,直到给予圆满的解决,使汽车恢复应有的性能和技术指标。

装用电控发动机的汽车,微机通常都具有故障自诊断功能,当电控系统出现故障时,它能将故障信息以代码的形式储存起来,并可以向驾驶员和汽车维修人员提供电控系统有关的故障代码,这对诊断电控发动机故障提供了一定的帮助,维修电控发动机时,要充分利用微机的这一功能。但是,由于微机只能对与控制系统有关的部分进行故障自诊断,并不是对所有的故障(包括电控系统的非电性故障)都可以进行自诊断,另外,自诊断系统的诊断结果往往还需要对故障原因进行进一步的深入诊断与检查,所以在对电控发动机进行故障排除时,仅仅依靠故障自诊断系统是不能完全解决电控发动机所有问题的。

如果要诊断排除一个可能涉及电控系统的故障,首先应判定该故障是否与电控系统有关(特别注意:电控发动机的故障并非一定出在电子控制系统)。如果发现发动机有故障,而故障指示灯并未发亮(未显示故障代码),大多数情况下,该故障可能与发动机电控系统无关,此时就应该像发动机没有装电控系统那样,按照基本诊断程序进行故障检查。否则,可能遇到一个本来与电控系统无关的故障,却检查电控系统的传感器、执行器和电路等,花费了很多时间,而真正的故障反而没有找到。

九、故障诊断的方法

电喷发动机控制系统故障诊断,按其诊断的深度可分为初步诊断和深入诊断:初步诊断是根据故障的现象,判断出故障产生原因的大致范围;深入诊断是根据初步诊断的结果对故障原因进行分析、查找,直到找出产生故障的具体部位。

电控发动机故障诊断按诊断故障所采用的方法,可分为直观诊断、随车自诊断系统诊断、简单仪表诊断和专用诊断仪器诊断等。

(一)直观诊断

直观诊断法,也称经验诊断或人工诊断,就是通过人的感觉器官对汽车故障现象进行看、问、听、试、嗅等,了解和掌握故障现象的特点,通过人的大脑进行分析、判断得出结论的诊断方法。

在传统汽车故障诊断中,直观诊断占有相当重要的地位。随着科学技术的发展,汽车结构越来越复杂,电子技术在汽车上得到越来越广泛的应用,使得直观诊断方法越来越不能满足汽车故障诊断的要求。因此,这种单纯的直观故障诊断方法,在现代电控汽车故障诊断中运用得越来越少,但是直观诊断方法不需要任何仪器设备,只要对汽车结构和常见故障现象有一定的了解,就可以随时随地地进行诊断。而仪器诊断则不同,再先进的诊断仪器都会受到自身功能的限制,同时,仪器诊断也有其一定的局限性,对于某些故障,仪器诊断远不如直观诊断方法来得容易。

直观诊断的主要内容有:

(1)看。即目测检查,其目的是了解电控发动机的电控系统类型、车型、汽车车身代码、发动机和自动变速器的型号、外部状况及运行时有无异常症状等。在观察的过程中,要利用经验和理论做出周密的思考和推证,消除一般性的故障:

①看车型和电控系统类型。注意看故障车型是何公司、何年代生产的,采用何种电控燃油喷射类型。因为不同公司、不同年代生产的汽车,电控燃油喷射系统的形式不同,其故障诊断方法也不同。

②拆除空气滤清器,检查滤芯及其周围是否有脏物、杂质或其他污染物,因为空气滤清器堵塞将影响空气量的检测精度,必要时应更换。

③检查真空软管是否老化破裂,检查真空软管经过的路径和接头是否破损或脱落。

④检查电控系统线束的连接状况,即传感器或执行器的连接器是否连接良好,线束间的连接器是否松动或断开,电线是否有断路或短路现象,连接器的插头和插座有无腐蚀现象等。

⑤检查每个传感器和执行器有无明显的损伤。

⑥运转发动机并检查进、排气歧管及氧传感器处是否有泄漏。

(2)问。为了迅速地查找故障源,首先和用户交流,并有针对性地进行询问,通过交谈了解故障出现的全过程。要认真倾听用户提供的汽车故障史,包括使用、维护、故障及修理等情况。然后进行一次初步诊断,随后再询问一些与故障有关的问题来验证初步诊断的结论。

(3)听。主要是听发动机工作时的声音:有无爆震、有无敲缸、有无失速、有无进气管或排气管放炮等。

(4)试。主要是维修人员根据前述检查,有针对性地试车,以便进一步确定故障现象和范围。

(5)嗅。就是检查各个总成和零部件运行时有无异常气味,通过嗅可以感知是否有故障产生。

(二)随车自诊断系统诊断

随车诊断,是利用汽车上电控系统所提供的故障自诊断功能对电控故障进行诊断的方法,即用故障自诊断系统调取发动机电控系统的有关故障代码,然后根据故障代码找出故障所在的方法。随车自诊断系统通常只能提供与电控系统有关的电气装置或线路故障,一般只能作出初步诊断结论,具体故障原因还需要通过直观诊断和简单仪器进行深入诊断。

随车故障自诊断虽然可以对系统的故障进行自诊断,在电控发动机故障诊断中是一种简便快捷的诊断方法,但是其诊断的范围和深度远远满足不了实际使用中对故障诊断的要求。因此,以直观诊断方法为主进行检查和判断的工作在任何时候对任何系统来说,都是不可替代的。

(三)简单仪表诊断

简单仪表诊断,就是利用以万用表和示波器为主的通用仪表,对电控发动机故障进行诊断的方法。因为电控系统的各部件均有一定的电阻值范围,工作时有输出电压信号范围和输出脉冲波形,因此用万用表测量元件的电阻或输出电压,用示波器测试元件工作时的输出电压波形,用万用表测量导通性等可判断元器件或线路是否正常。

其特点是:诊断方法简单、设备费用低,主要用于对电控系统和电气装置的诊断,因此这种诊断方法可用于对故障进行深入诊断。其缺点是:对操作者的要求较高,在利用简单仪表诊断时,操作者必须对系统的结构和线路连接情况有相当详细的了解,才可能取得满意的诊断效果。

(四)专用诊断仪器诊断

汽车电子化的进程,迫使对汽车故障的诊断手段进行变革,各种汽车专用诊断仪器应运而生。这些专用诊断仪器大多数是带有微处理器的电子计算机系统,对汽车故障的诊断十分有效。其中以发动机微机分析仪所占比例最大,诊断效果最好。专用诊断仪器根据其体积大小可分为台式微机分析仪、便携式微机分析仪和袖珍型微机分析仪。在对发动机电控系统进行的故障诊断中,使用最广的是便携式发动机微机分析仪。

(五)故障征兆模拟试验方法

如果汽车出现故障,但又没有明显的故障征兆,在这种情况下必须模拟与用户车辆出现故障时相同或相似的条件和环境,然后进行全面的故障分析。在故障征兆模拟试验中,故障征兆要验证,而且故障部位或零件也必须找出。为了做到这一点,在预先连接试验和开始试验之前,必须把可能发生故障的电路范围缩小,然后再进行故障征兆模拟试验,判断被测试的电路是否正常,同时也验证了故障征兆。

1. 振动法

当怀疑振动是引起故障的原因时,即可采用振动法进行试验。基本试验方法主要有:

(1)连接器:在垂直和水平方向轻轻摇动连接器。

(2)配线:在垂直和水平方向轻轻地摇动配线,如图 7-19 所示。连接器的接头、固定支架和穿过开口的连接器体都是应仔细检查的部位。

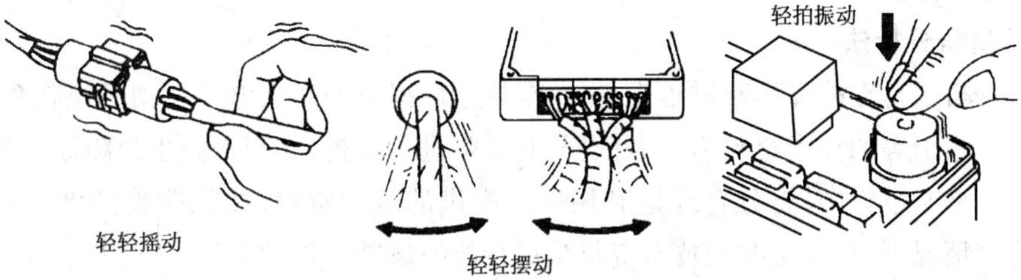

图 7-19　振动法试验

(3)零件和传感器:用手指轻拍装有传感器的零件,检查是否失灵。注意:不可用力拍打继电器,否则可能会使继电器断路。

2. 加热法

有些故障只是在热车时出现,可能是有关零部件受热引起的,可用电吹风或其他加热工具加热可能引起故障的零部件,检查是否出现故障。但必须注意,加热温度不得高于 60 ℃(温度限制在不致损坏电子元器件的范围内),而且不可直接加热微机中的零件。

3. 水淋法

有些故障是在雨天或高湿度的环境下产生的,可用水喷淋在车辆上,检查是否发生故障。但不可将水直接喷在电子器件上。必须特别注意,如果试验车辆漏水,漏入的水可能侵入微机内部,所以应防止水渗漏到微机内部。

4. 电器全接通法

当怀疑故障是因用电负荷过大而引起的时,可接通所有电器负载,包括空调器、鼓风机、前照灯、后窗除雾器等,检查是否发生故障。

(六)微机数值分析法

微机数值分析法是用汽车微机检测仪(或解码器),将电喷发动机微机在工作中的各个输入、输出信号的数值以数据表的方式显示出来,并定量、定性地分析各个信号数值在不同工况下的变化情况,以此判断发动机控制系统有无故障及故障的部位。这种方法适合于查找电控系统中几乎所有与微机连接的电子部件的各种形式的故障以及线路故障,特别是对无法用微机故障自诊断法测出的电子部件的机械故障,也能通过微机数值分析法判断出来。

此外，在发动机运行中偶尔产生的故障，也可以从故障瞬间各个信号数值的变化中找出故障的原因。

(七)微机信号波形分析法

信号波形分析法是用示波器对电喷发动机控制系统中电信号的波形进行检测，并通过对测得的波形的分析来判断故障的一种方法。这种方法弥补了其他仪器无法对脉冲电信号进行全面检测和分析的缺陷。此外，由于示波器的反应速度极快，因而传感器或线路的瞬时故障也可以从其信号波形的瞬时异常上反映出来。

(八)部件互换法

部件互换法就是用合格的总成和零部件替换可能损坏的总成和零部件。换件诊断法可以简化故障诊断过程，是一些疑难故障有效的诊断方法之一。这种方法简单易行，效率较高，经常在缺少被修车型技术资料或检测工具的情况下使用。此外，在怀疑微机有故障时，往往也用这一方法来确认。

(九)资料分析法

资料分析法是在故障诊断过程中，以汽车制造厂提供的有关电喷发动机控制系统结构、原理及故障索引等的技术资料为参考依据，对故障进行分析，从而查找出故障原因的一种方法。在故障诊断过程中，充分合理地利用厂家提供的技术资料，往往能收到事半功倍的效果。在许多情况下，掌握足够的技术资料是进行故障诊断工作的必要条件。

当然，并不是所有的故障现象都能在技术资料中找到现成的答案，资料只能对故障诊断工作起一个辅助的作用，以科学客观的态度对待技术资料并合理地加以利用，才能解决实际中千变万化的故障诊断问题。

(十)经验分析判断法

在全面掌握电喷系统的工作原理及各种元件的结构的情况下，通过故障现象进行综合分析，去伪存真地抓住故障的实质。

在上述几种主要诊断手段中，经验法是在任何情况下都必不可少的一种方法。尽管有先进的仪器，而对具体故障的肯定和排除，最终还是要依靠人的智慧来解决。

小 结

电控发动机的电子控制系统是一个精密而又复杂的系统，其故障的诊断也较为困难。而造成电控发动机不工作或工作不正常的原因可能是电子控制系统，也有可能是电子控制系统外的其他部分的问题。故障检查的难易程度也不一样。如果能够遵循故障诊断的一些基本原则，就可能以较为简单的方法准确而迅速地找出故障。按其诊断的深度可分为初步诊断和深入诊断：初步诊断是根据故障的现象，判断出故障产生原因的大致范围；深入诊断是根据初步诊断的结果对故障原因进行分析、查找，直到找出产生故障的具体部位。电控发动机故障诊断按诊断故障所采用的方法，可分为直观诊断、利用自诊断系统诊断、简单仪表诊断和专用诊断仪器诊断等。

思考与练习

一、选择题

1. 丰田车系采用普通方式调取故障码时，将点火开关打开，不启动发动机，用专用跨接线短接故障诊断座上的__________端子，仪表板上的故障指示灯即闪烁输出故障码。

A. TE1 与 EP　　B. TE1 与 E1　　C. VF1 与 E1　　D. TE2 与 E1

2. 下列__________准确描述了怎样用电压表测量一个负载上的电压降。

A. 接红表笔到蓄电池的正极接线柱，接黑表笔到一个已知良好的接地端

B. 接红表笔到负载正极端，接黑表笔到负载接地端

C. 接红表笔到负载正极端，接黑表笔接到一已知良好的接地端

D. 接红表笔到蓄电池正极接线柱，接黑表笔到负载蓄电池端

3. 每当汽车经过一个颠簸时，机油报警灯均要发光，下面__________是最可能的故障原因。

A. 机油压力低　　B. 发送装置短路接地

C. 报警灯电路断路　　D. 发送装置导线松动或有短路故障

4. 温度仪表不准确，技术员甲说，故障可能是仪表或发送装置故障所致；技术员乙说，故障可能是仪表电压调节器故障所致。谁正确？__________

A. 只有甲正确　　B. 只有乙正确　　C. 两人均正确　　D. 两人均不正确

二、判断题

1. 在点火开关接通时，不允许拆开任何 12 V 的连接线路。（　　）

2. 对电控系统电路或元件进行检查时，必须使用低阻抗万用表检查电压或电流。（　　）

3. 将自带电源测试灯跨接在被测线路的两端，如果灯不亮，说明被测线路有断路故障。（　　）

4. 选择万用表的量程时，最好从高到低逐级进行选择。（　　）

5. 专用故障诊断仪一般只适合在特约维修站配备，以便提供良好的售后服务。（　　）

6. 汽车上的两个系统之间，所有用电设备和控制系统均为串联连接。（　　）

7. 电路短路故障可通过测量连接器端子与车身或搭铁线之间是否导通来检查。（　　）

8. 将自带电源测试灯跨接在被测线路的两端，如果灯不亮，说明被测线路有断路故障。（　　）

9. 在拆卸旧发动机控制模块和安装新发动机模块之前都应接好蓄电池。（　　）

10. 不要轻易断开蓄电池负极，否则将丢失存储器中的故障代码。（　　）

11. 在维修中尽量不要用拔下高压线的方法进行试火或断缸试验。（　　）

12. 在发动机出现故障时，应先对发动机管理系统以外的可能故障部位予以检查。（　　）

13. 历史故障码通常可能是由偶然情况或以前的维修引起的。 (　　)

14. 有故障码存在说明发动机系统一定存在故障。 (　　)

15. 有些情况下,当有故障症状出现时,一定有故障,但不一定有故障码。 (　　)

16. 利用故障码进行诊断只是多种故障诊断手段中的一种重要手段。 (　　)

17. 电脑诊断仪 V. A. G1552 是一种通用解码器,可适用于任何车型。 (　　)

18. 只有当电源被切断后,才可以拆下或插上电脑诊断仪上的程序卡。 (　　)

19. 利用解码器可准确判断具体的故障部位。 (　　)

参考文献

[1] 张葵葵.电控发动机原理与检测技术[M].北京:机械工业出版社,2009.
[2] 朱涛.汽车发动机电控技术[M].北京:化学工业出版社,2010.
[3] 汪立亮,杨昌明,王国荣.汽车电控系统故障诊断检修实例[M].北京:金盾出版社,2003.
[4] 席金波,贾青.一汽奥迪 A6 轿车维修手册[M].沈阳:辽宁科学技术出版社,2001.
[5] 迟日,侯学力.上海通用别克轿车维修手册[M].北京:机械工业出版社,2002.
[6] 戴冠军.丰田轿车电控系统维修手册[M].北京:机械工业出版社,2003.
[7] 戴冠军.日产轿车电控系统维修手册[M].北京:机械工业出版社,2003.
[8] 凌永成,李雪飞.电控汽车故障诊断与维修[M].北京:人民邮电出版社,2004.
[9] 夏令伟.汽车电控发动机构造与维修[M].北京:人民交通出版社,2005.
[10] 刘越琪.发动机电控技术[M].北京:机械工业出版社,2004.
[11] 冯崇毅.发动机电控技术[M].北京:机械工业出版社,2001.
[12] 李东江.汽车电控系统的万用表检测[M].北京:机械工业出版社,2003.
[13] 宋福昌.汽车传感器识别与检测图解[M].北京:电子工业出版社,2003.
[14] 吴荣辉.汽车发动机控制系统检测与维修[M].北京:人民交通出版社,2003.
[15] 张建俊.汽车检测设备应用技术[M].北京:机械工业出版社,2002.
[16] 解福泉.电控发动机维修[M].北京:高等教育出版社,2007.
[17] 冯渊.汽车电子控制技术[M].北京:机械工业出版社,2005.
[18] 张秀然.电子技术[M].北京:机械工业出版社,1998.
[19] 张吉国.汽车修理工[M].北京:机械工业出版社,2005.
[20] 王秀红,等.汽车发动机电控技术[M].大连:大连理工大学出版社,2007.
[21] 舒华,等.汽车电子控制技术[M].北京:人民交通出版社,2008.
[22] 邹长庚,等.现代汽车电子控制系统构造原理与故障诊断[M].北京:北京理工大学出版社,2004.
[23] 凌永成,等.汽车电子控制技术[M].北京:中国林业出版社,2006.
[24] 魏彦召,等.汽车发动机电控系统检修[M].哈尔滨:哈尔滨工程大学出版社,2011.
[25] 冯崇毅.汽车电子控制技术[M].北京:机械工业出版社,2002.
[26] 刘伟俭,等.发动机电控系统构造与检修[M].南京:江苏科学技术出版社,2009.
[27] 王遂双.电子控制系统的原理与检修[M].北京:北京理工大学出版社,2000.